MATLAB 与数学实验

主　编　江　力　张国华　汤　琼
副主编　赵育林　杨雪花　曾　嵘

中南大学出版社
www.csupress.com.cn

·长沙·

图书在版编目(CIP)数据

MATLAB 与数学实验 / 江力, 张国华, 汤琼主编.
—长沙: 中南大学出版社, 2021.12 (2022.8 重印)
ISBN 978-7-5487-4461-0

Ⅰ. ①M… Ⅱ. ①江… ②张… ③汤… Ⅲ. ①Matlab
软件-应用-高等数学-实验-教材 Ⅳ. ①013-33

中国版本图书馆 CIP 数据核字(2021)第 215177 号

MATLAB 与数学实验
MATLAB YU SHUXUE SHIYAN

主编 江 力 张国华 汤 琼

□责任编辑	谢贵良	
□封面设计	谢文斌	
□责任印制	李月腾	
□出版发行	中南大学出版社	
	社址: 长沙市麓山南路	邮编: 410083
	发行科电话: 0731-88876770	传真: 0731-88710482
□印　装	长沙印通印刷有限公司	

□开　本	787 mm×1092 mm 1/16	□印张 17.75	□字数 450 千字
□版　次	2021 年 12 月第 1 版	□印次 2022 年 8 月第 2 次印刷
□书　号	ISBN 978-7-5487-4461-0	
□定　价	49.00 元	

内容提要

本书内容共分为五个部分.MATLAB 软件基础部分主要介绍了 MATLAB 的语法基础和基本的程序设计方法；微积分实验主要涉及一元函数微分积分学、无穷级数、常微分方程、偏微分方程；线性代数实验包含多项式、向量、矩阵、行列式、线性方程组、矩阵特征值与特征向量及二次型；概率统计实验包括随机数、统计推断、回归分析、方差分析；数学模型实验包括数据插值与拟合模型、图与网络模型、蒙特卡罗模型、聚类分析模型、动态模型、非线性规划模型与多目标优化模型.另外，每篇还针对具体内容介绍了相应的应用实例，以帮助学生逐步提升利用所学知识解决实际问题的能力.每个实验都附有一定量的实验作业，以供学生课后上机练习及实验.

本书可作为高等院校 MATLAB 数学实验课程教材，也可供具备工科数学知识和计算机知识的科技工作者参考.

前　言

　　MATLAB 是当今科技应用比较广泛的软件，以其强大的科学计算与可视化功能，简单易用，其开放式扩展环境，特别是其所附带的面向不同领域的工具箱的支持，在诸如工程计算、控制设计、信号处理与通信、图像处理、信号检测、金融建模等许多领域中成为计算机辅助设计和分析、算法研究和应用开发的基本工具和首选平台.

　　数学实验简单讲就是利用计算机和数学软件平台，一方面，对学习知识过程中的某些问题进行实验探究、发现规律；另一方面，结合已掌握的数学(微积分、代数与几何等)知识，去探究、解决一些简单实际问题，从而熟悉从数学建模、解法研究到实验分析的科学研究的方法.它以问题为载体，应用数学知识建立数学模型，以数学软件为工具，以学生为主体，通过实验解决实际问题.

　　数学实验最早在 20 世纪 80 年代末出现于美国的一些大学，被称为"数学实验室"，重点是通过一系列的结合使用计算机的实验引导学生进入数学的境界.我国高校在 20 世纪 90 年代中期开始设置"数学实验"课，发展极为迅速，目前许多学校已经开设这门课.课程的对象不仅有理工科专业，而且包括了经济管理甚至是文科专业.根据实验内容的层次不同，可以把数学实验分为以下三种类型：

　　(1)基础数学实验：指数学软件 MATLAB 的基本操作，以及围绕数学基础专业课的基本内容，利用 MATLAB 强大的数值计算功能和图形展示功能，形象地演示一些概念，验证一些基本结论，完成一些复杂的计算.

　　(2)综合数学实验：指利用计算机和数学软件对一些简单实际问题的求解，使初学者了解如何发现、分析总结和应用数学，初步地体验数学的魅力.

　　(3)研究型数学实验：指与数学建模相联系，根据生产、生活中的实际需求，建立相应的数学模型，并利用计算机和数学软件解决数学建模，从而解决实际需求.

　　实践证明，数学实验课是学生把数学理论知识应用于实践的一种教学模式，能够把直观、形象思维与数学逻辑思维结合起来，能把抽象的数学公式、定理通过实验得到验证和应用，从而激发学生的学习兴趣，不仅提高了学生的数学思维能力，也为学生参加数学竞赛和数学建模竞赛打下了坚实的基础，同时也为学生进一步深造和参加工作打下一定的实践基础.本书是为国内一般院校开设 MATLAB 数学实验课程而编写的，其内容共分为五个部分，第一部分为 MATLAB 软件基础；第二部分为微积分实验，主要涉及一元函数微分学、积分学、无穷级数、常微分方程、时滞微分方程、偏微分方程；第三部分为线性代数实验，包含多项式、向量、矩阵、行列式、线性方程组、矩阵特征值与特征向量及二次型；第四部分为概率论与数理统计实验,包括常用概率分布与随机数、统计推断、回归分析、方差分析;第五部分为数学模型实验,包括数据插值与拟合模型、图与网络模型、蒙特卡罗模型、聚类分析模型、动态模型、非线性规划模型与多目标优化模型.

本书由湖南工业大学江力、张国华、汤琼担任主编,赵育林、杨雪花、曾嵘担任副主编.本书受 2021 年度湖南工业大学湖南省一流本科专业信息与计算科学建设项目(教高厅函〔2021〕7 号)、2021 年度湖南工业大学国家级一流本科专业数学与应用数学建设项目(教高厅函〔2021〕7 号)及 2018 年度湖南工业大学在线精品开放课程建设项目"MATLAB 与数学建模"的资助,在此表示感谢.此外,学生崔璇璇、曲潇然、颜怡、李青松等也为本书做了许多工作,在此一并表示感谢.

全书共 5 部分 28 个实验,第一部分由曾嵘编著;实验一至实验七由张国华编著;实验八至实验十二由赵育林编著;实验十三至实验十七由杨雪花编著;实验十八至实验二十一由汤琼编著;实验二十二至实验二十八由江力编著;附录由曾嵘编写;全书由江力统稿.

通过本书的学习,学生能够深入理解高等数学、线性代数、概率统计和数学模型课程中的基本概念和基本理论,较熟练地使用 MATLAB 软件,培养学生运用所学知识建立数学模型,并使用计算机解决实际问题的能力.

由于各专业对教学的要求不同及安排的 MATLAB 数学实验课的学时数不等,所以书中各部分内容之间相互独立,教师可根据学生情况和学时数选取全部或部分内容进行教学.

书中使用的数学软件 MATLAB 以 R2012b 及以上的版本为准,书中程序均在个人计算机上调试通过.

由于编者的经验和时间所限,书中的错误和纰漏在所难免,敬请同行与读者不吝指正.

编　者

2021 年 7 月

目　录

MATLAB 软件基础

微积分实验

线性代数实验

概率论与数理统计实验

数学模型实验

MATLAB 软件基础

0.1 MATLAB 的启动和关闭

0.1.1 启动方式

（1）如果已经在桌面设置了 MATLAB 快捷图标，则双击图标进入 MATLAB 环境，这是最快最常用的启动方式；

（2）在开始菜单中选择程序—>MATLAB，点击进入 MATLAB 环境；

（3）在 MATLAB 安装目录中选择 MATLAB->MATLAB 快捷方式，双击图标进入 MATLAB 环境.

启动 MATLAB 后，进入 MATLAB 集成环境包括 MATLAB 主窗口、命令窗口（Command Window）、工作空间窗口（Workspace）、命令历史窗口（Command History）、当前目录窗口（Current Directory）.

0.1.2 关闭方式

（1）在 MATLAB 命令窗口，直接点击关闭图标，即可关闭 MATLAB 软件，这是最简单最常用的方式；

（2）在 MATLAB 命令窗口键入"exit"或"quit"，回车，关闭 MATLAB 软件；

（3）在 MATLAB 命令窗口菜单条中选择、点击"EXIT MATLAB"（或按 Ctrl＋Q）关闭 MATLAB 软件.

0.2 窗口与菜单

0.2.1 主窗口

MATLAB 主窗口是 MATLAB 的主要工作界面，主窗口除嵌入一些子窗口外，还包括 HOME、PLOTS、APPS 等选项卡.HOME 选项卡的主要命令按钮如表 0.1，这些命令按钮均有对应的菜单命令，使用起来很快捷、方便.

表 0.1　HOME 选项卡的主要命令按钮

按钮	功能	按钮	功能
New	打开 File 菜单项实现有关文件的操作	Open	打开文件对话框
Importdata	导入外部文件数据	Layout	设置各个窗口的位置
SaveWorkspace	保存 Workspace 窗口中的变量到文件	SetPath	设置 Matlab 的搜索路径
ClearWorkspace	清空 Workspace 窗口中的变量	Preferences	设置 Matlab 的偏好
ClearCommand	清空 Command 窗口或命令历史窗口中所有命令	Help	打开帮助窗口

0.2.2　命令窗口

命令窗口是 MATLAB 的主要交互窗口，用于输入命令并显示除图形以外的所有执行结果，MATLAB 命令窗口中的"＞＞"为命令提示符，在提示符后键入命令并按下回车键 MATLAB 就会解释执行所输入的命令，并在命令后给出计算结果.

一般来说，一个命令行输入一条命令，命令以回车结束，但一个命令行也可以输入若干条命令，各命令之间以逗号分隔，若前一命令后带有分号"；"，则逗号可以省略. 如果一个命令行很长，一行之内写不完，可以在该行之后加上 3 个小黑点"…"，回车换行，继续续写命令的其他部分.

0.2.3　工作空间窗口

工作空间窗口是 MATLAB 用于存储变量和结果的内存空间，该窗口显示工作空间中所有变量的名称、大小、字节数和变量类型说明，可对变量进行观察、编辑、保存和删除.

0.2.4　当前目录窗口

（1）当前目录是指 MATLAB 运行文件时的工作目录，只有在当前目录或搜索路径下的文件、函数可以被运行或调用. 在当前目录窗口中可以显示或改变当前目录，还可以显示当前目录下的文件并提供搜索功能.

（2）用户在 MATLAB 命令窗口输入一条命令后，MATLAB 按照一定次序寻找相关的文件. 基本的搜索过程是：检查该命令是不是一个变量—>检查该命令是不是一个内部函数—>检查该命令是否是当前目录下的 m 文件—>检查该命令是否是 MATLAB 搜索路径中其他目录下的 m 文件.

用户可以将自己的工作目录列入 MATLAB 搜索路径，从而将用户目录纳入 MATLAB 系统统一管理. 设置搜索路径的方法如下：

（ⅰ）用 path 命令设置搜索路径. 例如，将用户目录 c：\mydir 加到搜索路径下，可在命令窗口输入命令：path(path, ' c：\mydir')；

（ⅱ）单击 HOME 选项卡的 SetPath 按钮打开搜索路径设置对话框，通过 Add Floder 或 Add with Subfolder 命令按钮将指定路径添加到搜索路径列表中，在修改完搜索路径后，需要保存搜索路径.

0.2.5　命令历史记录窗口

在默认设置下，历史记录窗口中会自动保留自安装起所有用过的命令的历史记录，并且还标明了使用时间，从而方便用户查询. 通过双击命令可进行历史命令的再运行，如果要清除这些历史记录，可以单击 HOME 页上的 ClearCommand 右侧的倒三角形选择弹出的按钮 CommandHistory 命令.

0.2.6　编辑窗口和图形窗口

单击 HOME 选项卡上的 Open 按钮或直接双击文件图标或 New—>Function(或 Script) 打

开一个编辑窗口(Edit Window).通常 MATLAB 的程序都是在这个窗口编写成 m 文件,存盘后在命令窗口输入文件名及参数执行运算.

单击 HOME 选项卡上的 New 按钮,选择 Figure 可以打开一个图形窗口,但通常都是在执行作图命令时自动打开画有相关图形的图形窗口.

0.3 变量与符号

0.3.1 特殊变量

MATLAB 中的特殊变量如表 0.2.

表 0.2 特殊变量

变量名	说明	变量名	说明
i 或 j	虚数单位 $\sqrt{-1}$	Inf	无穷大
pi	圆周率 $\pi = 3.1415926\cdots$	NaN	无意义的数,如 0/0 等
eps	浮点数识别精度 $2^{-52} = 2.2204 * 10^{-16}$	ans	表示结果的缺省变量名
realmin	最小正实数 $2^{-2^{10}} = 5.5627 * 10^{-309}$	nargin	所用函数的输入变量数目
realmax	最大正实数 $2^{2^{10}} = 1.7977 * 10^{308}$	nargout	所用函数的输出变量数目

注:特殊变量在工作空间观察不到,MATLAB 启动时,这些变量就已赋值,可以直接使用.

0.3.2 用户变量

MATLAB 变量总是以字母开头,由字母、数字或下划线组成,中间不能有空格,字母区分大小写.一般不能与特殊变量以及内部函数名同名(如果同名,则特殊变量以及内部函数将改变其值).用户变量保存在工作空间,可以随时调用,用命令 who 或 whos 可以查到它们的信息.

0.3.3 数学运算符

MATLAB 中的数学运算符如表 0.3.

表 0.3　数学运算符

运算符	意义
+	加法运算，数与数、数与矩阵、同型矩阵之间的相加
−	减法运算，数与数、数与矩阵、同型矩阵之间的相减
*	乘法运算，数与数、数与矩阵、矩阵与矩阵之间的普通乘法
/	除法运算，当 a,b 为数时 a/b 表示 a 除以 b；当 a,b 为矩阵时 $a/b=a*b^{-1}$
\	左除运算，当 a,b 为数时 $a\backslash b$ 表示 b 除以 a；当 a,b 为矩阵时 $a\backslash b=a^{-1}*b$
^	幂运算，当 a 为数或方阵时 $a\hat{\ }k$ 表示 a 的 k 次幂
.*	点乘运算，表示同型数组(矩阵)之间对应元素相乘
./	点除运算，表示同型数组(矩阵)之间对应元素相除
.^	点幂运算，当 a,k 为数时 $a.\hat{\ }k=a^{k}$；当 a 为数组(矩阵)，k 为数时，$a.\hat{\ }k$ 表示矩阵 a 的每个元素取 k 次幂

注：点运算在 MATLAB 中有重要作用，必须真正理解和掌握.

0.3.4　关系与逻辑运算符

MATLAB 中的关系运算符如表 0.4.

表 0.4　关系运算符

关系运算符	意义	关系运算符	意义	逻辑运算符	意义
<	小于	>	大于	&	逻辑与
<=	小于等于	>=	大于等于	|	逻辑或
==	等于	~= ~=	不等于	~	逻辑非

注：在 MATLAB 中"真(True)"用 1 表示，"假(False)"用 0 表示.

0.3.5　常用标点符号

MATLAB 中常用的标点符号如表 0.5.

表 0.5　常用标点符号

标点	作用
:	冒号，a：b 生成公差为 1 的数组；a：d：b 生成公差为 d 的数组
;	分号，数组的行分隔符；用于语句末尾表示不显示运算结果
,	逗号，变量、选项、语句之间的分隔符，用于语句末时，显示运算结果

续表0.5

标点	作用
( )	括号, 数组援引;函数命令输入变量列表
[ ]	方括号, 数组引号
{}	大括号, 元胞数组记述符
.	小数点符号, 数值表示中的小数点;域访问符等
…	续行符, 用于行末, 表示本行输入尚未结束, 接下一行
%	注释符, %号后面的文字用作注释, 不参与运算
=	等号, 赋值记号

0.4 函数

0.4.1 数学函数

MATLAB 中常用的数学函数如表 0.6.

表 0.6　常用数学函数

函数	意义	函数	意义
$\sin(x)$	正弦	$\mathrm{fix}(x)$	向 0 取整
$\cos(x)$	余弦	$\mathrm{floor}(x)$	向 $-\infty$ 取整
$\tan(x)$	正切	$\mathrm{ceil}(x)$	向 $+\infty$ 取整
$\cot(x)$	余切	$\mathrm{round}(x)$	按四舍五入方式取整
$\mathrm{asin}(x)$	反正弦	$\mathrm{mod}(m,n)$	m 除以 n 得到的在 0 与 $n-1$ 之间的余数
$\mathrm{acos}(x)$	反余弦	$\mathrm{rem}(m,n)$	m 除以 n 得到的余数, 余数符号同 m
$\mathrm{atan}(x)$	反正切	$\mathrm{real}(z)$	复数实部
$\mathrm{sprt}(x)$	开平方	$\mathrm{image}(z)$	复数虚部
$\exp(x)$	指数函数	$\mathrm{angle}(x)$	复数幅值
$\log(x)$	自然对数	$\mathrm{conj}(z)$	复数共轭
$\mathrm{logl0}(x)$	常用对数	$\min(x)$	最小值
$\mathrm{abs}(x)$	绝对值(模)	$\max(x)$	最大值
$\mathrm{sign}(x)$	符号函数	$\mathrm{sum}(x)$	元素总和

0.4.2　测试函数

MATLAB 中的测试函数如表 0.7.

表 0.7　测试函数

函数	意义
all(x)	向量 x 的所有分量都为非零, 返回 1, 否则返回 0
any(x)	向量 x 中存在一个分量为非零, 返回 1, 否则返回 0
isinteger(x)	x 为整数时, 返回 1, 否则返回 0.
isfinite(x)	x 为有限数时, 返回 1, 否则返回 0
isstring(x)	x 为字符串时, 返回 1, 否则返回 0
isempty(x)	x 为空时, 返回 1, 否则返回 0
isnan(x)	x 为非数值时, 返回 1, 否则返回 0
isinfinity(x)	x 为无穷大时, 返回 1, 否则返回 0
isreal	x 为实数时, 返回 1, 否则返回 0

0.4.3　自定义函数

MATLAB 中的自定义函数如表 0.8.

表 0.8　自定义函数

函数	定义方式	说明
内联函数	fun＝inline('函数表达式', '变量 1', '变量 2', …)	使用方便
匿名函数	fun＝@ ('变量 1', '变量 2', …)函数表达式	可以接受工作空间中的变量值
m 函数	事先在编辑窗口编写 m 函数文件	用函数名或函数句柄方式调用

0.5　m 文件

0.5.1　建立新的或打开已有的 m 文件

复杂的程序结构在命令窗口调试、保存很不方便. 一般都使用程序文件, 它可以在编辑窗口中编写存盘, 也可以在任何文本编辑器中编写, 用 MATLAB 语言编写的程序, 并以"m"作为扩展名存盘的文件称为 m 文件.

根据调用方式的不同, m 文件可以分为两类: 脚本文件(Script File)和函数文件(Function File). 编辑 m 文件最方便的是直接使用 MATLAB 提供的文本编辑器.

建立新的或打开已有的 m 文件, 有 3 种方法启动 MATLAB 文本编辑器: (1)选择 MATLAB 主窗口的 HOME 选项卡上的 New, 再选择 Script 或 Function, 屏幕上会出现 MATLAB 文本编辑器窗口, 可在该窗口里编辑新的 m 文件;(2)在 MATLAB 命令窗口输入命令 edit, 启动 MATLAB 文本编辑器编辑新的 m 文件;(3)在 MATLAB 命令窗口输入命令 edit 文件名, 打开指定的 m 文件;(4)选择 MATLAB 主窗口的 HOME 选项卡上的 Open, 从弹出的对话框中选择所需打开的 m 文件.

0.5.2 脚本文件

将多条 MATLAB 语句按要求写在一起, 并以扩展名为"m"的文件存盘即构成一个 m 脚本文件. 编辑 m 脚本文件需要注意的几点: (1)m 脚本文件的命名与变量命名规则相仿, 但在 MATLAB 中文件名不区分大小写;(2)要防止文件名与已有的变量名、函数名以及 MATLAB 系统保留名等冲突;(3)最好将 m 文件(无论是脚本文件还是函数文件)保存在当前目录, 以便调用;(4)执行 m 脚本文件可以在命令窗口直接输入文件名(不必带扩展名), 也可以在编辑窗口的 EDITOR 页点击 run 按钮执行.

0.5.3 函数文件

m 脚本文件没有参数传递功能, 当需要修改程序中某些变量的值时必须修改文件, 利用 m 函数文件可以进行参数传递.

m 函数文件的格式为:

function 输出形参=函数名(输入形参)

%注释说明部分

函数体语句

end

其中以 function 开头的一行为引导行, 表示该 m 文件是一个函数文件. 函数名的命名规则与变量名相同, 当输出形参多于一个时, 应当用方括号括起来.

m 函数的调用格式一般是: [输出实参表]=函数名(输入实参表).

编写 m 函数文件要在编辑窗口, 而调用 m 函数要在命令窗口, 函数调用时各实参出现的顺序、个数, 应与函数定义时形参的顺序、个数一致, 否则会出错. m 函数可以被脚本文件或其他 M 函数文件调用, 也可以自身嵌套调用. 一个函数调用它自身称为函数的递归调用. 需要注意的是, 在 MATLAB 中调用 m 函数是以该函数的磁盘文件名调用, 而不是以文件中函数名调用, 为了增强程序的可读性, 最好二者同名.

在调用函数时, MATLAB 用两个预设变量 nargin 和 nargout 分别记录调用该函数时的输入实参和输出实参的个数, 变量 nargin 和 nargout 经常用于条件表达式中, 决定对函数如何进行处理, 以实现调用函数时参数的可调性.

0.6 程序控制结构

0.6.1 顺序结构

按照解决问题的顺序写出相应的语句，按照自上而下、依次执行的顺序执行的程序结构. 在程序执行过程中如需要强行中止程序的运行可使用 Ctrl+C 命令.

0.6.2 选择结构

0.6.2.1 if 语句实现选择结构

（1）单分支 if 语句结构

if 条件

语句组

end

当条件成立时，执行语句组，执行完之后继续执行 if 语句的后继语句；若条件不成立，则直接执行 if 语句的后继语句.

（2）双分支 if 语句结构

if 条件

语句组 1

else

语句组 2

end

当条件成立时，执行语句组 1，否则执行语句组 2，语句组 1 或语句组 2 执行后，执行 if 语句的后继语句.

（3）多分支 if 语句结构

if 条件 1

语句组 1

elseif 条件 2

语句组 2

elseif 条件 m

语句组 m

else

语句组 n

end

当条件 1 成立时，执行语句组 1，否则判断条件 2，条件 2 成立时执行语句组 2，否则再判断条件 3，依次类推……所有条件都不成立时，执行语句组 n.

0.6.2.2 **switch** 语句实现选择结构

switch 语句根据表达式取值的不同, 分别执行不同的语句, 其语句格式如下:

switch 表达式

case 表达式 1

语句组 1

…

case 表达式 m

语句组 m

otherwise

语句组 n

end

当表达式的值等于表达式 1 的值时, 执行语句组 1, 当表达式的值等于表达式 2 的值时, 执行语句组 2, ……, 当表达式的值等于表达式 m 的值时, 执行语句组 m, 当表达式的值不等于 case 所列的表达式的值时, 执行语句组 n, 任意一个分支语句执行完后, 直接执行 switch 语句的下一句.

0.6.2.3 **try** 语句实现选择结构

try 语句格式如下:

try

语句组 1

catch

语句组 2

end

try 语句先试探性执行语句组 1, 如果语句组 1 在执行过程中出现错误, 则将错误信息赋给保留的 lasterr 变量, 并转去执行语句组 2, try 语句经常用于程序调试.

0.6.3 循环结构

(1) for 循环

for 语句的格式如下:

for 循环变量 = 表达式 1 : 表达式 2 : 表达式 3

循环体语句

end

其中表达式 1 为循环变量的初值, 表达式 2 为步长, 表达式 3 为循环变量的终值. 步长为 1 时, 表达式 2 可以省略.

for 语句更一般的格式如下:

for 循环变量 = 矩阵表达式

循环体语句

end

执行过程是依次将矩阵的各列(视为元素)赋给循环变量,然后执行循环体语句.

(2)while 循环

while 语句的一般格式如下:

while 条件

循环体语句

end

若条件成立,则执行循环体语句,执行后再判断条件是否成立,若不成立,则跳出循环.

(3)break 语句和 continue 语句

当在循环体内执行到 break 语句时,程序将跳出循环,执行循环语句的下一句;当在循环体执行到 continue 语句时,程序将跳出循环体中剩下的语句,执行下一次循环. break 语句和 continue 语句一般与 if 语句配合使用.

(4)循环的嵌套

如果一个循环结构的循环体又包含一个循环结构,就称为循环的嵌套,或称为多重循环结构. MATLAB 允许循环的嵌套.

0.7　数据显示格式

MATLAB 的数据显示格式如表 0.9.

表 0.9　数据显示格式

格式	中文解释	说明	示例(显示 1000π)
format(short)	短格式、默认格式	显示 5 位十进制数	$3.141\ 6\times10^3$
format long	长格式	显示 16 位浮点数	$3.141\ 592\ 653\ 589\ 793\times10^3$
format rat	有理格式	用近似分数显示	$84\ 823/27$

0.8　数据的导入导出

0.8.1　从 TXT 文件中读取数据

TXT 文件是纯文本文件,MATLAB 中用于读取文本文件的常用函数如表 0.10.

表 0.10　MATLAB 读取文本文件的常用函数

函数名	说明
load	从文本文件导入数据到 MATLAB 工作空间
importdata	从文本文件或特殊格式二进制文件(如图片、视频)读取数据
dlmread	从文本文件中读取数据
textread	按指定格式从文本文件或字符串中读取数据

0.8.2　把数据写入 TXT 文件

MATLAB 中用于写数据到文本文件的函数如表 0.11.

表 0.11　MATLAB 写文本文件的常用函数

函数名	功能说明	函数名	功能说明
save	将工作空间中的变量写入文件	dlmwrite	按指定格式将数据写入文本文件

0.8.3　从 Excel 文件中读取数据

xlsread 函数可用来读取 Excel 工作表中的数据.当用户系统安装有 Excel 时，MATLAB 创建 Excel 服务器，通过服务器接口读取数据;当用户系统没有安装 Excel 或 MATLAB 不能访问 COM 服务器时，MATLAB 利用基本模式读取数据，即把 Excel 文件作为二进制映像文件读取进来，然后读取其中的数据.xlsread 函数的调用格式如表 0.12.

表 0.12　xlsread 的调用格式

调用格式	说明
num = xlsread(filename)	读取当前程序所在文件夹里 filename 文件中第 1 个工作表中的数据，把数据返回给 num
num = xlsread(filename, −1)	用户可以使用鼠标选择单元格范围
num = xlsread(filename, sheet)	读取 filename 文件中工作表 sheet 中的数据，把数据返回给 num
num = xlsread(filename, range)	读取 filename 文件中第 1 个工作表中 range 单元格范围的数据，把数据返回给 num
num = xlsread(filename, sheet, range)	sheet 和单元格范围同时限制
num = xlsread(filename, sheet, range, 'basic')	电脑上没有安装 Microsoft Excel 时，使用此方法
[num, txt] = xlsread(filename, ...)	把返回的数据与文本分开保存
[num, txt, raw] = xlsread(filename, ...)	分开保存的同时，又把 num 和 txt 保存到 raw 里，形成一个单一元胞数组变量 raw

0.8.3 把数据写入 Excel 文件

xlswrite 函数用来将数据写入 Excel 文件中, xlswrite 函数的调用格式如表 0.13.

表 0.13   xlswrite 的调用格式

调用格式	说明
xlswrite(filename, M)	将矩阵 M 的数据写入名为 filename 的 Excel 文件中
xlswrite(filename, M, sheet)	将矩阵 M 的数据写入文件名为 filename 的表单 sheet 中
xlswrite(filename, M, range)	将矩阵 M 中的数据写入文件名为 filename 的 Excel 文件中, 且由 range 指定存储的区域, 例如'C1:C2'
xlswrite(filename, M, sheet, range)	在上一条命令的基础上指定了所要存储的 sheet
status = xlswrite(filename, …)	返回完成状态值. 如果写入成功, 则 status 为 1;反之写入失败, 则 status 为 0
[status, message]=xlswrite(filename, …)	返回由于写入操作而产生的任何错误或警告信息

0.9   MATLAB 的帮助系统

0.9.1 帮助窗口

可以通过 2 种方法进入帮助窗口: (1)单击 MATLAB 主窗口 HOME 选项卡中的 Help 按钮;(2)在命令窗口中输入 helpwin, helpdesk 或 doc.

0.9.2 帮助命令

MATLAB 帮助命令包括 help, lookfor 以及模糊查询: (1)在 MATLAB 命令窗口中直接输入 help 命令将会显示当前帮助系统中所包含的所有项目, 以及搜索路径中所有的目录名称, 同样可以通过 help 加函数名来显示该函数的帮助说明. (2)help 命令只搜索出那些关键字完全匹配的结果, lookfor 命令对搜索范围内的 M 文件进行关键字搜索, 条件比较宽松, lookfor 命令只对 M 文件的第一行进行关键字搜索. (3)MATLAB6.0 以上的版本提供了一种类似模糊查询的命令查询方法, 用户只需要输入命令的前几个字母, 然后按 TAB 键, 系统就会列出所有含前几个字母开头的命令.

0.9.3 演示系统

在命令窗口输入 Demos, 打开演示系统, 搜索相应的演示模块;或者在主窗口的 APPS 选项卡中选择相应的应用, 则可打开该应用的演示系统.

微积分实验

实验一　一元函数的图形

【实验目的】

掌握用 MATLAB 的 plot、polar、ezplot 等函数绘制平面曲线的方法与技巧，了解图形元素参数的设定方法.

1.1　MATLAB 命令

1.1.1　在平面直角坐标系中作一元函数图形的命令

MATLAB 中 plot 函数常常被用于绘制各种二维图象曲线，其用法也是多种多样. plot 函数的一般调用形式如下：

plot(X，Y，LineSpec)

其中 X 由所有输入点坐标的 x 值组成，Y 是由与 X 中包含的 x 对应的 y 所组成的向量. LineSpec 是用户指定的绘图样式，主要选项如表 1.1。

表 1.1　LineSpec 指定的绘图样式

样式	样式值	绘图效果	样式	样式值	绘图效果
LineStyle（线型）	–	实线（默认样式）	LineWidth	整数	指定线宽
	--	虚线（短划线）	MarkerSize	整数	标识符的大小
	:	点线	MarkerEdge Color	同 color 样式值	标识符的边缘颜色
	-.	点划线	MarkerFace Color	同 color 样式值	标识符填充色

续表1.1

样式	样式值	绘图效果	样式	样式值	绘图效果
	o	圆		y	黄色
	+	十字		m	品红
	*	星号		c	蓝绿色
	.	点	Color	r	红色
	x	叉		g	绿色
Marker (坐标点样式)	s	正方形		b	蓝色
	d	菱形		w	白色
	∨	上三角形		k	黑色
	∧	下三角形			
	<	左三角形			
	>	右三角形			
	p	五角星			
	h	六角形			

注：plot 命令也可以在同一个坐标系内作出几个函数的图形，只要用基本的形式 plot(Xl, Yl, ' s1' , X2, Y2, ' s2' …) 就可绘制出以向量 Xi 和 Yi 的元素分别为横、纵坐标的曲线.

1.1.2　极坐标方程作图命令

MATLAB 中的 polar 函数可用于描绘极坐标图象. 它的命令格式如表1.2。

表 1.2　polar 函数的命令格式

命令格式	说明
polar(theta, rho)	创建角 theta 对半径 rho 的极坐标图. theta 是从 x 轴到半径向量所夹的角(以弧度单位指定) ; rho 是半径向量的长度(以数据空间单位指定)
polar(theta, rho, LineSpec)	LineSpec 指定线型、绘图符号以及极坐标图中绘制线条的颜色
polar(axes_handle, …)	将图形绘制到带有句柄 axes_handle 的坐标区中，而不是当前坐标区(gca) 中
h = polar(…)	返回线条对象句柄 h

1.1.3　隐函数作图命令

MATLAB 中 ezplot 函数是一个易用的一元函数绘图函数. 特别是在绘制含有符号变量的函数图象时，ezplot 要比 plot 更方便，因为 plot 绘制图形时要指定自变量的范围，而 ezplot 无需数据准备，直接绘出图形. 它的命令格式如表 1.3：

表 1.3 **ezplot 函数的命令格式**

命令格式	说明
ezplot(fun)	在默认区间$-2\pi<x<2\pi$绘制函数 fun(x) 的图象，其中 fun(x) 是 x 的一个显函数，也可以是一个函数句柄或者字符串
plot(fun, [xmin, xmax])	在区间 xmin<x<xmax 绘制函数 fun(x)
ezplot(fun2)	在默认区间$-2\pi<x<2\pi$，$-2\pi<y<2\pi$绘制 fun2(x, y) = 0
ezplot(fun2, [xymin, xymax])	在 xymin<x<xymax 和 xymin<y<xymax 范围内绘制 fun2(x, y) = 0 图象
ezplot(fun2, [xmin, xmax, ymin, ymax])	在 xymin<x<xymax 和 xymin<y<xymax 范围内绘制 fun2(x, y) = 0 图象
ezplot(funx, funy)	在默认区间$0<t<2\pi$绘制平面参数曲线 funx(t) 和 funy(t)
ezplot(funx, funy, [tmin, tmax])	在区间 tmin<t<tmax 绘制平面参数曲线 funx(t) 和 funy(t)
ezplot(..., figure_handle)	在句柄图象定义的图象窗口绘制特定区间的给定函数图象
ezplot(axes_handle, ...)	用坐标轴句柄绘制而不是当前坐标轴句柄(gca)绘制函数图象
h = ezplot(...)	返回所绘制图象的句柄

1.1.4 分段函数作图

利用条件语句可以实现对分段函数的作图.

1.1.5 坐标轴控制

使用 MATLAB 的绘图函数 plot 绘图时系统默认设置了一些属性，例如坐标轴字号大小等，并根据情况自动设置坐标轴显示的上下限，这些属性可以通过函数灵活改动，常用的坐标轴控制命令如表 1.4.

表 1.4 **常用的坐标轴控制命令**

命令格式	说明	命令格式	说明
xlim([xmin, xmax])	设置 x 坐标轴的上下限	set(gca, 'XLim', [3 40])	设置 x 轴的数据显示范围
ylim([ymin, ymax])	设置 y 坐标轴的上下限	set(gca, 'XTick', [-3.14, 0, 3.14])	设置 x 轴的记号点
axis([xmin, xmax, ymin, ymax])	设置横、纵坐标轴的显示范围	set(gca, 'XTicklabel', {'-pi', '0', 'pi'})	设置 x 轴的记号
axis equal	横、纵坐标轴等长刻度	set(gca, 'XTick', [])	清除 x 轴的记号点
axis off	去掉坐标轴	set(gca, 'XGrid', 'on')	设置 x 轴的网格
axis on	显示坐标轴	set(gca, 'XDir', 'reverse')	逆转 x 轴

续表1.4

命令格式	说明	命令格式	说明
axis square	产生方形坐标系	set(gca, 'XColor', 'red')	设置 x 轴的颜色
axis ij	设置坐标原点在左上方	h=ezplot(...)	返回所绘制图象的句柄
axis xy	设置坐标原点在左下方		

1.2　实验内容

1.2.1　plot 作图

【例 1.1】　在同一坐标系内作出函数 $y=\tan x$ 和 $y=\cot x$ 的图形，并观察其周期性.
输入源程序：

```
x=0:0.1:3*pi;
yl=tan(x);
y2=cot(x);
plot(x, yl, 'r', x, y2, 'k');
legend('tan(x)', 'cot(x)');  %在图形的右上方添加图例
```

程序运行后绘制图形如图 1.1，从图中可以观察到 $y=\tan x$ 和 $y=\cot x$ 的周期性.

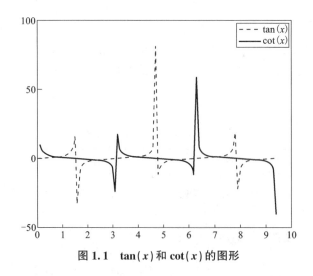

图 1.1　tan(x) 和 cot(x) 的图形

【例 1.2】　在同一坐标系内作出函数 $y=\sin x$，$y=x$ 和 $y=\arcsin x$ 的图形，观察函数和它的反函数的图形间的关系.
　　输入源程序：

```
x1=-1:0.1:1;
```

```
y1 = asin(x1);
x2 = -pi/2: 0.1: pi/2;
y2 = sin(x2);
x3 = -pi/2: 0.1: pi/2;
y3 = x3;
plot(x1, y1, 'k', x2, y2, 'b', x3, y3, 'r');
legend('arcsinx', 'sinx', 'x', 'Location', 'NorthWest');%在图形的左上方添加图例
```

程序运行后画出的图形如图 1.2，从图中可以观察到函数和它的反函数在同一个坐标系中的图形是关于直线 $y = x$ 对称的.

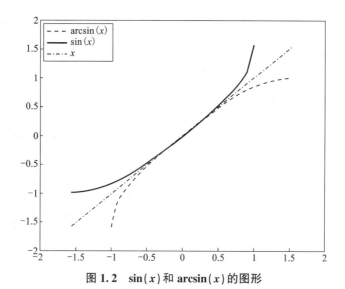

图 1.2 $\sin(x)$ 和 $\arcsin(x)$ 的图形

【例 1.3】 绘制椭圆 $\dfrac{x^2}{3.25^2} + \dfrac{y^2}{1.15^2} = 1$ 的图形，并对坐标轴进行设置.

输入源程序：

```
t = 0: 2 * pi/99: 2 * pi;
x = 3.25 * cos(t);
y = 1.15 * sin(t);   % x 为长轴, y 为短轴
subplot(2, 2, 1);%子图
plot(x, y);
axis off;%不显示坐标轴
title('axisoff');%加标题
subplot(2, 2, 2);%子图
plot(x, y);
axis image;%将坐标轴显示的框调整到显示数据最紧凑的情况并等比例显示 x, y 坐标轴
title('axisimage');
subplot(2, 2, 3);
```

```
plot(x, y);
axis equal;%横、纵坐标轴等长刻度
title('axisEqual');
subplot(2, 2, 4);
plot(x, y);
axis square;%产生方形坐标系
title('axisSquare');
```

程序运行后画出的图形如图 1.3, 从图中可以观察到坐标轴控制命令对坐标轴的设置效果.

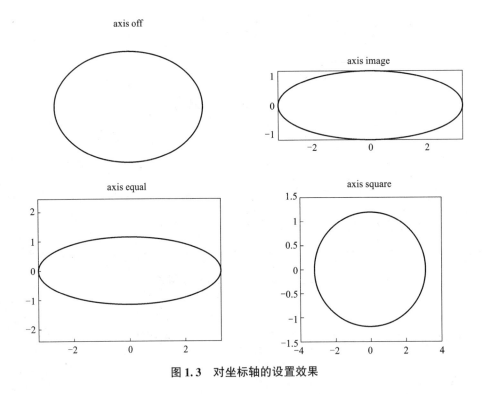

图 1.3　对坐标轴的设置效果

【例 1.4】　绘制 $y = 1 - e^{-93t}\cos 0.7t$ 的图形, 并设置坐标轴的记号点.

输入源程序:

```
t=6*pi*(0: 100)/100;
y=1-exp(-0.3*t).*cos(0.7*t);
plot(t, y, 'r-');
axis([0, 6*pi, 0.6, max(y)]);%设置横、纵坐标轴的显示范围
axis tight;%设置 x 轴和 y 轴的范围使图形区域正好占满整个显示空间
title('y=1-exp(-93t)cos(0.7t)');
set(gca, 'xtick', [0, 2*pi, 4*pi, 6*pi], 'ytick', [0.95, 1, 1.05, max(y)]);%设置
坐标轴记号
```

程序运行后画出的图形如图 1.4，从图中可以观察到设置坐标轴的记号点命令对坐标轴的设置效果.

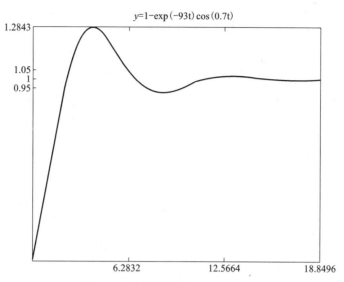

图 1.4　对坐标轴的记号设置效果

1.2.2　polar 作图

【例 1.5】　作出极坐标方程 $\rho = 3\cos 3\theta$ 的曲线图形.

输入源程序:

theta＝0：0.1：2 * pi；

rho＝3 * cos(3 * theta)；

polar(theta，rho)；

title(' \rho＝3cos\theta')；

程序运行后画出的图形是如图 1.5 的一条三叶玫瑰线.

【例 1.6】　作出极坐标方程 $\rho = e^{0.1\theta}$ 的曲线图形.

输入源程序:

theta＝0：0.1：8 * pi；

rho＝exp(0.1 * theta)；

polar(theta，rho)；

title(' \rho＝e^{0.1\theta}')；

程序运行后画出的图形是如图 1.6 所示的一条指数螺旋曲线.

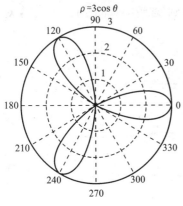
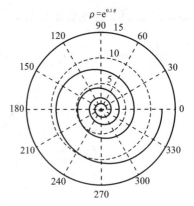

图 1.5　三叶玫瑰线　　　　　　　　　　图 1.6　指数螺旋曲线

1.2.3　ezplot 作图

【例 1.7】　作出由方程 $x^3 + y^3 = 3xy$ 所确定的隐函数的图形.

输入源程序：

ezplot('x^3+ y^3 = 3 * x * y', [-3, 3, -4, 2]);

title('x^3 + y^3 = 3xy');

程序运行后画出的图形是如图 1.7 所示的笛卡儿叶形线.

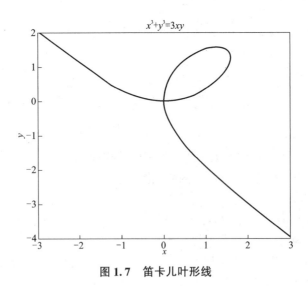

图 1.7　笛卡儿叶形线

【例 1.8】　作出函数 $y = x - [x]$ 的图形.

输入源程序：

ezplot('x-floor(x)', [-4, 4]);

title('y=x-[x]');

程序运行后画出的图形是如图 1.8 所示的锯齿形曲线, 它是周期为 1 的函数.

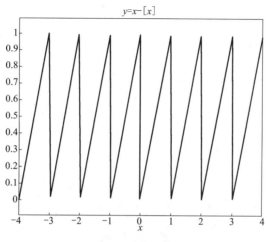

图1.8 锯齿形曲线

【例1.9】 分别作出参数方程 $x=2\cos^3 t$，$y=2\sin^3 t$（$0 \leqslant t \leqslant 2\pi$）和 $x=2(t-\sin t)$，$y=2(1-\cos t)$（$0 \leqslant t \leqslant 4\pi$）的图形.

输入源程序：

```
figure(1);
ezplot('2 * cos(t)^3', '2 * sin(t)^3', [0, 2 * pi]);
title('x=2cos^3t, y=2sin^3t');
figure(2);
ezplot('2 * (t- sin(t))', '2 * (1-cos(t))', [0, 4 * pi]);
title('x=2(t- sin(t)), y=2(1-cos(t))');
```

程序运行后画出的图形分别是如图1.9、图1.10所示的星形线和摆线.

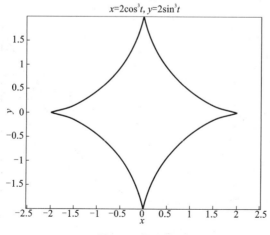

图1.9 星形线

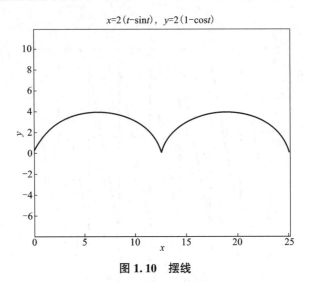

图 1.10   摆线

1.2.4   作分段函数的图形

【例 1-10】   作出分段函数 $f(x)=\begin{cases}\sin x, & x\leqslant 0, \\ x^2+2x, & x>0\end{cases}$ 的图形.

输入源程序:

```
x=-4:0.1:4
y=(x<=0).*sin(x)+(x>0).*(x.^2+2*x);
plot(x,y);
title('sinx,x<=0,x^2+2x,x>0');
```

程序运行后画出的图形如图 1.11 所示.

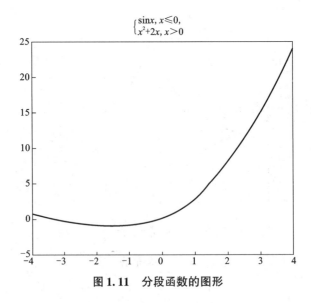

图 1.11   分段函数的图形

1.3 实验作业

1. 在同一坐标系内作出函数 $y = \cos x$, $y = x$ 和 $y = \arccos x$ 的图形, 观察直接函数和反函数的图形之间的关系.

2. 作出指数函数 $y = \mathrm{e}^x$ 和对数函数 $y = \ln x$ 的图形, 观察其单调性和变化趋势. (注: 自然对数用 $y = \ln(x)$ 表示, 以 10 为底的对数用 $y = \log_{10} x$ 表示, 类似地有 $y = \log_2 x$

3. 把正切函数 $y = \tan x$ 和反正切函数 $y = \arctan x$ 的图形及其水平渐近线 $y = \pm\dfrac{\pi}{2}$ 和直线 $y = x$ 用不同的线形画在同一个坐标系内.

4. 把双曲正弦函数 $y = \sinh x$ 和函数 $y = \pm\dfrac{\mathrm{e}^x}{2}$ 用不同的线形画在同一个坐标系内.

5. 用极坐标命令 polar 作出五叶玫瑰线 $\rho = 4\sin 5\theta$ 的图形.

6. 用极坐标命令 polar 作出心形线 $\rho = 2(1 - \cos\theta)$ 的图形.

7. 作符号函数 $y = \mathrm{sign}(x)$ 的图形.

8. 作出参数方程 $x = 4\cos t$, $y = 3\sin t$ $(0 \leqslant t \leqslant 2\pi)$ 所表示的椭圆的图形.

9. 作出方程 $(x^2 + y^2)^2 = x^2 - y^2$ 确定的隐函数的双扭线图形.

10. 绘制 $x^2 = y^4$ 图形.

11. 作出椭圆 $x^2 + y^2 = xy + 1$ 和双曲线 $x^2 + y^2 = 3xy + 1$ 的图形.

12. 作出分段函数 $f(x) = \begin{cases} \cos x, & x \leqslant 0, \\ \mathrm{e}^{-x}, & x > 0 \end{cases}$ 的图形.

实验二   极限与连续

【实验目的】

通过计算与作图，熟练掌握数列极限及函数极限的基本概念. 会运用 MATLAB 编写计算极限的程序并分析计算结果. 深入理解函数的连续与间断特性.

2.1   MATLAB 命令

2.1.1   定义符号变量

不同于普通的数值计算，符号对象是 MATLAB 中的一种特殊数据类型，它可以用来表示符号变量、表达式以及矩阵，利用符号对象能够在不考虑符号所对应的具体数值的情况下进行代数分析和符号计算，例如解代数方程、微分方程、符号矩阵运算等符号对象需要通过 sym 或 syms 函数来指定，数值数据转换成符号类型后也可以被作为符号对象来处理，但它仍然具有数字值的含义，只是之后 MATLAB 不会对它进行浮点运算. 例如 2/5+1/3 的结果为 07333(double 类型数值运算)，而 sym(2)/sym(5)+sym(1)/ sym(3)的结果为 11/15，尽管这里 11/15 是属于 sym 类型，是符号数，但它却具有数字值的含义. 符号数的计算比浮点计算要花费更多的时间和空间，但是它是一种精确计算，没有误差.

用 syms 或 sym 函数定义符号对象，它们的调用格式如表 2.1.

表 2.1   定义符号变量的命令格式

命令格式	功能
sym(' x') ;	定义单个符号变量 x
sym(' x' , ' real') ;	定义的变量 x 为实型符号变量
sym(' x' , ' unreal') ;	定义的变量 x 是非实型符号变量
syms arg1 arg2 arg3 …;	一次定义多个符号变量

在 MATLAB 中，符号表达式可以通过基本赋值语句进行建立，也可以采用单引号或 sym/syms 函数定义. MATLAB 也支持一次性定义一个符号表达式，如 $f = sym(' a * x\verb|^|2 + b * x + c')$，定义后这个表达式会被认为是一个整体，MATLAB 不会自动把其中每个项 a, x, b, c 定义为符号变量. 所以如果想对一个符号表达式进行计算，则还是要把参与计算的项单独定义好.

2.1.2 制作电影动画

MATLAB 实现动画的三种主要方法为电影动画、擦除动画和质点动画. 由于电影动画程序设计逻辑简单, 我们在极限的计算过程中可以借助电影动画形象地理解极限 ε-N 或 ε-X 语言. MATLAB 中创建电影动画的三个步骤:

step1: 用 MATLAB 的绘图命令绘制图形;

step2: 调用 getframe 函数捕捉当前绘制的图象帧, 该函数返回一个结构体, 结构体的 cdata 域为图象帧数据, 将函数的返回保存在一个数组中, 重复步骤 1, 2, 直到绘制完毕;

step3: 调用 movie 函数按照指定的速度和次数播放该电影动画;

step4(可选): 调用 movie2avi 函数可以将 getframe 函数捕捉的一系列动画帧转换成视频 avi 文件. 这样, 即使脱离了 MATLAB 环境也可以播放该动画.

根据以上步骤, 录制电影动画的一般程序结构为:

for j = 1: n

绘图命令

M(j) = getframe;

end

movie(M); %播放电影动画

movie2avi(M, 'out. avi'); %保存电影动画到视频文件

getframe 函数的命令格式如表 2.2.

表 2.2 getframe 函数的命令格式

命令格式	功能
F = ge/frame;	从当前图形框中得到动画帧
F = gefframe(h);	从图形句柄 h 中得到动画帧
F = getframe(h, rect);	从图形句柄 h 的指定区域 rect 中得到动画帧

当创建了一系列的动画帧后, 利用 movie 函数播放这些动画帧, movie 函数的命令格式如表 2.3.

表 2.3 movie 函数的命令格式

命令格式	功能
movie(M);	将结构体数组 M 中的动画帧播放一次
movie(M, n);	将结构体数组 M 中的动画帧播放 n 次, 如果 n 是向量, 则第一个元素是播放电影的次数, 其余元素构成要在电影中播放的帧的列表
movie(M, n, fps);	将结构体数组 M 中的动画帧以每秒 fps 帧的速度播放 n 次
Movie(h, M, n, fps, loc);	在 loc(四元素位置矢量)指定位置定位电影帧的左下角(仅使用矢量中的前两个元素), 该位置相对于图形句柄 h 指定的轴, 并且以像素为单位, 而不管 h 对象的 Units 属性如何

2.1.3 求极限命令

limit 函数主要用来求解符号表达式的极限, 主要调用格式如表 2.4.

表 2.4 limit 函数的命令格式

命令格式	功能
limit(exp, x, a);	求符号表达式 exp 当自变量 x 趋于 a 时的极限
limit(exp, a);	求符号表达式 exp 当默认自变量趋于 a 时的极限
limit(exp);	求符号表达式 exp 当默认自变量趋于 0 时的极限
limit(exp, x, a, 'left');	求符号表达式 exp 当默认自变量趋于 a 时的左极限
limit(exp, x, a, 'right');	求符号表达式 exp 当默认自变量趋于 a 时的右极限

注如果自变量趋向于无穷, 则用 inf 代替 a.

2.2 实验内容

2.2.1 数列的极限

【例 2.1】 计算极限 $\lim\limits_{n\to\infty}\dfrac{3n^2+n}{2n^2-1}$, 并制作演示极限的 $\varepsilon\text{-}N$ 语言电影动画.

源程序:

```
sym n; %定义 n 为符号变量
y1 = limit((3 * n^2+n) / (2 * n^2-1), n, inf)    %计算极限
y1 = eval(y1);   %转换 y1 为双精度数据
ep = 0.5; %取 epsilon = 0.5
i = 0;%电影动画帧计数器
for n = 0: 18
    x = [-fliplr(0: n), 1: n];
    plot(x, y1 * ones(1, length(x)), 'r', 'LineWidth', 2);%绘制直线 y=y1
    hold on;
    axis([-18, 18, -1, 4.5]s); %设置坐标轴数值显示范围
    plot(x, (y1-ep) * ones(1, length(x)), 'g', 'LineWidth', 2); %绘制直线 y=y1-ep
    plot(x, (y1+ep) * ones(1, length(x)), 'g', 'LineWidth', 2); %绘制直线 y=y1+ep
    plot(x, (3 * x.^2+x)./(2 * x.^2-1), 'b *', 'LineWidth', 3);%绘制数列的散点图
    hold off;
    i = i+1;
    M(i) = getframe; %捕捉当前绘制的图象帧
end
```

movie(M);%播放电影动画

title('limit(3 * n^2+n)/(2 * n^2−1)');

legend('y=3/2', strcat('y=', num2str(3/2−ep)), …

strcat('y=', num2str(3/2+ep)), '(3 * n^2+n)(2 * n^2−1)');%在图形的右上方添加图例

set(gca, 'ytick', [0, 3/2−ep, 3/2, 3/2+ep, 2.5, 3.5, 4.5]);%在y轴的指定刻度处显
示刻度数据

程序运行后输出的极限值为:

y1 =

3/2

播放的电影动画的最后一帧如图 2.1 所示,从图中可以观察到取 $\varepsilon = 0.5$ 时,随着 n 的绝对值的增大,数列 $\left\{\dfrac{3n^2+n}{2n^2-1}\right\}$ 的值总落在由直线 $y = \dfrac{3}{2}+\varepsilon$ 与直线 $y = \dfrac{3}{2}-\varepsilon$ 所围成的宽度为 2ε 的带形区域里.

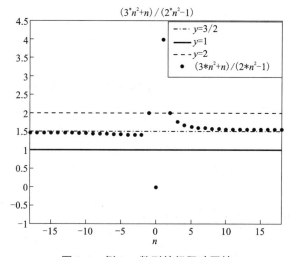

图 2.1　例 2.1 数列的极限动画帧

【例 2.2】　计算极限 $\lim\limits_{n \to \infty}\left(1+\dfrac{1}{n}\right)^n$,并制作演示极限的 ε-N 语言电影动画.

源程序:

syms n%定义 n 为符号变量

y=limit((1+1/n)^n, n, inf)%计算极限

y=eval(y);%转换 y 为双精度数据

ep=0.09;%取 epsilon = 0.09

i=0;%电影动画帧计数器

for n=2:50

　　x=[−fliplr(2:n), 1:n];

　　plot(x, (y+ep) * ones(1, length(x)), 'm', 'LineWidth', 2);

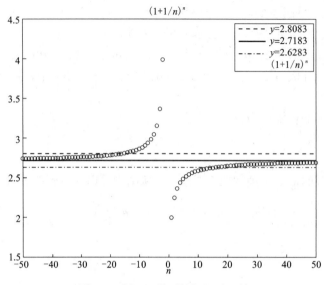

图 2.2　例 2.2 数列的极限动画帧

```
    hold on;
    axis([-50, 50, 1.5, 4.5]);%设置坐标轴数值显示范围
    plot(x, y * ones(1, length(x)), 'r', 'LineWidth', 2);% 绘制图形
    plot(x, (y-ep) * ones(1, length(x)), 'g', 'LineWidth', 2);
    plot(x, (1+1./x).^x, 'bo', 'LineWidth', 1);
    hold off;
    i=i+1;
    M(i)= getframe;%捕捉当前绘制的图象帧
end
movie(M);%播放电影动画
title('(1+1/n)^n');
xlabel('n');
legend(strcat('y=', num2str(y+ep)), strcat('y=', num2str(y)), strcat('y=', num2str
(y-ep)), '(1+1/n)^n');%在图形的右上方添加图例
```

程序运行后输出的极限值为：

y =

　exp(1)

播放的电影动画的最后一帧如图 2.2 所示，从图中可以观察到取 $\varepsilon = 0.09$ 时，存在 $N = 15$，当 $|n| > N$ 时，数列 $\left\{ \left(1 + \dfrac{1}{n} \right)^n \right\}$ 的值总落在由直线 $y = 2.7183 + \varepsilon$ 与直线 $y = 2.7183 - \varepsilon$ 所围成的宽度为 2ε 的带形区域里，从图中还可以观察到数列的单调性.

2.2.2 函数的极限

【例 2.3】 计算 $\lim\limits_{x\to\infty}\dfrac{x-\sin x}{x+\sin x}$，并制作演示极限的 $\varepsilon\text{-}X$ 语言电影动画.

源程序：

```
syms x;%定义 x 为符号变量
y=limit((x-sin(x))/(x+sin(x)),x,inf)%计算极限
y=eval(y);%转换 y 为双精度数据
epsilon=0.08;%取 epsilon=0.08
%寻找 X,使当|x|>X 时,|(x-sin(x))/(x+sin(x))-1|<epsilon
for x=1:0.1:50
    xx=[x:0.1:50];
    if all(abs((xx-sin(xx))./(xx+sin(xx))-1)<epsilon)
        X=x;
        break;
    end
end
i=0;%电影动画帧计数器
for x=0.01:50
    xx=[-fliplr(0.01:0.01:x),0.01:0.01:x];
    plot(xx,(y+epsilon)*ones(1,length(xx)),'m','LineWidth',2);
    hold on;
    axis([-50,50,0,1.8]);%设置坐标轴数值显示范围
    plot(xx,y*ones(1,length(xx)),'r','LineWidth',2);
    plot(xx,(y-epsilon)*ones(1,length(xx)),'g','LineWidth',2);
    plot(xx,(xx-sin(xx))./(xx+sin(xx)),'b','LineWidth',2);
    if x>X
    plot(-X*ones(1,3),[y-epsilon,y,y+epsilon],'r','LineWidth',2);%直线 x=-X
    plot(X*ones(1,3),[y-epsilon,y,y+epsilon],'r','LineWidth',2);%直线 x=X
    end
    hold off;
    i=i+1;
    M(i)=getframe;%捕捉当前绘制的图象帧
end
movie(M,1,15);%播放一次电影动画,帧速为15帧/秒
title('(x-sin(x))/(x+sin(x))');
xlabel('x');
legend(strcat('y=',num2str(y+epsilon)),'y=1',…
strcat('y=',num2str(y-epsilon)),'(x-sin(x))/(x+sin(x))');%在图形的右上方添加
```

图例

程序运行后输出的极限值为：

y =

　　　1

播放的电影动画的最后一帧如图 2.3 所示，从图中可以观察到，取 $\varepsilon = 0.08$ 时，存在 $X =$ 24，当 $|x| > X$ 时，函数 $\dfrac{x - \sin x}{x + \sin x}$ 的值总落在由直线 $y = 1 + \varepsilon$ 与直线 $y = 1 - \varepsilon$ 所围成的宽度为 2ε 的带形区域里.

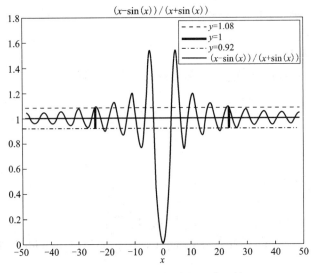

图 2.3　例 2.3 函数的极限动画帧

【例 2.4】　计算 $\lim\limits_{x \to 0} \dfrac{\sin x}{x}$，并制作演示极限的 ε-δ 语言电影动画.

源程序：

```
syms x;   %定义 x 为符号变量
y=limit(sin(x)/x, x, 0)%计算极限
y=eval(y);%转换 y 为双精度数据
epsilon=0.06%取 epsilon=0.06
delta=fsolve(@(x)abs(sin(x)/x-1)-epsilon, 0.01);%当|x|<delta 时, |sin(x)/x-1|
<epsilon
X=3*pi;
i=0;%电影动画帧计数器
for x=X: -0.01: 0.01
    xx0=-(X+0.01: -0.01: x);
    xx1=-fliplr(xx0);
    plot([-X: 0.1: X], zeros(1, length([-X: 0.1: X])), 'm', 'LineWidth', 2);%绘
```

制 x 坐标轴

```
        hold on;
        plot(xx0, sin(xx0)./xx0, 'r', 'LineWidth', 2);%当 x<0 时 sin(x)/x 的图象
        plot(xx1, sin(xx1)./xx1, 'r', 'LineWidth', 2);%当 x>0 时 sin(x)/x 的图象
        axis([-X, X, -0.5, 1.2]);%设置坐标轴数值显示范围
        if xx1(1)<delta    %当|x|<delta 时,|sin(x)/x-1|<epsilon
            %直线 y=1+epsilon
            plot([xx0, xx1], (y+epsilon)*ones(1, 2*length(xx0)), 'm', 'LineWidth', 2);
            %直线 y=1
            plot([xx0, xx1], y*ones(1, 2*length(xx0)), 'r', 'LineWidth', 2);
            %直线 y=1-epsilon
            plot([xx0, xx1], (y-epsilon)*ones(1, 2*length(xx0)), 'g', 'LineWidth', 2);
            %直线 x=delta
            plot(delta*ones(1, length([-0.5:0.1:1.2])), [-0.5:0.1:1.2], 'y',
                'LineWidth', 2);
            %直线 x=-delta
            plot(-delta*ones(1, length([-0.5:0.1:1.2])), [-0.5:0.1:1.2],
                'y', 'LineWidth', 2);
        end
        hold off;
        i=i+1;
        M(i)=getframe;%捕捉当前绘制的图象帧
    end
    movie(M);%播放电影动画
    title('sin(x)/x');
    xlabel('x');
    set(gca, 'xtick', [-X, -delta, delta, X]);%在 x 轴的指定刻度处显示刻度数据程序
    set(gca, 'ytick', [-0.5, 0, y-epsilon, y, y+epsilon]);%在 y 轴的指定刻度处显示刻度
数据
```

程序运行后输出的极限值为:

```
y =
    1
```

播放的电影动画的最后一帧如图 2.4 所示,从图中可以观察到取 $\varepsilon=0.06$ 时,存在 $\delta=0.2$,当 $|x|<\delta$ 时,都有 $\left|\dfrac{\sin x}{x}-1\right|<\varepsilon.$

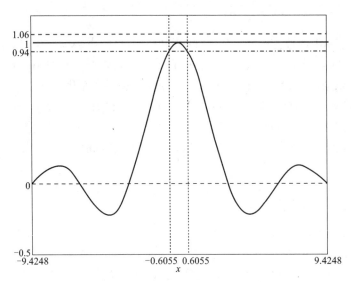

图 2.4　例 2.4 函数的极限动画帧

2.2.3　函数的单侧极限

【例 2.5】　计算 $\lim\limits_{x\to+\infty}\arctan x$ 与 $\lim\limits_{x\to-\infty}\arctan x$，并作图观察 $x\to\infty$ 时函数的变化趋势.

源程序：

```
syms x;%定义 x 为符号变量
y1=limit(atan(x),x,+inf)%计算 x 趋于正无穷大时 arctan(x)的极限
y2=limit(atan(x),x,-inf)%计算 x 趋于负无穷大时 arctan(x)的极限
x=-100:0.1:100;
plot(x,atan(x),'r','LineWidth',2);%arctan(x)的图象
hold on;
axis([-100,100,-pi/2-0.1,pi/2+0.1]);%设置坐标轴数值显示范围
plot(x,y1*ones(1,length(x)),'m','LineWidth',2);%直线 y=pi/2
plot(x,y2*ones(1,length(x)),'m','LineWidth',2);%直线 y=-pi/2
title('arctan(x)');
xlabel('x');
legend('arctan(x)',strcat('y=',num2str(pi/2)),…
    strcat('y=',num2str(-pi/2)),'Location','SouthEast');%在图形的右下方添加图例
set(gca,'ytick',[-pi/2,0,pi/2]);%在 y 轴的指定刻度处显示刻度数据
```

程序运行后输出的极限值为：

y1 =

    pi/2

y2 =

    -pi/2

arctan$x$ 的图象如图 2.5 所示, 函数图象具有单调性.

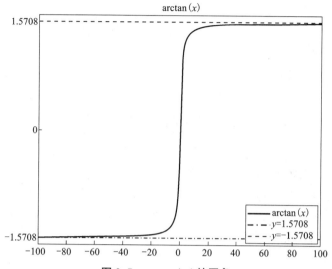

图 2.5　arctan(x) 的图象

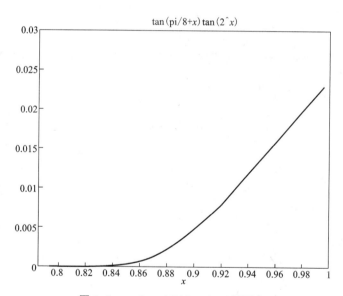

图 2.6　tan(x+pi/8)^tan(2x) 的图象

【**例 2.6**】　计算 $\lim\limits_{x \to \frac{\pi}{4}+0}\left[\tan\left(\dfrac{\pi}{8}+x\right)\right]^{\tan 2x}$, 并作图观察 $x \to \dfrac{\pi}{4}+0$ 时函数的变化趋势.

源程序:

```
syms x;%定义 x 为符号变量
y=limit(tan(pi/8+x)^tan(2*x), x, pi/4, 'right')%计算右极限
x=pi/4+0.01:0.01:1;%3*pi/8-0.01;%(pi/4, 3*pi/8)
plot(x, tan(pi/8+x).^tan(2*x), 'r', 'LineWidth', 2);%tan(pi/8+x)^tan(2*x)的图象
```

程序运行后输出的极限值为：

y =

　　0

当 $x \in \left(\dfrac{\pi}{4}, \dfrac{3\pi}{8} \right)$ 时 $y = \left[\tan\left(\dfrac{\pi}{8} + x \right) \right]^{\tan 2x}$ 的图象如图 2.6 所示．

2.2.4　连续与间断

【例 2.7】　观察并判断 $y = \sqrt{x}\,\arctan\dfrac{1}{x}$ 的间断点类型．

源程序：

```
syms x;%定义 x 为符号变量
y=limit(sqrt(x)*atan(1/x),x,0,'right')%计算右极限
ezplot('sqrt(x)*atan(1/x)',[0,2/pi]);%sqrt(x)*atan(1/x)的图象
title('sqrt(x)*atan(1/x)');
xlabel('x');
```

程序运行后输出的极限值为：

y =

　　0

当 $x \in \left(0, \dfrac{2}{\pi} \right]$ 时 $y = \sqrt{x}\,\arctan\dfrac{1}{x}$ 的图象如图 2.7 所示，从该图上可以观察到 $x = 0$ 是可去间断点．

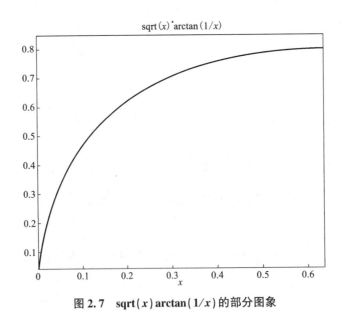

图 2.7　**sqrt(x)arctan(1/x) 的部分图象**

【例 2.8】　观察并判断 $y = x\,[x]$ 的间断点类型．

源程序：

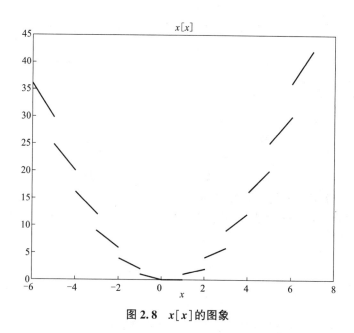

图 2.8 $x[x]$ 的图象

```
syms x;%定义 x 为符号变量
for k=-6: 6
    y1=limit(x*floor(x), x, k, 'left')%计算左极限
    y2=limit(x*floor(x), x, k, 'right')%计算右极限
    xx=k: 0.001: k+0.999;
    plot(xx, xx.*floor(xx), 'r', 'LineWidth', 2);%y=x[x]的图象
    hold on;
    if k+1~=0
        plot(k+1, k*(k+1), 'ro', 'MarkerSize', 2);
    end
end
title('x[x]');
xlabel('x');
```

程序运行后输出在 x=-6，-5，…，6 各点的左右极限值分别为：

y1 =

    42

y2 =

    36

y1 =

    30

y2 =

    25

……

当 $x \in [-6, 7]$ 时 $y = x[x]$ 的图象如图 2.8 所示, 从该图上可以观察到 $x = k$ ($k = \pm 1$, ± 2, …) 为跳跃型间断点.

【例 2.9】 观察并判断 $y = \dfrac{1}{\sin^2 x}$ 的间断点类型.

源程序:

```
syms x;%定义 x 为符号变量
for k = -3:2
    y = limit(1/sin(x)^2, x, k * pi) %计算 x 趋向 k * pi 极限
    xx = k * pi+0.17:0.1:(k+1) * pi-0.1;
    plot(xx, 1./(sin(xx).^2), 'r', 'LineWidth', 2);%y = 1/sin^2x 的图象
    hold on;
end
title('1/sin^2x');
xlabel('x');
```

程序运行后输出在 $x = -3\pi$, -2π, 0, π 各点的极限值都为:

y =

    inf

当 $x \in (-3\pi, 3\pi)$ 时 $y = \dfrac{1}{\sin^2 x}$ 的图象如图 2.9 所示, 从该图上可以观察到 $x = k\pi$, $k \in \mathbf{Z}$ 为无穷间断点.

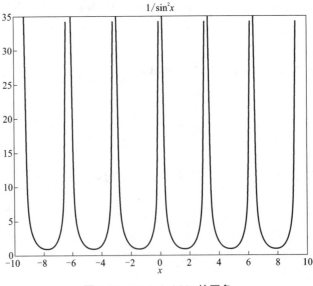

图 2.9 $1/(\sin(x))$^2 的图象

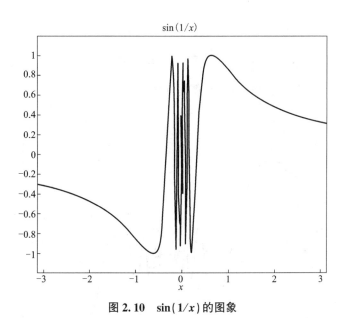

图 2.10　sin(1/x)的图象

【例 2.10】　观察并判断 $y = \sin\dfrac{1}{x}$ 在 $x = 0$ 处的间断点类型.

源程序:

```
syms x;%定义 x 为符号变量
y=limit(sin(1/x),x,0) %计算 x 趋向 0 极限
ezplot('sin(1/x)',[-pi,pi]);%y=sin(1/x)的图象
title('sin(1/x)');
xlabel('x');
```

程序运行后输出在 x→0 的极限值为:

y =

　　NaN

当 $x \in (-\pi, \pi)$ 时 $y = \sin\dfrac{1}{x}$ 的图象如图 2.10 所示,从该图上可以观察到 $x = 0$ 为振荡间断点.

【例 2.11】　观察并判断 $y = x\cos\dfrac{1}{x}$ 在 $x = 0$ 处的间断点类型.

源程序:

```
syms x;%定义 x 为符号变量
y=limit(x*cos(1/x),x,0) %计算 x 趋向 0 极限
ezplot('x*cos(1/x)',[-0.5,0.5]);%y=xcos(1/x)的图象
title('xcos(1/x)');
xlabel('x');
```

程序运行后输出在 x→0 的极限值为:

y =

    0

当 $x \in [-0.5, 0.5]$ 时 $y = x\cos\dfrac{1}{x}$ 的图象如图 2.11 所示，从该图上可以观察到 $x = 0$ 为可去间断点，这是因为无穷小乘以有界函数还是无穷小.

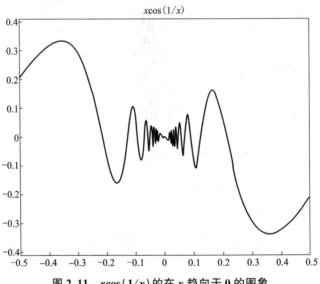

图 2.11　$x\cos(1/x)$ 的在 x 趋向于 0 的图象

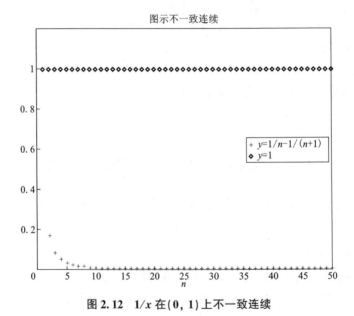

图 2.12　$1/x$ 在 $(0, 1)$ 上不一致连续

【例 2.12】　画图辅助验证 $f(x) = \dfrac{1}{x}$ 在区间 $(0, 1)$ 上不一致连续.

源程序:

syms n;%定义 n 为符号变量

dx=limit(1/n-1/(n+1), n, +inf)%计算极限

epsilon=0.5;%取 epsilon=0.5

%尽管当 n 趋于无穷大时,有|1/n-1/(n+1)|>0,但|(f(1/n)-f(1/(n+1)|=1>epsilon

x=[1:50];

plot(x, 1./(x.*(x+1)), 'm+');

hold on;

axis([0, 50, 0, 1.2]);%设置坐标轴数值显示范围

plot(x, ones(1, length(x)), 'rd');

title('图示不一致连续');

xlabel('n');

legend('y=1/n-1/(n+1)', 'y=1', 'Location', 'East');

程序运行后输出在 $n \to +\infty$ 时两点列 $\left\{\dfrac{1}{n}\right\}$、$\left\{\dfrac{1}{n+1}\right\}$ 之差的极限为:

dx=

　　0

如图 2.12 所示,任取 $0<\varepsilon_0<1$,取两点列 $x_n=\left\{\dfrac{1}{n}\right\}$、$x'_n=\left\{\dfrac{1}{n+1}\right\}$,尽管 $x_n-x'_n \to 0(n \to +$

∞),但 $\left| f\left(\dfrac{1}{n}\right)-f\left(\dfrac{1}{n+1}\right) \right|=1>\varepsilon_0$,所以 $f(x)=\dfrac{1}{x}$ 在区间$(0, 1)$上不一致连续.

【例 2.13】　画图辅助验证 $f(x)=\dfrac{1}{x}$ 在区间$[0.1, 1]$上一致连续.

源程序:

epsilon=[0.1, 0.01];%取 epsilon=0.1, 0.01

%|f(x1)-f(x2)|=||1/x1-1/x2|=|(x2-x1)/x1x2|<|(x2-x1)/0.1^2|=100|x2-x1|<epsilon

%所以取 delta=epsilon/100 时,即|x2-x1|<delta 时,有|f(x1)-f(x2)|<epsilon

delta=epsilon/100;%0.001, 0.0001

x1=0.1:0.01:1;%从[0.1, 1]中取 x1

for i=1:length(epsilon)

　　x2(1)=unifrnd(0.1, 0.1+delta(i));%从[0.1, 0.1+delta(i)]中取随机数 x2(1)

　　x2(length(x1))=unifrnd(1-delta(i), 1);%从[1-delta(i), 1]中取随机数 x2(end)

　　x2(2:length(x1)-1)=unifrnd(x1(2:length(x1)-1)-···

　　　　delta(i), x1(2:length(x1)-1)+delta(i));

　　figure((i-1)*2+1);

　　plot(x1, x2, 'r+');%画 x1-x2 的散点图

　　title('x1-x2 的散点图');

　　xlabel('x1');ylabel('x2');

```
figure((i-1) * 2+2);
plot(x1, epsilon(i) * ones(1, length(x1)), 'm', 'LineWidth', 2);%y=epsilon(i)
hold on;plot(x1, 1./x1-1./x2, 'b', 'LineWidth', 2);
plot(x1, -epsilon(i) * ones(1, length(x1)), 'r', 'LineWidth', 2);%y=-epsilon(i)
axis([0.1, 1, -2 * epsilon(i), 2 * epsilon(i)]);%设置坐标轴数值显示范围
title('图示一致连续');
xlabel('x1');ylabel('f(x1)-f(x2)');
legend(strcat('y=', num2str(epsilon(i))), 'y=f(x1)-f(x2)', …
strcat('y=', num2str(-epsilon(i))));
end
```

$\forall \varepsilon > 0$, 取 x_1, $x_2 \in [0.1, 1]$, 为使 $\left| \dfrac{1}{x_1} - \dfrac{1}{x_2} \right| = \left| \dfrac{x_2 - x_1}{x_1 x_2} \right| < 100 |x_2 - x_1| < \varepsilon$, 只要 $|x_2 - x_1| < \dfrac{\varepsilon}{100}$ 即可. 分别取 $\varepsilon_1 = 0.1$, $\varepsilon_2 = 0.01$, 则存在 $\delta_1 = 0.001$, $\delta_2 = 0.0001$, 此时, 分别取满足 $|x_2 - x_1| < \delta_1$ 和 $|x_2 - x_1| < \delta_2$ 的 (x_1, x_2), 它们的散点图分别如图 2-13, 图 2-14 所示, 对应的 $\dfrac{1}{x_1} - \dfrac{1}{x_2}$ 的图象分别如图 2-15, 图 2-16 所示, 两图中 $\dfrac{1}{x_1} - \dfrac{1}{x_2}$ 的值分别落在由直线 $y = 1 - \varepsilon_1$ 与直线 $y = 1 + \varepsilon_1$ 所围成的宽度为 $2\varepsilon_1$ 的带形区域、由直线 $y = 1 - \varepsilon_2$ 与直线 $y = 1 + \varepsilon_2$ 所围成的宽度为 $2\varepsilon_2$ 的带形区域里.

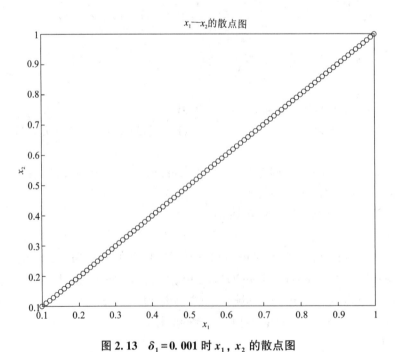

图 2.13 $\delta_1 = 0.001$ 时 x_1, x_2 的散点图

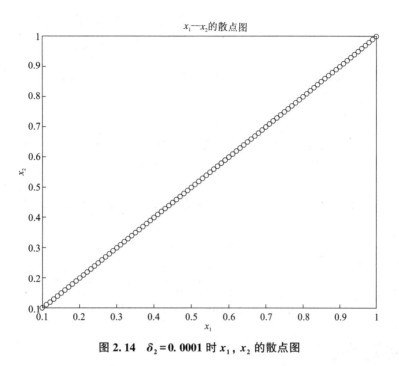

图 2.14 $\delta_2 = 0.0001$ 时 x_1, x_2 的散点图

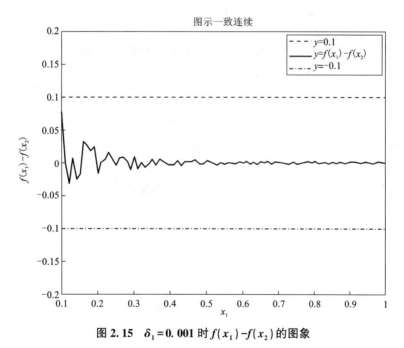

图 2.15 $\delta_1 = 0.001$ 时 $f(x_1) - f(x_2)$ 的图象

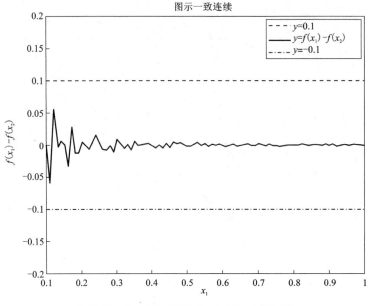

图示一致连续

图 2.16　$\delta_2 = 0.0001$ 时 $f(x_1) - f(x_2)$ 的图象

2.3　实验作业

1. 计算 $\lim\limits_{x \to 2-0} \sqrt{4-x^2}$，并制作演示极限的 ε-δ 语言电影动画.

2. 设数列 $x_n = \dfrac{1}{1^3} + \dfrac{1}{2^3} + \cdots + \dfrac{1}{n^3}$，计算这个数列的前 30 项的近似值.

3. 计算极限.

（1）$\lim\limits_{x \to 0}\left(x\sin\dfrac{1}{x} + \dfrac{1}{x}\sin x\right)$ 　　　　　　（2）$\lim\limits_{x \to +\infty}\dfrac{x^2}{\mathrm{e}^x}$

（3）$\lim\limits_{x \to 0}\dfrac{\tan x - \sin x}{x^3}$ 　　　　　　　　　　（4）$\lim\limits_{x \to +0} x^x$

（5）$\lim\limits_{x \to +0}\dfrac{\ln\cot x}{\ln x}$ 　　　　　　　　　　　（6）$\lim\limits_{x \to +0} x^2\ln x$

（7）$\lim\limits_{x \to 0}\dfrac{\sin x - \cos x}{x^2\sin x}$ 　　　　　　　　　（8）$\lim\limits_{x \to 0}\left(\dfrac{\sin x}{x}\right)^{\frac{1}{1-\cos x}}$

（9）$\lim\limits_{x \to +\infty} \sqrt{x}\sin\dfrac{\pi}{x}$

4. 讨论极限 $\lim\limits_{x \to \infty}\cos^n x$，观察 $\cos^n x$ 的图形，并对具体的 x 值，用 limit 命令验证.

5. 求极限 $\lim\limits_{x \to +\infty}\dfrac{x\sin x}{x^2-4}$.

6. 画图辅助验证 $f(x) = \sqrt{x}$ 在区间 $[0, +\infty)$ 上一致连续.

7. 观察并判断 $y = x\sin\dfrac{1}{x}$ 在 $x = 0$ 处的间断点类型.

实验三　导数

【实验目的】

理解导数与微分的概念，掌握 MATLAB 中求导函数的使用方法.

3.1　MATLAB 命令

通常把自变量 x 的增量称为自变量的微分（记作 dx），这样函数 $y=f(x)$ 的微分可以记作 d$y=f'(x)$dx，$f'(x)$ 为函数的导数. 也就是说，函数的微分 dy 与自变量的微分 dx 之商等于函数的导数，所以导数也叫"微商".

3.1.1　一阶导数和高阶导数

MATLAB 中的求导函数如表 3.1.

表 3.1　**diff** 的调用格式

调用格式	功能描述
y=diff(x)	y=diff(x)计算沿大小不等于 1 的第一个数组维度的 x 相邻元素之间的差分. 如果 x 是长度为 m 的向量，则 y=diff(x)返回长度为 m-1 的向量. y 的元素是 x 相邻元素之间的差分 y=［x(2)-x(1)；x(3)-x(2)；…；x(m)-x(m-1)］；如果 x 是不为空的非向量 p×m 矩阵，则 y=diff(x)返回大小为(p-1)×m 的矩阵，其元素是 x 的行之间的差分 y=［x(2,：)-x(1,：)；x(3,：)-x(2,：)；…；x(p,：)-x(p-1,：)］
y = diff(x, n)	通过递归应用 diff(x)运算符 n 次来计算第 n 阶差分，在实际操作中，这表示 diff(x, 2)与 diff(diff(x))相同
y=diff(x, n, dim)	沿 dim 指定的维计算第 n 阶差分. dim 是一个正整数标量.

3.1.2　隐函数求导和参数方程求导

对于隐函数 $F(x, y)=0$，求导公式为 $\dfrac{dy}{dx}=-\dfrac{F_x(x, y)}{F_y(x, y)}$，对于参数方程 $\begin{cases} x=\varphi(t), \\ y=\psi(t), \end{cases}$ 求导公式为 $\dfrac{dy}{dx}=\dfrac{\psi'(t)}{\varphi'(t)}$.

3.2 实验内容

【例 3.1】 求 $f(x) = x^5 + x + 1$ 的导数.

输入源程序：

```
syms x; %声明 x 为符号变量
f = x^5 + x + 1;
diff(f)
```

程序运行后得到：

```
ans = 5 * x^4 + 1
```

【例 3.2】 求 $f(x) = 2x^3 + 3x^2 + 4x + 5$ 的图形及其一阶导数的图形.

输入源程序：

```
syms x
f = 2 * x^3 + 3 * x^2 + 4 * x + 5; %f 为函数 f(x)的符号表达式
f1 = diff(f); %f1 为一阶导数的符号表达式
x = -1; %对 x 进行赋值, 以使用 eval 对符号表达式进行计算, eval 可参考表 5.1
y = eval(f) %根据符号表达式计算 f(-1)和 f1(-1)的值
y1 = eval(f1)
x = -4:0.1:4; %对 x 进行赋值, 可以为向量形式, 这样得到的 y, y1 也为向量
y = eval(f)
y1 = eval(f1)
plot(x, y, '.', x, y1, '-')
```

程序运行后所绘制的函数的图形及其一阶导数的图形如图 3.1 所示.

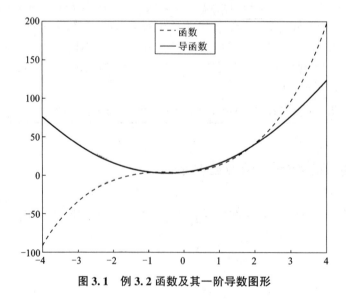

图 3.1 例 3.2 函数及其一阶导数图形

【例3.3】 求函数 $y=\ln(x)$ 的一阶、二阶和三阶导数.

源程序：

```
syms x
f = log(x); %f 为函数 f(x)的符号表达式
n = [1, 2, 3]; %也可写为 n=1：3
for i = 1：size(n, 2) %f1(i)为 i 阶导数的符号表达式
    f1(i) = diff(f, n(i));
end
f1
```

程序运行后输出：

```
f1 =
    [1/x, -1/x^2, 2/x^3]
```

【例3.4】 求隐函数 $x^2+y^2=1$ 的一阶导数，并绘制导函数图形，其中 $-\dfrac{\sqrt{2}}{2}\leqslant x\leqslant\dfrac{\sqrt{2}}{2}$，$y>0$.

源程序：

```
syms x y %声明符号变量
f= x^2 + y^2 - 1;
f1 =-diff(f, x)/diff(f, y)    %求得符号解为 f1 = -x / y
x =-sqrt(2)/2：0.01：sqrt(2)/2;
y =sqrt(1-x.^2);f1 =-x./y;
plot(x, f1);
```

程序运行后绘制的导函数图形如图 3.2，输出的导函数为：

```
f1 =
    -x/y
```

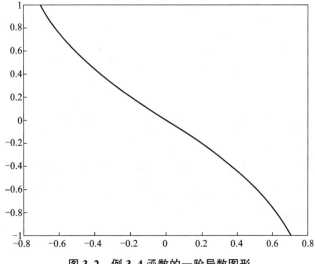

图 3.2　例 3.4 函数的一阶导数图形

【例 3.5】　求由参数方程 $\begin{cases} x = \cos t, \\ y = \sin t \end{cases}$ 确定的函数的一阶、二阶导数.

源程序：

```
syms t
x = cos(t);
y = sin(t);
dy = diff(y, t)/diff(x, t)
d2y = diff(dy, t)/diff(x, t)
```

程序运行后输出：

dy =

　　-cos(t)/sin(t)

d2y =

　　-(cos(t)^2/sin(t)^2+1)/sin(t)

【例 3.6】　函数 $f(x) = 1/x^2$ 在区间 $[1, 2]$ 上满足拉格朗日中值定理的条件，因此存在 $\xi \in (1, 2)$，使得 $f'(\xi) = (f(2) - f(1))/(2-1) = (1/4 - 1/1) = -3/4$，验证这个结论的正确性.

源程序：

```
syms x;
f = 1 ./ x^2;
dy = diff(f)  % dy/dx
fun = @(x) [-2 / x^3 + 3/4];
x = fsolve(fun, 1.5)  %1.3867 属于(1, 2)
eval(dy)  %验证 f'(x) = -3/4
```

程序运行后输出：

dy =

　　-2/x^3

x =

　　1.3867

ans =

　　-0.7500

3.3　实验作业

1. 验证拉格朗日中值定理对函数 $y = 3x^2 + 1$ 在区间 $[0, 1]$ 上的正确性.

2. 验证罗尔定理对函数 $y = \lg(\cos(x))$ 在区间 $[\text{pi}/6, 5*\text{pi}/6]$ 上的正确性.

3. 求下列函数的 1—10 阶导数.

(1) $y = x^2$　　　　　　　　　　(2) $y^2 = x$

4. 求下列隐函数的导数.

（1）$x^2 + e^y = 5$　　　　　（2）$\arctan \dfrac{y}{x} = \ln \sqrt{x^2 + y^2}$

5. 求下列参数方程所确定的函数的导数.

（1）$\begin{cases} x = \cos^2 t, \\ y = \sin t \end{cases}$　　　　（2）$\begin{cases} x = \dfrac{6}{1+t}, \\ y = \dfrac{6t}{1+t^2} \end{cases}$

实验四　　导数应用

【实验目的】

掌握利用导数的性质计算函数的单调区间和极值的方法.

4.1　MATLAB 命令

4.1.1　求一般方程 $f(x)=0$ 近似根

fzero 函数可求解一般方程 $f(x)=0$ 的近似根，fzero 的调用格式见表 4.1. 对于 syms 类型的参数 fun，可以用 char(fun) 对其转换.

表 4.1　fzero 函数的调用格式

调用格式	功能描述
x = fzero(fun, x0)	求 fun(x)=0 在 x0 附近的根，此根是 fun(x) 变号的位置，所以 fzero 无法求无变号函数(例如 x^2)的根.
x = fzero(fun, x0, options)	根据 options 修改求解过程
x = fzero(problem)	对 problem 指定的求根问题求解
[x, fval, exitflag, output] = fzero(…)	fval 为输出函数值，exitflag 应大于 0，否则结果不正确，output 为包含有关求解过程的信息的输出结构体

4.1.3　求非线性函数 $f(x)$ 的极小值

fminbnd 是一个求一维最小值命令，用于求由以下条件指定的问题的最小值：$\min_{x} f(x)$，其中 $x_1 < x < x_2$. 如果要求 $\max_{x} f(x)$，改成 $\min_{x}[-f(x)]$ 即可，调用格式如表 4.2.

表 4.2　fminbnd 函数的调用格式

调用格式	功能描述
x = fminbnd(fun, x1, x2)	返回一个值 x，该值是 fun 中描述的标量值函数在区间 x1<x<x2 中的局部最小值
x = fminbnd(fun, x1, x2, options)	使用 options 中指定的优化选项执行最小化计算，使用 optimset 可设置这些选项

续表4.2

调用格式	功能描述
x = fminbnd(problem)	求 problem 的最小值, 其中 problem 是一个结构体
[x, fval, exitflag] = fminbnd(…)	对于任何输入参数, 返回目标函数在 fun 的解 x 处计算出的值, exitflag 为退出条件的值
[x, fval, exitflag, output] = fminbnd(…)	同上, output 为一个包含有关优化信息的结构体

4.2 实验内容

【例 4.1】 求 $f(x)=x^3-x-1$ 的单调区间.

源程序:

```
syms x;
y = x^3-x-1; dy = diff(y)
x = -3: 0.1: 3; % 这个区间内包含了两个使 dy = 0 的点
y1 = eval(f); dy1 = eval(dy);
plot(x, y1, x, dy1, '--');
legend('y', 'dy/dx', 'Location', 'north');
x0 = roots([3, 0, -1]) % 求导函数 dy = 3 * x^2-1 的零点, x0 = [0.5774 -0.5774]
%x0 将(-inf, inf)分为三部分: (-inf, x0(2)), (x0(2), x0(1)), (x0(1), inf)
%因为导函数连续, 导数在它的两个零点之间, 导函数保持相同符号,
%因此只需在每个小区间上取一点计算导数值, 即可判定导数在该区间的正负,
%从而判定函数的单调性
x = [x0(2)-0.5, (x0(1)+x0(2))/2, x0(1)+0.5];
dy = eval(dy)
```

运行程序后在[-3, 3]区间上画出的函数及导函数图形如图 4.1, 输出数据结果:

```
x0 = %导函数的两个零点
    0.5774
   -0.5774
dy = %导函数在区间(-inf -0.5774) (0.5774 -0.5774) (0.5774 inf)的符号
    2.4821   -1.0000    2.4821
```

结合图 4.1, 当 $x<-0.5774$ 或 $x>0.5774$ 时 $f'(x)>0$, 当 $-0.5774<x<0.5774$ 时 $f'(x)<0$, 所以 $f(x)$ 在区间[-0.5774, 0.5774]上单调递减, 其他区间上单调递增.

【例 4.2】 求函数 $y=2\sin^2 x+3x\cos^2 x$ 位于区间(0, π)内的极值近似值.

源程序:

```
syms x;
fmin = '2. * sin(x).^2+3 * x. * cos(x).^2';
fmax = '-(2. * sin(x).^2+3 * x. * cos(x).^2)'; %计算极大值要把 f 取相反数
```

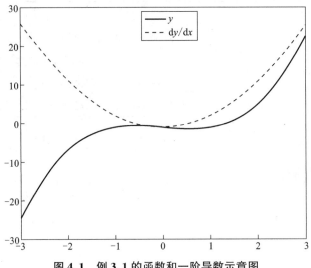

图 4.1   例 3.1 的函数和一阶导数示意图

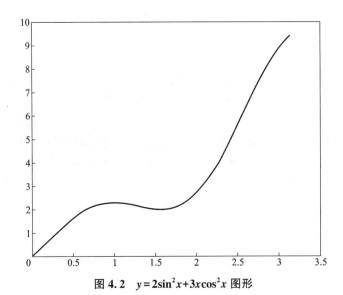

图 4.2 $y = 2\sin^2 x + 3x\cos^2 x$ 图形

x＝［0：0.01：pi］；y＝eval（fmin）；

plot（x，y）；％从图形上看出，1<x<2 时有极小值，0.5<x<1.5 时有极大值

［xmin ymin］＝fminbnd（fmin，1，2）％计算极小值点 xmin＝1.5708

［xmax ymax］＝fminbnd（fmax，0.5，1.5）；％计算极大值点 xmax＝0.9928

［xmax－ymax］

运行程序后绘制的函数图象如图 4.2，求出的极小、极大值点如下：

xmin＝

    1.5708

ymin＝

    2.0000

ans =

    0.9928   2.2920

【例 4.3】 判断 $e^x > 2+x$ 什么时候成立.

源程序：

syms x；

y = ' exp(x) −x−2' ; dy = diff(y)；

x = [−2：0.1：2]；y1 = eval(y)；dy1 = eval(dy)；

plot(x，y1，x，dy1，' −−')；%在 x = 0 函数取最小值；导数单调递增

legend(' y'，' dy/dx'，' Location'，' north')；

syms x；%重新把 x 声明为符号变量

x1 = fzero(y，[−2 0]) % y = exp(x) −x−2 在[−2，0]上的零点，x1 = −1.8414

x2 = fzero(y，[0 2]) % y = exp(x) −x−2 在[0，2]上的零点，x2 = 1.1462

x3 = fzero(char(dy)，[−10，10]) %y 的导数 exp(x) −1 在[−10，10]上的零点，x3 = 0.0000

运行程序后绘制的函数、导数图象如图 4.3，函数的两个零点以及导数的唯一零点为：

x1 = −1.8414

x2 = 1.1462

x3 = 0.0000

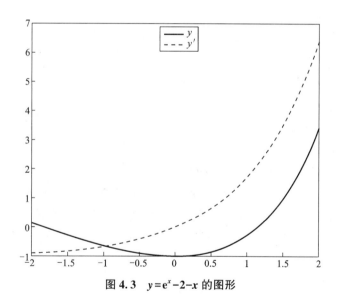

图 4.3　$y = e^x − 2 − x$ 的图形

因为导数只有唯一的零点 $x = 0$ 且导数单调递增，所以函数在 $x < 0$ 时单调递减，在 $x > 0$ 时单调递增，又因为函数连续且有两个零点，结合图 4.3 可知，当 $x < −1.8414$ 或 $x > 1.1462$ 时，$e^x > 2+x$ 成立.

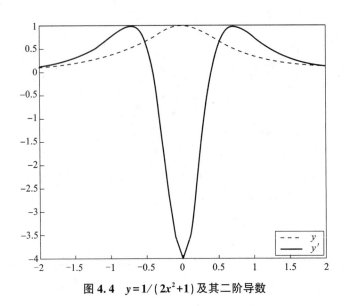

图 4.4 $y = 1/(2x^2+1)$ 及其二阶导数

【例 4.4】   求函数 $y = \dfrac{1}{2x^2+1}$ 的凹凸区间和拐点.

源程序：

```
syms x;
y=1/(2*x^2+1);
d2y=diff(y,x,2)%y 的二阶导数
x=-2:0.1:2;
y0=eval(y);
y2=eval(d2y);
plot(x,y0,'r-');hold on;
plot(x,y2,'b.-');
legend('y','y''''','Location','southeast');
d2yinf=limit(char(d2y),inf)%y 的二阶导数在 x 趋向于无穷大的极限
x1=fzero(char(d2y),[-1 0])%用 char 把 sym 类型的变量转换成字符串
x2=fzero(char(d2y),[0 1])%求二阶导数的零点
x=x1;
y1=eval(y) %函数在 x=x1 的值
x=x2;
y2=eval(y) %函数在 x=x2 的值
```

运行程序后绘制的函数、二阶导数图象如图 4.4，二阶导数在 x 趋向于无穷大的极限、二阶导数的零点、函数在 x1，x2 的值为：

```
d2yinf=
     0
```

x1 =

    -0.4082

x2 =

    0.4082

y1 =

    0.7500

y2 =

    0.7500

结合图 4.4, 用例 4.1 中类似的方法可知, 当 $x<-0.4082$ 或 $x>0.4082$ 时 $y''>0$, 曲线弧下凹, 当 $-0.4082<x<0.4082$ 时 $y''<0$, 曲线弧上凸, 所以两个拐点分别是 $(-0.4082, 0.7500)$ 和 $(0.4082, 0.7500)$.

4.3　实验作业

1. 作函数 $y=\dfrac{x^2-x+6}{x-2}$ 及其一阶导数的图形, 并求函数的单调区间和极值.

2. 作函数 $y=x^4+x^3-5x^2+10x+1$ 及其二阶导数的图形, 并求函数的凹凸区间和拐点.

3. 观察 fminbnd 计算函数 $y=-x^4+3x^3-5x-100$ 的最大值的计算过程.

4. 求函数 $y=\dfrac{1}{x^2-1}$ 的凹凸区间和拐点.

实验五　方程(组)求根

【实验目的】

学习和掌握用 MATLAB 求解非线性方程(组)符号解问题和数值解问题.

5.1　MATLAB 命令

先定义待求解方程,再调用表 5.1 中有关方程(组)求根的 MATLAB 命令.定义待求解方程(组)有多种方式:

(1)使用 syms 函数声明符号变量,再用符号变量定义方程(组),如 syms x; f=x.^2;因 fsolve 求解方程组时,多变量要写成向量的形式,所以这种方法不能调用 fsolve 求解二元及以上方程组.

(2)用 inline 函数,如 f=inline('[t(1).^2+t(2).^2-4; exp(t(1))-t(2)]', 't');

(3)用@方法,如@(t)[t(1)^2+t(2)^2-4; exp(t(1))-t(2)];

(4)单独定义一个函数文件.例如函数名为 fun1. m,然后调用 fsolve(@fun1, x0)求解.

表 5.1　方程(组)求根的 MATLAB 函数

调用格式	功能描述
s=solve(eqn, var)	求解含变量 var 的方程的所有根.如果不指定 var,函数将自动取第一个符号作为变量
s=solve(eqns, vars)	求解变量方程组,并返回包含解决方案的结构体.如果没有指定 vars,函数将自动决定要求解的变量.
x=fsolve(fun, x0)	返回函数在初始变量 x0 附近的一个零点,x0 可以是多维向量.
[x, fval, exitflag, output]=fsolve(⋯)	同上,fval 为对应函数值,exitflag 应大于 0,否则结果不正确
x=fzero(fun, x0)	尝试求出 fun(x)=0 的点 x.此解是 fun(x)变号的位置,所以 fzero 无法求无变号函数(例如 x^2)的根
x=fzero(fun, x0, options)	使用 options 修改求解过程
x=fzero(problem)	对 problem 指定的求根问题求解
[x, fval, exitflag, output]=fzero(⋯)	output 为包含有关求解过程信息的输出结构体

注:solve 可以求解复数根,fsolve、fzero 只能求解实数根.

5.2 实验内容

5.2.1 方程(组)符号解

【例 5.1】 求 $ax^2+bx+c=0$ 的符号解.

源程序:

syms x a b c;

f=a*x^2+b*x+c;

x1=solve(f, x)

运行程序输出:

x1=

-(b+(b^2-4*a*c)^(1/2))/(2*a)

-(b-(b^2-4*a*c)^(1/2))/(2*a)

5.2.2 方程(组)数值解

【例 5.2】 求一般二次方程 $x^2+2x+5=0$ 的根.

源程序:

syms x;

f=x^2+2*x+5;

x1=solve(f) %求出两个复数解-1-2i 和-1+2i

x2=fsolve(char(f), 1)%不能求复数根, 提示 No solution found.

x3=fzero(char(f), 1) %不能求复数根, 提示在搜索期间遇到 NaN 或 inf 函数值

运行程序输出:

x1=

    -1+2*i

    -1-2*i

x2=

    -1

Exiting fzero: aborting search for an interval containing a sign change because NaN or Inf function value encountered during search….

x3=

    NaN

【例 5.3】 求方程组 $\begin{cases} 2x+y=0 \\ x-y=1 \end{cases}$ 的数值解.

源程序:

syms x y

eqns=[2*x + y == 0, x- y == 1];

s=solve(eqns);

[s. x s. y] % x, y

运行程序输出：

ans =

    [1/3, -2/3]

【例 5. 4】 求解方程 $\sin(4x) = \ln x$.

源程序：

syms x；

f = sin(4 * x) - log(x)；

x = 0： 0. 1： 4；

y = eval(f)；

plot(x, y)； grid on；%观察 f(x) = 0 的 3 个实根的大致范围：(0. 5, 1)，(1. 5, 2)，(2, 2. 5)

syms x；%重新声明 x 为符号变量

x1 = fsolve(char(f), 1)；%在 0. 75 附近的根

x2 = fsolve(char(f), 1. 5)；%在 1. 75 附近的根

x3 = fsolve(char(f), 2)；%在 2. 2 附近的根.

[x1, x2, x3]

运行程序后绘制的函数图形如图 5. 1，输出方程的三个实根如下：

ans =

    0. 8317   1. 7129   2. 1400

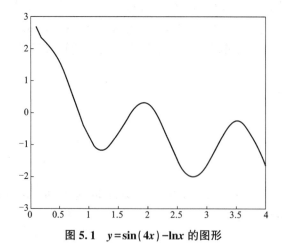

图 5. 1 $y = \sin(4x) - \ln x$ 的图形

【例 5. 5】 求方程组 $\begin{cases} x^2 + y^2 = 16, \\ e^x - y = 0 \end{cases}$ 的数值解.

源程序：

syms x y；

f1 = x. ^2 + y. ^2 - 16； f2 = exp(x) - y；

hold on；

fimplicit(f1)；%matlab2019 版本不推荐用 ezplot，推荐使用 fimplicit

fimplicit(f2)；%观察两个方程组的图 5.2 可知两个方程的图形有 2 个交点

%分别在(−4，0)、(1.3，3.8)附近

grid on；

hold off；

f=@(x)[x(1)^2+x(2)^2−16；exp(x(1))−x(2)]；%定义隐函数组

xy1=fsolve(f，[−4，0])%方程组在(−4，0)附近的解

xy2=fsolve(f，[1.3，3.8])%方程组在(1.3，3.8)附近的解

运行程序后绘制的图形如图 5.2，输出方程的两组实根如下：

xy1 =

　　−4.0000　　　0.0183

xy2 =

　　1.3279　　　3.7731

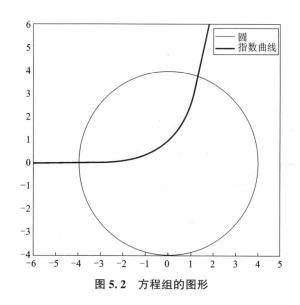

图 5.2　方程组的图形

5.3　实验作业

1.求方程 $x^3-3x-1=0$ 的根.

2.求方程组 $\begin{cases} x^2+y^2=4 \\ x^3-x^2+y=8 \end{cases}$ 的实根.

3.画出椭圆 $(2x-2)^2+(y+x/2-3)^2=5$ 与 $2(x-2)^2+(y/2)^2=9$ 的图形，并求出它们所有的交点坐标.

实验六　一元函数积分学

【实验目的】

学习和掌握用 MATLAB 工具求解不定积分和定积分, 理解定积分的几何意义.

6.1　MATLAB 命令

有关积分的主要 MATLAB 函数如表 6.1.

表 6.1　MATLAB 积分函数

调用格式	功能描述
f = int(expr)	返回符号表达式 expr 的不定积分
f = int(expr, var, a, b)	返回符号表达式 expr 关于变量 var 的定积分, a、b 为积分上下限
t = trapz(Y)	通过梯形法计算 Y 的近似积分(采用单位间距)
q = integral(fun, xmin, xmax)	使用全局自适应积分和默认误差容限在 xmin 至 xmax 间以数值形式求函数 fun 的积分

对于符号积分, 通常在前面先用 syms 来定义表达式中的符号变量, 再使用 int 命令, 计算出来的值是符号解. trapz、integral 是数值积分运算命令, 不用 syms 来定义符号变量, 计算出来的值是近似值.

6.2　实验内容

6.2.1　计算不定积分

【例 6.1】　求不定积分 $\int a e^x x \mathrm{d}x$.

源程序:

```
syms x a;
y = exp( a * x) * x;
f = int( y) %也可以用 int( f, x)
```

运行程序输出:

f =

$$(\exp(a * x) * (a * x - 1)) / a\hat{\,}2\exp(x) * (x - 1)$$

在初等函数范围内, 不定积分有时是不存在的. 例如 $\dfrac{\sin x}{x}$, e^{-x^2}, $\dfrac{1}{\ln x}$, $\dfrac{e^x}{x}$ 均为初等函数, 而它们的积分却不能用初等函数表示出来. 比如输入命令: int(sin(x)/x, x) 结果为 ans = sinint(e); 该结果是一个非初等函数 sinint(e), 称为积分正弦函数. 在使用 int 函数求不定积分时, 应注意到这种情况.

6.2.2 计算定积分

【例 6.2】 求定积分 $\displaystyle\int_0^1 \dfrac{\sin x}{x} \mathrm{d}x$.

源程序:

```
syms x
y = sin(x)/x;
f1 = int(y, 0, 1) %没有给出数值解, 也就是无法用初等函数表示
f2 = vpa(f1, 4) %调用 vpa 函数计算一次, 输出 f2 = 0.9461
f = @ (x)sin(x)/x;
f3 = integral(f, 0, 1, 'ArrayValued', true) %使用 integral 计算数值积分
```

程序运行后输出:

```
f1 =
    sinint(1)
f2 =
    0.9461
f3 =
    0.9461
```

【例 6.3】 求定积分 $\displaystyle\int_0^1 \ln(x)\mathrm{d}x$ 的值, 并设置求解精度.

源程序:

```
y = @ (x)log(x);
format long
f1 = integral(y, 0, 1) %使用默认误差容限计算积分
f2 = integral(f5, 0, 1, 'RelTol', 0, 'AbsTol', 1e-12) %设置绝对误差和相对误差
```

程序运行后输出:

```
f1 =
    -1.000000010959678
f2 =
    -1.000000000000010
```

【例 6.4】 计算积分 $\displaystyle\int_{-1}^1 x^{\frac{1}{3}}\mathrm{d}x$.

源程序:

```
y = @ (x)(x).^(1/3);
```

```
format long；
f1＝integral(y，-1，1) %f1＝1.1250+0.6495i，是复数，说明不对
y1＝@(x)-(-x).^(1/3)；%对函数进行变换
y2＝@(x)(x).^(1/3)；
f2＝integral(y1，-1，0)；
f3＝integral(y2，0，1)；
f＝f2+f3
```
程序运行后输出：
```
f1 ＝
    1.125000044665685 + 0.649519078626074i
f ＝
    1.110223024625157e-16
```

显然，第一次调用 integral 计算的结果是错误的，因为是奇函数，$\int_{-1}^{1} x^{\frac{1}{3}} dx = 0$. 为什么会

出现复数形式的解呢？这个和数值计算采用的方法有关. 数值计算方法对 $x^{\frac{1}{3}}$ 是通过

$\exp(\ln(x)/3)$ 计算的，当 x≤0 时，ln(x) 就会出现复数，这种情况称为假奇异积分. 要避免出

现这种情况，当 $x \leq 0$ 时，变换为 $-((-x)^{\frac{1}{3}})$. 然后和 $x \geq 0$ 部分相加，结果虽然不是零，但是

非常接近，可以近似认为是零. 如果使用数值方法计算，结果出现了复数形式，那么试着对函

数进行变换.

【例 6.5】 计算瑕积分 $\int_{0}^{1} \frac{1}{\sqrt{x}(1+\cos x)} dx$.

源程序：
```
y＝@(x)1./(x.^0.5.*(1+cos(x)))；
f＝integral(y，0，1)
```
程序运行后输出：
```
f＝
    1.055133956869108
```
尽管 $x = 0$ 是被积函数的瑕点，但是使用 integral 函数能给出正确积分结果.

【例 6.6】 计算积分 $\int_{-\infty}^{+\infty} \frac{1}{1+x^2} dx$.

源程序：
```
y＝@(x)(1+x.^2).^-1；
f＝integral(y，-inf，inf)
```
程序运行后输出：
```
f＝
    3.141592653589793
```
可以看出，对于无穷广义积分，使用 integral 函数也能给出正确的积分结果.

6.3 实验作业

1.求下列不定积分, 并用 diff 验证: $\displaystyle\int \frac{\mathrm{d}x}{\sqrt{1-2x^2}}$, $\displaystyle\int \frac{\mathrm{d}x}{\sqrt{\mathrm{e}^x - \mathrm{e}^{-x}}}$, $\displaystyle\int \frac{\mathrm{d}x}{x(x^n+1)}$, $\displaystyle\int \cos(\ln(x))\,\mathrm{d}x$.

2.求下列积分的数值解.

(1) $\displaystyle\int_{-1}^{1} x^{-x}\,\mathrm{d}x$ 　　(2) $\displaystyle\int_{-\frac{\pi}{4}}^{\frac{\pi}{4}} \frac{x}{\cos^2 x}\,\mathrm{d}x$ 　　(3) $\displaystyle\int_{0}^{1} \frac{1}{\sqrt{2\pi}} \mathrm{e}^{-\frac{x^2}{2}}\,\mathrm{d}x$ 　　(4) $\displaystyle\int_{-\infty}^{+\infty} \frac{1}{\sqrt{2\pi}} \mathrm{e}^{-\frac{x^2}{2}}\,\mathrm{d}x$

3.求曲线 $y = \dfrac{x^2}{4} - \dfrac{\ln x}{2}$, $1 \leqslant x \leqslant \mathrm{e}$ 的弧长.

实验七　无穷级数

【实验目的】

掌握用 MATLAB 求级数的和、求幂级数的收敛域、将函数展开为幂级数以及展开周期函数为傅里叶级数的方法.

7.1　MATLAB 命令

7.1.1　符号表达式求和函数

符号表达式求和函数的主要调用格式如表 7.1.

表 7.1　符号表达式求和函数

调用格式	功能描述
F = symsum(f, k)	求一般项为 f 的级数(有穷或无穷的)之和, 之前首先要用 syms 命令定义符号变量, 求和是对表达式 f 中的符号变量进行, 默认求和范围是[0, k−1].
F = symsum(f, k, a, b)	返回对符号表达式 f 中的符号变量 k 从 a 到 b 求和.

求和时结果经常会出现 piecewise 函数, piecewise(cond1, val1, cond2, val2, ⋯) 函数为分段函数, 表示在条件 cond1 下为 val1, 在条件 cond2 下为 val2, ⋯

7.1.2　符号函数的泰勒级数展开式函数

泰勒级数展开式函数如表 7.2.

表 7.2　泰勒级数展开式函数

调用格式	功能描述
taylor(f) 或 taylor(f, x)	返回函数 y=f(x)的 5 阶麦克劳林逼近多项式
taylor(f, x, a)	返回函数 f(x)在 x=a 处的 5 阶泰勒逼近多项式
taylor(f, x, a, ' Order' , n)	返回函数 f(x)在 x=a 处的 n−1 阶泰勒逼近多项式
taylor(⋯, Name, Value)	添加一些其他选项, 返回函数 f(x)在 x=a 处的 n−1 阶泰勒逼近多项式

7.1.3 在符号表达式或矩阵中进行符号替换的函数

subs(s, old, new)将符号表达式 s 中的符号变量 old 用 new 代替.

7.2 实验内容

7.2.1 级数求和

【例7.1】 求 $\sum\limits_{k=0}^{n-1} k$ 和 $\sum\limits_{n=0}^{\infty} n$ 的值.

源程序：

```
syms n;
f=n;
t1=symsum(f, n)
t2=symsum(f, n, 1, inf)
```

程序运行后输出：

```
t1 =
    n^2/2 - n/2
t2 =
    inf
```

【例7.2】 求 $\sum\limits_{n=1}^{\infty} \dfrac{2n-1}{2^n}$.

源程序：

```
syms n;
f=(2*n-1)/(2.^n);
t=symsum(f, 1, inf)
```

程序运行后输出：

```
t =
    3
```

【例7.3】 求级数 $\sum\limits_{n=1}^{\infty} x^{3n}$ 的和函数.

源程序：

```
syms n x;
f=x^(3*n);
t=symsum(f, n, 1, inf)
```

程序运行后输出：

```
t =
```

    piecewise([x^3==1, inf], [x^3~=1 and 1<=abs(x) and not 1<x, limit(x^(3*n)/
(x^3-1), n==Inf)-x^3/((x-1)*(x^2+x+1))], [x^3~=1 and abs(x) in Dom：：Interval(0,

1)，-x^3/((x-1)*(x^2+x+1))])

即当 $-1<x<1$ 时，和函数为 $\dfrac{-x^3}{(x-1)(x+1)}$.

7.2.2 求幂级数的收敛域

【例7.4】 求 $\displaystyle\sum_{n=0}^{\infty} nx^n$ 的收敛域与和函数.

源程序：

```
syms n x
f=n*x.^n;
t=symsum(f, n, 1, inf)
```

程序运行后输出：

```
t =
        piecewise([abs(x)<1, x/(x-1)^2])
```

即收敛域为 $|x|<1$，和函数为 $\dfrac{x}{(x-1)^2}$.

7.2.3 将函数展开为幂级数

【例7.5】 求 e^{-x^2} 在 $x=0$ 处的5阶和14阶麦克劳林展开式，并通过作图比较函数和它的近似多项式.

源程序：

```
syms x;
y= exp(-x.^2);
m5=taylor(y, x)    %5 阶麦克劳林展开式
m14= taylor(y, x, 'Order', 15)    %14 阶麦克劳林展开式
x=0:0.1:2;
y=eval(y);
y5=eval(m5);
y14=eval(m14);
plot(x, y, x, y5, '*', x, y14, 'o'); legend('原函数', '5 阶展式', '14 阶展式'); %画
图对比
```

程序运行后输出：

```
m5 =
        x^4/2-x^2+1
m14 =
        -x^14/5040+x^12/720-x^10/120+x^8/24-x^6/6+x^4/2-x^2+1
```

画出的图形如图 7.1，可以看到在 $x=0$ 附近都能很好地拟合原曲线，当 x 远离 0 时，阶数越高，拟合程度越好.

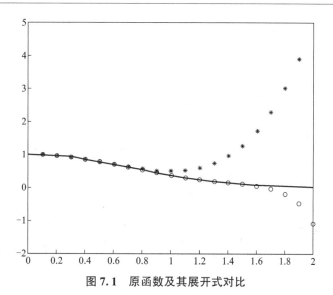

图 7.1 原函数及其展开式对比

【例 7.6】 将函数 e^{-x^2} 在 $x=2$ 处作 3 至 30 阶泰勒展开，通过动画比较函数和它的近似多项式的接近程度.

源程序：

```
x = 0：0.1：2；y = exp( -x.^2)；
figure(1)；
for i = 3：50
    syms x；
    ti = taylor( exp( -x^2)，x，'ExpansionPoint'，2，'Order'，i)；
    x = 0：0.1：2；yi = eval( ti)；
    plot( x，y，'r')；hold on；
    plot( x，yi，' * ')；%i 阶泰勒展开式
    hold off；m( i-2) = getframe；
end
movie( m，5，10)；%动画播放
```

程序运行后截取第 15 阶泰勒展开式与函数在 $x=2$ 附近的接近程度如图 7.2 所示. 动画结果显示在 $x=2$ 附近，随着阶数的增大，拟合程度越来越好.

7.2.4 将函数展开为傅里叶级数

【例 7.7】 设周期为 2 的函数 $f(x)$ 在一个周期内的表达式为：
$$f(x) = \begin{cases} 1, & 0 \le x < 1, \\ -x, & -1 \le x < 0. \end{cases}$$
求它的傅里叶级数展开式的前 5 项和前 8 项，并作出 $f(x)$ 和它的近似三角级数的图形.

注意 $f(x)$ 是分段函数. 周期为 $2L$ 的周期函数 $f(x)$ 的傅里叶级数展开式为：
$$f(x) = \frac{a_0}{2} + \sum_{n=1}^{\infty} \left(a_n \cos\frac{n\pi x}{L} + b_n \sin\frac{n\pi x}{L} \right) ,$$

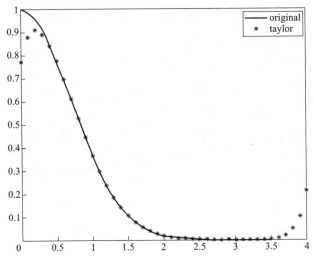

图 7.2　原函数与第 15 阶泰勒展开式对比

其中，$a_n = \dfrac{1}{L}\displaystyle\int_{-L}^{L} f(x)\cos\dfrac{n\pi x}{L}\,\mathrm{d}x\,(n = 0,\,1,\,2,\,\cdots)$，$b_n = \dfrac{1}{L}\displaystyle\int_{-L}^{L} f(x)\sin\dfrac{n\pi x}{L}\,\mathrm{d}x,\,(n = 1,\,2,\,\cdots)$

在已知 a_0 的条件下，编写计算 $f(x)$ 的前 n 项三角级数的 m 文件 expand7. m：

```
function ser=expand7(a0, n)
syms x;
    ser=a0/2;
    for k=1: n
        ak=int(-x*cos(k*pi*x), x, -1, 0)+int(cos(k*pi*x), x, 0, 1);
        bk=int(-x*sin(k*pi*x), x, -1, 0)+int(sin(k*pi*x), x, 0, 1);
        sk=ak*cos(k*pi*x)+bk*sin(k*pi*x);
        ser=ser+sk;
    end
end
```

求 $f(x)$ 的傅里叶级数展开式的前 5 项和前 8 项，并作出 $f(x)$ 和它的近似三角级数的图形的源程序：

```
y=[ ];
for x=-1: 0.01: 3
    if x>=-1 & x<0
        y=[y, -x];
    elseif x>=0 & x<1
        y=[y, 1];
    elseif x>=1 & x<2
        y=[y, -(x-2)];
    else
```

```
            y = [ y, 1 ];
        end
    end
    x = -1 : 0.01 : 3;
    figure( 1 ) ; plot( x, y, 'r' ) ;
    title( '周期为 2 的分段函数图象' );
    syms x
    a0 = int( -x, x, -1, 0 ) + int( 1, x, 0, 1 ) ; %f( x )的 fourier 级数展开式系数 a0
    n = 5;
    ser5 = expand7( a0, n )
    x = -1 : 0.01 : 3;
    y5 = eval( ser5 );
    figure( 2 );
    plot( x, y, 'r' );
    hold on;
    plot( x, y5, 'k' );
    title( 'f( x )和它的 5 阶 Fourier 级数图象' );
    %注意近似级数在间断点 x = 0, 2 处的值, 理论上 ser5( 0 ) = ser5( 2 ) = ( 0+1 )/2 = 0.5,
    %5 阶三角级数的近似值为 ser5( 101 ) = ser5( 301 ) = 0.5167
    n = 8;
    ser8 = expand7( a0, n )
    x = -1 : 0.01 : 3;
    y8 = eval( ser8 );
    figure( 3 );
    plot( x, y, 'r' );
    hold on;
    plot( x, y8, 'k' );
    title( 'f( x )和它的 8 阶 Fourier 级数图象' );
```

程序运行后绘制的 $f(x)$ 和它的 5 阶三角级数图形、$f(x)$ 和它的 8 阶三角级数图形分别如图 7.3、图 7.4 所示, 所求的 $f(x)$ 的傅里叶级数展开式的前 5 项与前 8 项如下:

ser5 = sin(pi * x)/pi - (2 * cos(3 * pi * x))/(9 * pi^2) - (2 * cos(5 * pi * x))/(25 * pi^2) - (2 * cos(pi * x))/pi^2 + sin(2 * pi * x)/(2 * pi) + sin(3 * pi * x)/(3 * pi) + sin(4 * pi * x)/(4 * pi) + sin(5 * pi * x)/(5 * pi) + 3/4

ser8 = sin(pi * x)/pi - (2 * cos(3 * pi * x))/(9 * pi^2) - (2 * cos(5 * pi * x))/(25 * pi^2) - (2 * cos(7 * pi * x))/(49 * pi^2) - (2 * cos(pi * x))/pi^2 + sin(2 * pi * x)/(2 * pi) + sin(3 * pi * x)/(3 * pi) + sin(4 * pi * x)/(4 * pi) + sin(5 * pi * x)/(5 * pi) + sin(6 * pi * x)/(6 * pi) + sin(7 * pi * x)/(7 * pi) + sin(8 * pi * x)/(8 * pi) + 3/4.

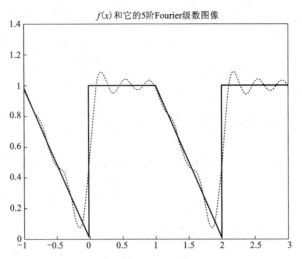

图 7.3 $f(x)$ 与它的 **5 阶三角级数的图形**

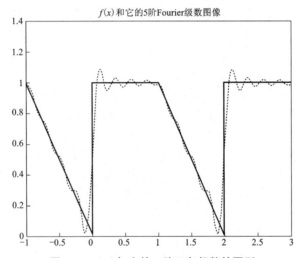

图 7.4 $f(x)$ 与它的 **8 阶三角级数的图形**

【**例 7.8**】 设 $g(x)$ 是以 2π 为周期的周期函数, 它在 $[-\pi, \pi]$ 的表达式是:

$$g(x) = \begin{cases} -1, & -\pi \leqslant x < 0 \\ 1, & 0 \leqslant x < \pi \end{cases}$$

将 $g(x)$ 展开成傅里叶级数.

源程序:

```
g = ' sign( sin( x ) )';
x = -3 * pi : 0.1 : 3 * pi;
g = eval( g );
figure( 1 );
for n = 3 : 2 : 9
    plot( x, g, 'r' );
hold on;
    for k = 1 : n
```

        bk = -2 * ((((-1).^k) -1)/(k * pi) ; %f(x)是奇函数, 它的傅里叶展开式中只

          含正弦项

        s(k, :) = bk * sin(k * x);

     end

     s = sum(s);

plot(x, s);

     title(strcat('g(x)与 Fourier 级数的前', num2str(k), '项的图形'));

hold off;

end

程序运行后绘制的 $g(x)$ 与它的 3 阶、前 9 阶三角级数的图形分别如图 7.5、图 7.6 所示.

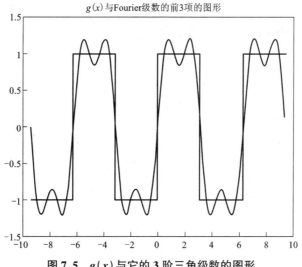

图 7.5 $g(x)$ 与它的 **3** 阶三角级数的图形

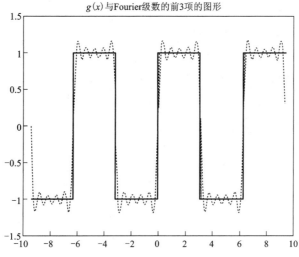

图 7.6 $g(x)$ 与它的 **9** 阶三角级数的图形

7.3 实验作业

1.求下列级数的和：

(1) $\displaystyle\sum_{k=1}^{\infty} k(x-1)^k$ (2) $\displaystyle\sum_{n=1}^{\infty} \frac{x^n}{n(n+1)}$ (3) $\displaystyle\sum_{k=1}^{\infty} \frac{(-1)^{k-1}}{k}$ (4) $\displaystyle\sum_{n=1}^{\infty} \frac{n^2}{n!}$

2.求幂级数 $\displaystyle\sum_{n=1}^{\infty} \frac{3^n + 5^n}{n} x^n$ 的收敛域与和函数.

3.求函数 $\ln(1+x)$ 的 8 阶麦克劳林多项式.

4.求函数 $\dfrac{1}{1+x^2}$ 在 $x=1$ 处的 6 阶泰勒展开式，并作图比较函数和它的近似多项式的接近程度.

5.设 $f(x)$ 在一个周期内的表达式为 $f(x) = \begin{cases} 1, & 0 \leqslant x < 1, \\ 2-x, & 1 \leqslant x < 2, \end{cases}$ 将它展开为傅里叶级数(取前 20 项)，并作图.

实验八 三维图形的绘制

【实验目的】

掌握用 MATLAB 绘制空间曲面和曲线及一些特殊三维图形的方法. 通过作图和观察, 提高空间想象能力.

8.1 MATLAB 命令

8.1.1 三维曲线的绘制命令

plot3 主要用于绘制三维曲线, 它的调用格式和 plot 完全相似. plot3 函数的调用格式如表 8.1.

表 8.1 plot3 函数的调用格式

命令格式	说明
plot3(x, y, z)	函数绘出三个相同维数的向量 x, y, z 所表示的点的空间曲线
plot3(X, Y, Z)	函数绘出三个相同阶数的矩阵 X, Y, Z 的列向量所表示的曲线
plot3(X, Y, Z, s)	s 为定义线型字符串, 形式同 plot 函数
plot3(x1, y1, z1, s1, x2, y2, z2, s2, …)	组合绘制空间曲线调用格式, 与 plot 相同

8.1.2 网图与着色图函数

MATLAB 语言中提供了一系列的网图与着色图函数, 如表 8.2 所示.

表 8.2 网图与着色图函数的调用格式

命令格式	说明
[X, Y]=meshgrid(x, y)	产生平面区域内的网格坐标矩阵, 矩阵 X 的每一行都是向量 x, 行数等于向量 y 的元素的个数, 矩阵 Y 的每一列都是向量 y, 列数等于向量 x 的元素的个数
mesh(X, Y, Z, C)	画网格曲面, 将数据点在空间中描出, 并连成网格, 颜色由 C 指定, 这里 Z 是网格点上的高度矩阵
mesh(x, y, Z, C)	用向量 x, y 代替矩阵, 要求 $length(x)=n$, $length(y)=m$, $[m, n]size(Z)$

续表8.2

命令格式	说明
meshc(X, Y, Z, C)	与 mesh 函数的调用格式相同, 但增加绘制了相应的等高线
meshz(X, Y, Z, C)	与 mesh 函数的调用格式相同, 但增加了边界面屏蔽
surf(X, Y, Z, C)	绘制着色的三维表面图, 每一网格的颜色由 C 指定
surfc(X, Y, Z, C)	与 surf 函数的调用格式相同, 但增加绘制了相应的等高线

8.1.3　特殊的三维图形函数

MATLAB 语言还提供了不少特殊的三维图形函数, 能够绘制各种类型的三维图. 常见的特殊三维图形函数如表 8.3 所示.

表 8.3　MATLAB 中的特殊三维图形函数

函数名	说明	函数名	说明
bar3	三维条形图	trisurf	三角形表面图
comet3	三维彗星轨迹图	trimesh	三角形网格图
ezgraph3	函数控制绘制三维图	waterfall	瀑布图
pie3	三维饼状图	cylinder	柱面图
scatter3	三维散射图	sphere	球面图
stem3	三维离散数据图	fill3	绘制填充过的多边形

8.1.4　视角控制

视角就是图形展现给用户的角度. MATLAB 提供的视角函数主要有 view、viewmtx 及 rotate3D. 最基本的设置视角的函数为 view 函数. 其基本调用格式如表 8.4 所示.

表 8.4　View 函数的调用格式

命令格式	说明
view(az, el)	az 为方位角, 即在 xy 平面内从 y 轴负方向以逆时针为正方向旋转的角度; el 为仰角, 即观察者眼睛与 xy 平面形成的角度, 当观察者的眼睛在 xy 平面上时, el=0; 向上 el 为正, 向下为负. 两者单位均为度, 缺省的视点方位角−37.5°, 仰角 30°
view(2)	二维图形中视角的默认值(0°, 90°)
view(3)	三维图形中视角的默认值(−37.5°, 30°)
view([x, y, z])	在笛卡尔坐标系中的点(x, y, z)处设置视角
[az, el]=view	返回当前图形的视角

8.2　实验内容

8.2.1　绘制三维曲线图形

【例8.1】　空间螺旋线的参数方程是：$\begin{cases} x=t \\ y=\sin t, \ 0 \leqslant t \leqslant 10\pi. \\ z=\cos t \end{cases}$ 绘制这条空间螺旋线.

源程序：

x＝0：0.1：10＊pi；

z＝cos（t）；

y＝sin（t）；

plot3（x，y，z）；

xlabel（'x'）；ylabel（'y'）；zlabel（'z'）；

运行程序则绘制了一条螺旋线如图8.1所示.

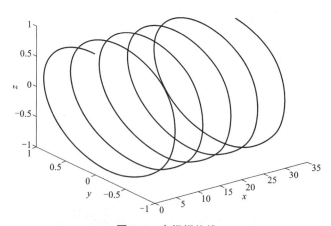

图8.1　空间螺旋线

【例8.2】　绘制函数 $z=xe^{-x^2-y^2}$，$-2 \leqslant x，y \leqslant 2$ 的三维曲面图.

利用 plot3 中参数为矩阵的调用格式绘制这个函数的三维图，MATLAB 源程序为：

［x，y］＝meshgrid（［-2：0.1：2］）；

z＝x.＊exp（-x.^2-y.^2）；

plot3（x，y，z）；

运行程序所绘制的三维曲面图形如图8.2所示.

8.2.2　绘制三维曲面图

【例8.3】　绘制函数 $z=\dfrac{\sin(x^2+y^2)}{x^2+y^2}$，$-8 \leqslant x，y \leqslant 8$ 的三维曲面图.

利用 mesh 函数绘制三维曲面图的 MATLAB 源程序为：

［x，y］＝meshgrid（［-2＊pi：0.1：2＊pi］）；

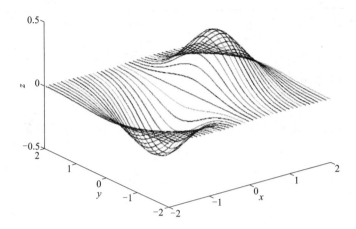

图 8.2　plot3 绘制的三维图形(参数为矩阵)

z=sin(x.^2+y.^2)./(x.^2+y.^2);

mesh(x, y, z);

运行程序所绘制的三维曲面图如图 8.3 所示.

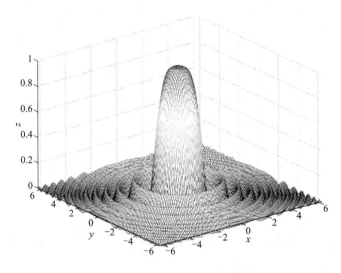

图 8.3　mesh 函数绘制的三维曲面图

【例 8.4】　使用 meshc 函数绘制函数 $z=\sqrt{x^2+y^2}$, $-5\leqslant x$, $y\leqslant 5$ 的三维面图.

源程序:

[x, y]=meshgrid([-5: 0.1: 5]);

z=sqrt(x.^2+y.^2);

meshc(x, y, z);

运行程序所绘制的加了等高线的三维曲面图如图 8.4 所示.

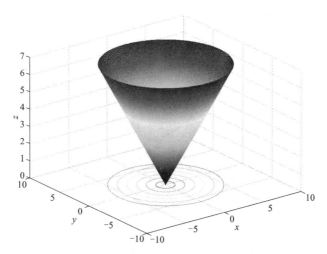

图 8.4 带等高线的三维锥面图

【例 8.5】 绘制双叶双曲面 $\dfrac{x^2}{2^2}+\dfrac{y^2}{3^2}-\dfrac{z^2}{4^2}=-1$ 的图形.

曲面的参数方程是 $x=2\cot u\cos v$, $y=3\cot u\sin v$, $z=4\csc u$, 其中参数 $0<u\leqslant\dfrac{\pi}{2}$, $0<v<2\pi$ 对应双叶双曲面的一叶, 参数 $-\dfrac{\pi}{2}\leqslant u\leqslant 0$, $0<v<2\pi$ 对应双叶双曲面的另一叶. 利用 mesh 函数绘制三维曲面图的 MATLAB 源程序为:

```
u=pi/1000：0.05：pi/2；
v=0：0.05：2*pi；
[u, v] = meshgrid(u, v)；
x=2*cos(v).*cot(u)；
y=3*sin(v).*cot(u)；
z=4*csc(u)；
mesh(x, y, z)；hold on；
mesh(-x, -y, -z)；
```

运行程序所绘制的双叶双曲面的三维曲面图如图 8.5 所示.

【例 8.6】 绘制单叶双曲面 $\dfrac{x^2}{1^2}+\dfrac{y^2}{2^2}-\dfrac{z^2}{3^3}=1$ 的着色图.

曲面的参数方程是 $x=\sec u\cos v$, $y=2\sec u\sin v$, $z=3\tan u$, 其中参数 $-\dfrac{\pi}{2}<u<\dfrac{\pi}{2}$, $0\leqslant v\leqslant 2\pi$, 利用 surf 函数绘制着色图的 MATLAB 源程序为:

```
u=-pi/4：0.05：pi/4；
v=0：0.05：2*pi；
[u, v] =meshgrid(u, v)；
x=cos(v).*sec(u)；
```

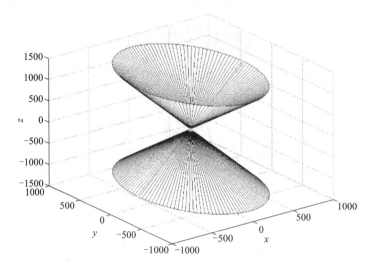

图 8.5 双叶双曲面图

$y = 2 * \sin(v) . * \sec(u) ;$

$z = 3 * \tan(u) ;$

$\text{surf}(x, y, z) ;$

运行程序所绘制的单叶双曲面的着色图如图 8.6 所示.

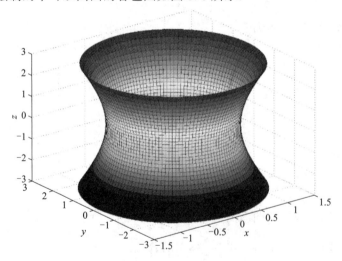

图 8.6 单叶双曲面的着色图

【例 8.7】 绘制椭球面 $\dfrac{x^2}{1^2} + \dfrac{y^2}{2^2} + \dfrac{z^2}{3^2} = 1$ 的着色图.

椭球面的参数方程是 $x = \sin u \cos v$，$y = 2\sin u \sin v$，$z = 3\cos u$，其中 $0 \leqslant u \leqslant \pi$，$0 \leqslant v \leqslant 2\pi$，利用 surf 函数绘制椭球面的着色图的 MATLAB 源程序为：

$u = 0 : 0.05 : \text{pi} ;$

v = 0：0.05：2 * pi；

[u，v] = meshgrid(u，v)；

x = sin(u). * cos(v)；

y = 2 * sin(u). * sin(v)；

z = 3 * cos(u)；

surf(x，y，z)；shading flat；

运行程序所绘制的椭球面的着色图如图 8.7 所示.

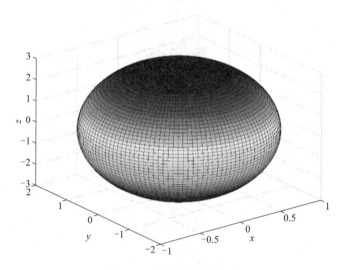

图 8.7　椭球面的着色图

【例 8.8】　在方位角为 45°、仰角为 30°处观察双曲抛物面 $z = xy$，$-2 \leqslant x \leqslant 2$，$-2 \leqslant y \leqslant 2$ 的图形.

利用 surf 函数绘制双曲抛物面的图形的 MATLAB 源程序为：

x = -2：0.1：2；

[x，y] = meshgrid(x)；

z = x. * y；

surf(x，y，z)；

xlabel('x')；ylabel('y')；zlabel('z')；

view(45，30)；%指定视点，方位角为 45°、仰角为 30°

运行程序所绘制的双曲抛物面的图形如图 8.8 所示.

【例 8.9】　在方位角为-60°、仰角为 55°处观察柱面 $x^2 + y^2 = 1$ 与平面 $z = y$ 相交的图形.

源程序：

u1 = 0：0.1：2 * pi；

v1 = -2：0.1：2；

[u1，v1] = meshgrid(u1，v1)；

x1 = cos(u1)；y1 = sin(u1)；z1 = v1；

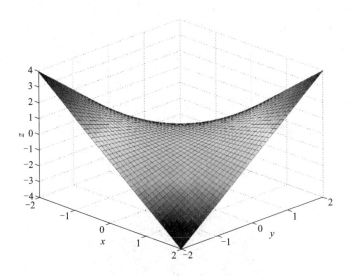

图 8.8　指定了视点的双曲抛物面的图形

mesh(x1, y1, z1); hold on;

u2 = -1.5:0.1:1.5;

[u2, v2] = meshgrid(u2);

x2 = u2; y2 = v2; z2 = y2;

mesh(x2, y2, z2);

xlabel('x'); ylabel('y'); zlabel('z');

view(-60, 55); %指定视点, 方位角为-60°、仰角为55°

运行程序所绘制的柱面 $x^2 + y^2 = 1$ 与平面 $z = y$ 相交的图形如图 8.9 所示.

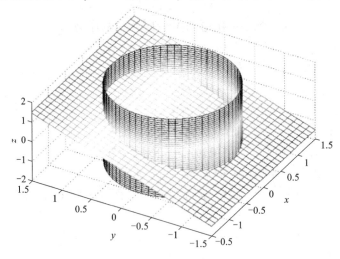

图 8.9　柱面与平面相交的图形

8.2.3 特殊的三维图形函数

【例8.10】 绘制多峰函数 peaks 的三维等高线图.

源程序:

[X, Y]=meshgrid([-4:0.1:5]);

contour3(peaks(X, Y), 25);

xlabel('x'); ylabel('y'); zlabel('z');

运行程序所绘制的 peaks 的三维等高线图形如图8.10所示.

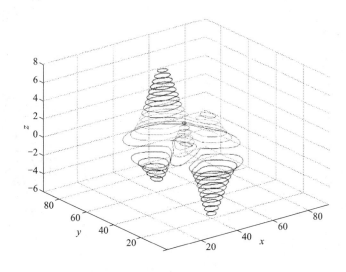

图8.10 多峰函数的三维等高线图

【例8.11】 绘制曲线 $\begin{cases} x=5+\cos(z) \\ y=0 \end{cases}$,$(0\leqslant z\leqslant 4\pi)$绕 z 轴旋转一周所形成的旋转柱面图.

源程序:

z=0:pi/20:4*pi;

x=5+cos(z);

[x, y, z]=cylinder(x, 40); %以母线向量 x 生成单位柱面,旋转圆周上的分格线数为40

z=4*pi*ones(size(z)).*z; %使旋转柱面的高度 0<=z<=4*pi

mesh(x, y, z);

运行程序所绘制的旋转柱面图形如图8.11所示.

【例8.12】 绘制三维图形:(1)绘制魔方阵的三维条形图;(2)已知 $x=[2347, 1827, 2043, 3025]$,绘制饼图.

源程序:

subplot(2, 2, 1);

bar3(magic(4))

subplot(2, 2, 2);

pie3（[2347, 1827, 2043, 3025]）；

运行程序所绘制的图形如图 8.12 所示.

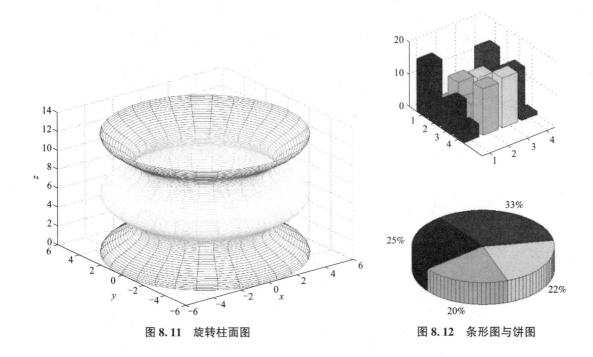

图 8.11　旋转柱面图　　　　　　　图 8.12　条形图与饼图

8.3　实验作业

1. 画出函数 $z=-\cos 2x \sin 3y (-3 \leqslant x \leqslant 3, -3 \leqslant y \leqslant 3)$ 的图形.

2. 画出函数 $z=\mathrm{e}^{-(x^2+y^2)/8}(\cos^2 x+\sin^2 y)$ 在 $-\pi \leqslant x \leqslant \pi$, $-\pi \leqslant y \leqslant \pi$ 上的图形.

3. 一个称作正螺面的曲面的参数方程为 $x=u\cos v$, $z=\dfrac{v}{3}$, $y=u\sin v(-1 \leqslant u \leqslant 1, 0 \leqslant v \leqslant 8)$.

画出它的图形.

4. 画双曲抛物面 $z=\dfrac{x^2}{1}-\dfrac{y^2}{4}$ 的图形，其中 $-6 \leqslant x \leqslant 6$, $-14 \leqslant y \leqslant 14$.

5. 画出抛物柱面 $x=y^2$ 和平面 $x+z=1$ 相交的图形.

6. 画平面 $z=6-2x-3y$ 的图形，其中 $0 \leqslant x \leqslant 3$, $0 \leqslant y \leqslant 2$.

7. 画出函数 $z=\cos(4x^2+9y^2)$ 的图形.

8. 画出锥面 $x^2+y^2=z^2$ 和柱面 $(z-1)^2+y^2=1$ 相交的图形.

9. 画出柱面 $x^2+y^2=1$ 和柱面 $z^2+x^2=1$ 相交的图形.

实验九　多元函数微分学

【实验目的】

掌握用 MATLAB 计算多元函数偏导数和全微分的方法,并掌握计算二元函数极值和条件极值的方法.通过作图和观察,理解方向导数、梯度和等高线的概念.

9.1　MATLAB 命令

9.1.1　绘制二元函数的等高线

MATLAB 中可以调用 contour 函数绘制二元函数的等高线,见表 9.1.

表 9.1　绘制等高线

调用格式	功能描述
contour(X, Y, Z)	根据 x、y 坐标及其对应的 z 坐标,绘制等高线图
contour(___, levels)	在 levels 个自动选择的层级(高度)上显示等高线

9.1.2　求偏导命令

diff 既可以用于求一元函数的导数,也可以用于求多元函数的偏导数,见表 9.2.

表 9.2　diff 求多元函数的偏导数

调用格式	功能描述
diff(diff(f(x, y, z), x), x) 或 diff(f(x, y, z), x, 2)	求 f(x, y, z) 对 x 的二阶偏导数
diff(diff(f(x, y, z), x), y)	求 f(x, y, z) 对 x, y 的混合偏导数

9.2　实验内容

9.2.1　求多元函数的偏导数

【例 9.1】　设 $z = x^3 + y^3 - 3xy^2 - xy + 1$,求 $\dfrac{\partial^2 z}{\partial x^2}$,$\dfrac{\partial^2 z}{\partial x \partial y}$.

源程序：

```
syms x y;
z=x^3+y^3-3*x*y^2-x*y+1;
zx=diff(z, x, 2)%z 对 x 的二阶偏导数
zxy=diff(diff(z, x), y)%z 对 x、y 的二阶混合偏导数
运行程序输出：
zx=
    6*x*y^3
zxy=
    9*x^2*y^2-6*y-1
```

【例 9.2】　设 $z=\mathrm{e}^{u}\sin(v)$，而 $u=xy$，$v=x+y$，求 $\dfrac{\partial z}{\partial x}$，$\dfrac{\partial z}{\partial y}$.

设 $z=f(u, v)$，其中 $u=\varphi(x, y)$，$v=\psi(x, y)$，如果 $u=\varphi(x, y)$，$v=\psi(x, y)$ 都在点 (x, y) 具有对 x 及对 y 的偏导数，函数 $z=f(u, v)$ 在对应点 (u, v) 具有连续偏导数，则复合函数在点 (x, y) 的两个偏导数存在，且 $\dfrac{\partial z}{\partial x}=\dfrac{\partial z}{\partial u}\dfrac{\partial u}{\partial x}+\dfrac{\partial z}{\partial v}\dfrac{\partial v}{\partial x}$，$\dfrac{\partial z}{\partial y}=\dfrac{\partial z}{\partial u}\dfrac{\partial u}{\partial y}+\dfrac{\partial z}{\partial v}\dfrac{\partial v}{\partial y}$.

源程序：

```
syms x y u v;
z=exp(u)*sin(v);
zu=diff(z, u);%z 对 u 的偏导
zv=diff(z, v);%z 对 v 的偏导
u=x*y;
v=x+y;
ux=diff(u, x);%u 对 x 的偏导
vx=diff(v, x);%v 对 x 的偏导
uy=diff(u, y);%u 对 y 的偏导
vy=diff(v, y);%v 对 y 的偏导
zx=eval(zu*ux+zv*vx)%z 对 x 的偏导
zy=eval(zu*uy+zv*vy)%z 对 y 的偏导
运行程序输出：
zx=exp(x*y)*cos(x+y)+y*exp(x*y)*sin(x+y)
zy=exp(x*y)*cos(x+y)+x*exp(x*y)*sin(x+y)
```

【例 9.3】　对于隐函数，如果 $F(x, y)$ 的二阶偏导数也都连续，那么 $\dfrac{\mathrm{d}^{2}y}{\mathrm{d}x^{2}}=$

$-\dfrac{F_{xx}F_{y}^{2}-2F_{xy}F_{x}F_{y}+F_{yy}F_{x}^{2}}{F_{y}^{3}}$. 设 $x^{2}+y^{2}-1=0$，求 $\dfrac{\mathrm{d}^{2}y}{\mathrm{d}x^{2}}$.

源程序：

```
syms x y;
f=x^2+y^2-1;
```

```
fx = diff(f, x);
fy = diff(f, y);
fxx = diff(fx, x)
fxy = diff(fx, y)
fyy = diff(fy, y)

y2x = -(fxx * fy^2-2 * fxy * fx * fy+fyy * fx^2)/fy^3;
y2x = simplify(yx) %表达式化简
```

运行程序输出：

```
y2x = -(x^2+y^2)/y^3
```

【例 9.4】 设 $xu-yv=0$，$yu+xv=1$，求 $\dfrac{\partial u}{\partial x}$，$\dfrac{\partial u}{\partial y}$，$\dfrac{\partial v}{\partial x}$，$\dfrac{\partial v}{\partial y}$.

考虑方程组 $\begin{cases} F(x, y, u, v)=0, \\ G(x, y, u, v)=0, \end{cases}$ 设 $F(x, y, u, v)$、$G(x, y, u, v)$ 在点 P 的某一个邻域内

具有对各个变量的连续偏导数，偏导数组成的函数行列式 $J=\dfrac{\partial(F, G)}{\partial(u, v)}\Big|_P = \begin{vmatrix} \dfrac{\partial F}{\partial u} & \dfrac{\partial F}{\partial v} \\ \dfrac{\partial G}{\partial u} & \dfrac{\partial G}{\partial v} \end{vmatrix}_P \neq 0$，则

方程组在 P 点的某一邻域内能唯一确定一组单值连续且具有连续偏导数的函数 $u=u(x, y)$，

$v=v(x, y)$，且 $\dfrac{\partial u}{\partial x}=-\dfrac{1}{J}\dfrac{\partial(F, G)}{\partial(x, v)}=\dfrac{\begin{vmatrix} F_x & F_v \\ G_x & G_v \end{vmatrix}}{\begin{vmatrix} F_u & F_v \\ G_u & G_v \end{vmatrix}}$，$\dfrac{\partial v}{\partial x}=-\dfrac{1}{J}\dfrac{\partial(F, G)}{\partial(u, x)}=\dfrac{\begin{vmatrix} F_u & F_x \\ G_u & G_x \end{vmatrix}}{\begin{vmatrix} F_u & F_v \\ G_u & G_v \end{vmatrix}}$，$\dfrac{\partial u}{\partial y}=-\dfrac{1}{J}\dfrac{\partial(F, G)}{\partial(y, v)}$

$=\dfrac{\begin{vmatrix} F_y & F_v \\ G_y & G_v \end{vmatrix}}{\begin{vmatrix} F_u & F_v \\ G_u & G_v \end{vmatrix}}$，$\dfrac{\partial v}{\partial y}=-\dfrac{1}{J}\dfrac{\partial(F, G)}{\partial(u, y)}=\dfrac{\begin{vmatrix} F_u & F_y \\ G_u & G_y \end{vmatrix}}{\begin{vmatrix} F_u & F_v \\ G_u & G_v \end{vmatrix}}$.

源程序：

```
syms x y u v;
f = x * u-y * v;
g = y * u+x * v-1;
fu = diff(f, u); %f, g 关于 u, v 的偏导
fv = diff(f, v);
gu = diff(g, u);
gv = diff(g, v);
fx = diff(f, x); %f, g 关于 x, y 的偏导
fy = diff(f, y);
gx = diff(g, x);
```

```
gy = diff( g, x);
j = [fu fv; gu, gv];
ux = -1/det( j) * det( [fx fv; gx gv])
uy = -1/det( j) * det( [fy fv; gy gv])
vx = -1/det( j) * det( [fu fx; gu gx])
vy = -1/det( j) * det( [fu fy; gu gy])
```

运行程序输出:

```
ux = -( u * x+v * y)/( x^2+y^2)
uy = ( v * x-v * y)/( x^2+y^2)
vx = ( u * y-v * x)/( x^2+y^2)
vy = -( v * x+v * y)/( x^2+y^2)
```

9.2.2　微分学的几何应用

【例 9.5】　求曲面 $z(x, y) = \dfrac{4}{x^2+y^2+1}$ 在点 $(0, 1, 2)$ 处的切平面方程, 并把曲面和它的切平面作在同一坐标系里.

隐式函数 $F(x, y, z) = 0$ 确定的曲面在点 (x_0, y_0, z_0) 处的切平面方程:

$F_x(x_0, y_0, z_0)(x-x_0) + F_y(x_0, y_0, z_0)(y-y_0) + F_z(x_0, y_0, z_0)(z-z_0) = 0$.

编写的代码如下:

```
syms x y z X Y;
f = 4/( x. ^2+y. ^2+1) -z;
fx = diff( f, x); %计算 f 关于 x、y、z 的偏导
fy = diff( f, y);
fz = diff( f, z);
x = 0;
y = 1;
z = 4/( x * x+y * y+1); %z=2;
fx = eval( fx);
fy = eval( fy);
fz = eval( fz);
Z = ( fx * ( X-x) +fy * ( Y-y))/( -fz) +z %且平面方程: Z=4-2 * Y
[X, Y] = meshgrid( -2: 0. 1: 2, 0: 0. 1: 2);
Z = eval( Z);
z = 4./( X.^2+Y.^2+1); %曲面
hold on;
mesh( X, Y, Z); %切平面
mesh( X, Y, z); %曲面
plot3( x, y, 2, '.', 'MarkerSize', 30); %切点
view( -130, 14) % 设置方位角 az 和仰角 el
```

运行程序后作出的曲面和它的切平面如图 9.1 所示, 切平面方程为: $Z = 4 - 2 * Y$.

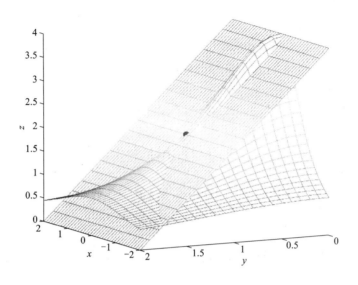

图 9.1　曲面与切平面图

9.2.3　多元函数的极值

设函数 $z = f(x, y)$ 在点 $P_0(x_0, y_0)$ 的某邻域内具有一阶及二阶连续偏导, 又 $f_x(x_0, y_0) = 0, f_y(x_0, y_0) = 0$, 令 $A = f_{xx}(x_0, y_0), B = f_{xy}(x_0, y_0), C = f_{yy}(x_0, y_0)$, 则:

(1) 当 $A > 0, AC - B^2 > 0$ 时, $f(x, y)$ 在 P_0 取得极小值;

(2) 当 $A < 0, AC - B^2 > 0$ 时, $f(x, y)$ 在 P_0 取得极大值;

(3) 当 $AC - B^2 < 0$ 时, $f(x, y)$ 在 P_0 不能取得极值;

(4) 当 $AC - B^2 = 0$ 时需另行讨论.

【例 9.6】　求 $f(x, y) = x^3 + y^3 + 3x^2 + 3y^2 - 9x$ 的极值.

源程序:

```
syms x y z;
f=x.^3+y.^3+3 * x.^2+3 * y.^2-9 * x;
fx=diff(f, x); %f 对 x 的偏导
fy=diff(f, y); %f 对 y 的偏导
fxx=diff(f, x, 2); %f 对 x 的二阶偏导
fyy=diff(f, y, 2); %f 对 y 的二阶偏导
fxy=diff(diff(f, x), y); %f 对 x, y 的二阶混合偏导
x0=solve(fx); %因为 fx 中不含有 y, 所以可以直接 solve(fx)求 fx=0 的点 x0=-3, 1
y0=solve(fy); %因为 fy 中不含有 x, 所以可以直接 solve(fy)求 fy=0 的点 y0=-2, 0
[X, Y]=meshgrid(x0, y0); %x0, y0 进行组合
```

```
for i=1: size(X, 1) %依次读取每一个可能的点，根据 AC-B∗B 进行判断
for j=1: size(X, 2)
        x=X(i, j);
y=Y(i, j);
        acb2=eval(fxx∗fyy-fxy.^2);     % 计算在(x, y)处的 AC-B∗B
        if acb2>0 %f(x, y)在 P0 可能取得极值
            if eval(fxx) < 0
disp(strcat('(', char(x), ',', char(y), ',', char(eval(f)), ')', '是极大值点'));
elseif eval(fxx) > 0
disp(strcat('(', char(x), ',', char(y), ',', char(eval(f)), ')', '是极小值点'));
                end
        elseif acb2<0 %f(x, y)在 P0 不取得极值
disp(strcat('(', char(x), ',', char(y), ',', char(eval(f)), ')', '不是极值点'));
else
disp('P0 是否是极值点需另行判定');
end
    end
end
[x, y]=meshgrid(-5: 0.1: 5);
z=eval(f);
figure(1);
mesh(x, y, z); %曲面
figure(2);
contour(x, y, z, 100); %等高线
```

运行程序后作出的曲面和它的等高线如图 9.2、9.3 所示，所求极值结果如下：

(1, 0, -5)是极小值点

(-3, 0, 27)不是极值点

(1, -2, -1)不是极值点

(-3, -2, 31)是极大值点

从图 9.3 可看到，在极值点附近，曲面的等高线是封闭的．反之，在非极值点附近，等高线不封闭．这也是从图形上判断极值点的方法．

【例 9.7】   求 $z=x^2+4y^3$ 在 $x^2+4y^2=1$ 条件下的极值，并作图分析．

源程序：

```
syms x y zlambda;
z=x^2+4∗y^3;
f=z+lambda∗(x^2+4∗y^2-1); %构造 lagrange 函数 f
fx=diff(f, x); %f 对 x 的偏导数
fy=diff(f, y); %f 对 y 的偏导数
flambda=diff(f, lambda); %f 对 lambda 的偏导数
```

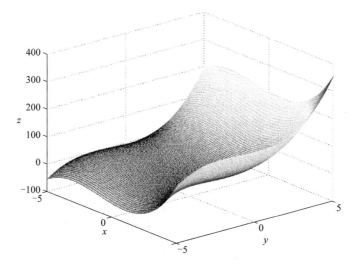

图 9.2　例 9.6 曲面图

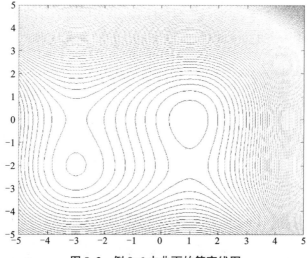

图 9.3　例 9.6 中曲面的等高线图

s=solve(fx, fy, flambda)；%采用结构体保存求解结果：2 组复数解，4 组实数解
for i=1：4 %z=x^2+4 * y^3
　　x=s. x(i)；
　　y=s. y(i)；
maxminz (i)= double(eval(z)) %函数 z=x^2+4 * y^3 在 4 组实数解处的函数值
end
[s. x(1：4), s. y(1：4), maxminz']%函数 z=x^2+4 * y^3 的 4 个可能极值点
[x, y]=meshgrid(-2：0.01：2)；
z=eval(z)；
figure(1)；

contour(x，y，z，150，'LineWidth'，2)；%利用等高线图判断是否是极值点

t=0：0.01：2 * pi；

x=cos(t)；

y=0.5 * sin(t)；

hold on；plot(x，y，'k'，'LineWidth'，2)；

plot(double(s. x(1：4))，double(s. y(1：4))，'r * '，'LineWidth'，2)；

legend('等高线'，'约束条件'，'可能极值点')；

运行程序后作出的曲面的等高线如图 9.4 所示，可能极值点如下：

ans =

$\quad$ [1，0，1]

$\quad$ [-1，0，1]

$\quad$ [0，-1/2，-1/2]

$\quad$ [0，1/2，1/2]

从图 9.4 可看到，在可能极值点处，函数 $z=x^2+4y^3$ 的等高线与曲线 $x^2+4y^2=1$ 相切，函数 $z=x^2+4y^3$ 的等高线不封闭，但沿着垂直等高线由疏指向密的方向，函数值在增大. 在 $x=0$，$y=\pm0.5$ 的附近观察，可知 $z=x^2+4y^3$ 分别取条件极小值 ±0.5，同样的观察可知在 $x=\pm1$，$y=0$ 时，$z=x^2+4y^3$ 取条件极大值 1.

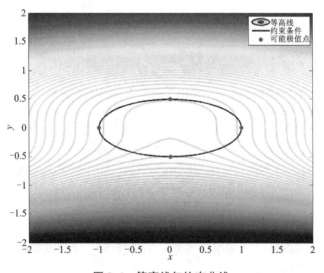

图 9.4　等高线与约束曲线

9.3 实验作业

1. 设 $z = e^{\frac{y^2}{x}}$，求 $\dfrac{\partial z}{\partial x}$，$\dfrac{\partial z}{\partial y}$.

2. 设 $z^3 - 3xyz = a^3$，求 $\dfrac{\partial z}{\partial x}$，$\dfrac{\partial z}{\partial y}$.

3. 设 $\begin{cases} x = e^u + u\sin v, \\ y = e^u - u\cos v, \end{cases}$ 求 $\dfrac{\partial u}{\partial x}$，$\dfrac{\partial u}{\partial y}$.

4. 求 $f(x, y) = -12x^3 - 30x^4 + 18x^5 + 5x^6 + 30xy^3$ 的极值.

5. 求曲面 $x^2 + y^2 + z^2 = 14$ 在点 $(1, 2, 3)$ 处的切平面，并作图.

6. 求函数 $z = x^2 + y^2$ 在条件 $x^2 + y^2 + x + y - 1 = 0$ 下的极值，并作图分析.

7. 求函数 $V = xyz(x > 0, y > 0, z > 0)$ 在条件 $2xy + 2yz + 2xz - 6 = 0$ 下的最大值.

实验十　多元函数积分学

【实验目的】

掌握用 MATLAB 计算二重积分与三重积分的方法. 深入理解曲线积分、曲面积分的概念和计算方法. 提高应用重积分和曲线积分、曲面积分解决各种应用问题的能力.

10.1　MATLAB 命令

10.1.1　多元函数的符号积分

int 函数既可以用于计算一元函数的积分, 也可以用于计算多元函数的积分, int 计算二元函数的积分的调用格式为:

M = int(int(fun, x, xmin, xmax)), y, ymin, ymax)

其中, fun: 积分式中的 $f(x, y)$ 函数部分, fun 可包含多个变量符号; x, y: 函数中预先定义的符号变量, syms x, y; xmin, xmax, ymin, ymax: 符号变量的取值范围; M: 积分结果.

在计算得到结果后, 可以利用 vpa(M, number)将符号数据转化成小数型的符号数据. vpa 函数中 M 为积分结果, number 为限定小数的有效数字位数参数.

int 计算三元函数的积分的调用格式分别为:

M = int(int(int(fun, z, zmin, zmax), x, xmin, xmax), y, ymin, ymax)

z: 也是函数中预先定义的变量符号, zmin, zmax 是符号变量 z 的取值范围.

10.1.2　多元函数的数值积分

(1)函数 dblquad 的功能是求矩形区域上二元函数的数值积分. 其格式为:

q = dblquad(fun, xmin, xmax, ymin, ymax, tol, 'Method')

tol: 用指定的精度 tol 代替默认精度 10^{-6}, 再进行计算;

method: 计算一维积分的方法, 一般有 Simpson 法(即 quad, 默认) 和 Lobatto 法(即 quadl) ;

q: 返回计算的二重数值积分结果.

(2)integral2 函数求解二元函数的二重数值积分. 其基本调用格式为:

q = integral2(f, xmin, xmax, ymin, ymax)

计算函数 $f(x, y)$ 在平面区域 xmin<=x<=xmax, 和 ymin(x)<=y<=ymax(x)上的二重数值积分, ymin 和 ymax 可以是标量也可以是 x 的函数式, 所有输入函数都可以接受相同大小的数组作为输入并进行计算操作.

(3)integral3 函数求解三元函数的三重数值积分. 其基本调用格式为:

q＝integral3(f, xmin, xmax, ymin, ymax, zmin, zmax)

计算函数 $f(x, y, z)$ 在三维空间立体 xmin＜＝x＜＝xmax，ymin(x)＜＝y＜＝ymax(x) 和 zmin(x, y)＜＝z＜＝zmax(x, y) 上的三重数值积分，ymin 和 ymax 可以是标量也可以是 x 的函数式，zmin 和 zmax 可以是标量也可以是 x、y 的函数式，所有输入函数都可以接受相同大小的数组作为输入并进行计算操作.

10.2　实验内容

10.2.1　计算重积分

【例 10.1】　计算 $\iint\limits_{D} xy^2 \mathrm{d}x\mathrm{d}y$，其中 $D = \{(x, y) \,|\, x + y \geqslant 2, x \leqslant \sqrt{y}, y \leqslant 2\}$.

区域 D 如图 10.1 所示，因此，应先对 x 积分，使用 int 函数计算这个二重积分的源程序：

syms x y;

int(int('x＊y^2', x, 2-y, sqrt(y)), y, 1, 2)

运行程序后计算出的二重积分值：193/120.

使用 integral2 函数计算这个二重数值积分的源程序：

f＝@(x, y)x.＊y.^2;

ymin1＝@(x)2-x;　ymin2＝@(x)x.^2;　%将 D 划分为两个积分区域

q＝integral2(f, 0, 1, ymin1, 2)+integral2(f, 1, sqrt(2), ymin2, 2)

运行程序后计算出的二重积分值：1.6083.

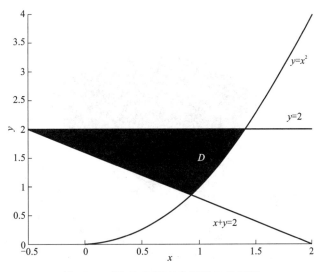

图 10.1　例 10.1 的积分区域 D 的图形

【例 10.2】　计算 $\iint\limits_{D} \mathrm{e}^{-(x^2+y^2)} \mathrm{d}x\mathrm{d}y$，其中 $D = \{(x, y) \,|\, x^2 + y^2 \leqslant 1\}$.

如果用直角坐标计算, 这个积分会遇到困难. 用极坐标计算的源程序:

syms r theta;

f=exp(-r^2)*r;

q=int(int(f, r, 0, 1), theta, 0, 2*pi)

运行程序后计算出的二重积分值: -pi*(exp(-1)-1).

【例 10.3】　计算 $\iint\limits_{D}(x\sin y - \cos x + y)\mathrm{d}x\mathrm{d}y$, 其中 $D = \{(x, y) \mid 0 \leqslant x \leqslant 2\pi, -\pi \leqslant y \leqslant \pi\}$.

区域 D 是一个矩形区域, 使用 dblquad 函数计算这个二重积分的源程序:

f=@(x, y)x*sin(y)-cos(x)+y;

%采用默认方法 quad 计算二重积分, 绝对计算精度设为 1.0e-3

q=dblquad(f, 0, 2*pi, -pi, pi, 1.0e-3)

运行程序后计算出的二重数值积分值: 1.1503e-04.

【例 10.4】　计算 $\iiint\limits_{\Omega}(x^2 + y^2 + z)\mathrm{d}x\mathrm{d}y\mathrm{d}z$, 其中 Ω 由曲面 $z = \sqrt{2 - x^2 - y^2}$ 与 $z = \sqrt{x^2 + y^2}$
围成.

以下程序执行之后画出的区域 Ω 的图形如图 10.2 所示.

[x, y]=meshgrid(-1: 0.05: 1);

z=sqrt(x.^2+y.^2);

surf(x, y, z); hold on;

z=sqrt(2-x.^2-y.^2);

surf(x, y, z);

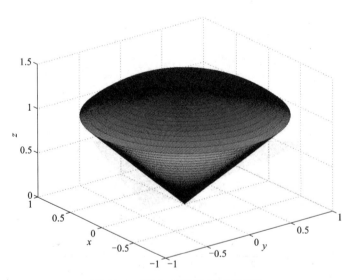

图 10.2　例 10.4 的积分区域图形

参照图 10.2, 如使用直角坐标积分则不能得到明确结果. 可改用柱坐标和球坐标计算这
个三重积分. 用柱坐标计算的源程序:

```
syms r theta z
f = ( r^2+z) * r;
int( int( int( f, z, r, sqrt( 2-r^2) ) , r, 0, 1) , theta, 0, 2 * pi)
```

运行程序后计算出的三重积分值: pi * (32 * 2^(1/2) −25)/30.

用球坐标计算的源程序:

```
syms rho psi theta
f  = ( rho^2 * sin( psi)^2+rho * cos( psi) ) * rho^2 * sin( psi) ;
int( int( int( f, rho, 0, sqrt( 2) ) , psi, 0, pi/4) , theta, 0, 2 * pi)
```

运行程序后计算出的三重积分值为: pi * (32 * 2^(1/2) −25)/30. 与柱坐标的结果相同.

用 integral3 函数计算三重积分的源程序:

```
f = @ ( rho, psi, theta) ( rho.^2. * sin( psi).^2+rho. * cos( psi) ) . * rho.^2. * sin( psi) ;
rmin = 0; rmax = sqrt( 2) ;
pmin = 0; pmax  = pi/4;
tmin = 0; tmax  = 2 * pi;
integral3( f, rmin, rmax, pmin, pmax, tmin, tmax)
```

运行程序后计算出的三重积分值: 2. 1211, 和 vpa(pi * (32 * 2^(1/2) −25)/30, 5) 结果相同.

10. 2. 2 重积分的应用

【例 10. 5】 求曲面 $z = 1-x-y$ 与 $z = 2-x^2-y^2$ 所围成的空间区域 Ω 的体积.

以下程序执行之后绘制空间区域 Ω 的图形如图 10. 3 所示.

```
r = 0: 0. 01: 2;
theta = 0: 0. 1: 2 * pi;
[ r, theta] = meshgrid( r, theta) ;
x = r. * cos( theta) ;
y = r. * sin( theta) ;
z = 2-r.^2;
surf( x, y, z) ; hold on;
[ x, y] = meshgrid( [ −1: 0. 1: 2] ) ;
z = 1-x-y;
surf( x, y, z) ; view( 60, 30) ;
```

观察 Ω 的形状, 为了确定积分限, 把两曲面的交线投影到 xOy 平面上, 得: $1-x-y = 2-x^2$ $-y^2$, 即投影为 xOy 平面上的圆: $\left(x-\dfrac{1}{2}\right)^2+\left(y-\dfrac{1}{2}\right)^2 = \left(\dfrac{\sqrt{6}}{2}\right)^2$, 因此, x 与 y 的上下限可以由以下程序计算:

```
syms x y
x = solve( ' ( x−1/2)^2 = ( sqrt( 6)/2)^2' , ' x' )
y = solve( ' ( x−1/2)^2+( y−1/2)^2 = ( sqrt( 6)/2)^2' , ' y' )
```

运行程序后计算出的 x 与 y 的上下限:

x =

    6^(1/2)/2+1/2

    1/2-6^(1/2)/2

y =

    (-4*x^2+4*x+5)^(1/2)/2+1/2

    1/2-(-4*x^2+4*x+5)^(1/2)/2

这时计算区域 Ω 的体积的程序：

```
f=@(x,y)(2-x.^2-y.^2)-(1-x-y);
ymin=@(x)1/2-(-4*x.^2+4*x+5).^(1/2)/2;
ymax=@(x)(-4*x.^2+4*x+5).^(1/2)/2+1/2;
V=integral2(f,1/2-6^(1/2)/2,6^(1/2)/2+1/2,ymin,ymax)
```

运行程序后计算出的区域 Ω 的体积：3.5343，它是真实值 $\dfrac{9\pi}{8}$ 的近似值.

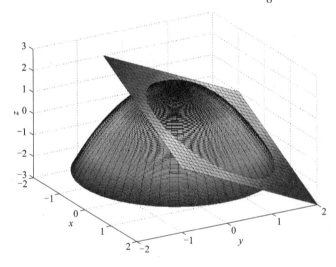

图 10.3   例 10.5 的区域 Ω 的图形

【例 10.6】   求曲面 $z=9-x^2-y^2$ 在 xOy 平面上部的面积 S.

以下程序执行之后绘制曲面 $z=9-x^2-y^2$ 在 xOy 平面上部的图形如图 10.4 所示.

```
r=0:0.01:3;
theta=0:0.1:2*pi;
[r,theta]=meshgrid(r,theta);
x=r.*cos(theta);
y=r.*sin(theta);
z=9-r.^2;
surf(x,y,z);
```

观察曲面的图形，可见是一个旋转抛物面. 计算曲面面积的公式 $\displaystyle\iint_{D_{xy}}\sqrt{1+z_x^2+z_y^2}\,\mathrm{d}x\mathrm{d}y$，用

极坐标计算曲面面积的源程序：

```
syms x y
z='9-x^2-y^2';
f=sqrt(1+diff(z, x)^2+diff(z, y)^2); %因为f=(4*x^2 + 4*^2 + 1)^(1/2)，所以用极
```
坐标计算
```
syms r t
f=' sqrt(1+ 4 * r^2) * r';
S=int(int(f, r, 0, 3), t, 0, 2*pi)
```
计算出的曲面面积：$S=(pi*(37*37^{(1/2)}-1))/6$

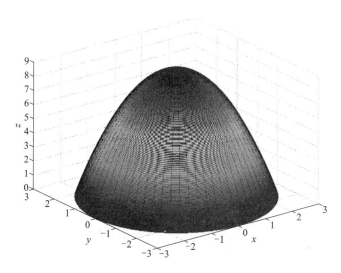

图 10.4 例 10.6 的曲面图形

【**例 10.7**】 在 yOz 平面内有一个半径为 3 的圆，它与 z 轴在原点 O 相切（见图 10.5），求它绕 z 轴旋转一周所得旋转体体积.

圆的方程是 $(y-3)^2+z^2=3^2$，即 $y^2+z^2=6y$，它绕 z 轴旋转所得的圆环面的方程为 $(x^2+y^2+z^2)^2=36(x^2+y^2)$，所以圆环面的球坐标方程是 $r=6\sin\varphi$. 以下是用球坐标下的三重积分计算它的体积的源程序：

```
syms r psi theta
f =r^2 * sin(psi);
v=int(int(int(f, r, 0, 6*sin(psi)), psi, -pi/2, pi/2), theta, 0, 2*pi)
```
计算出的旋转体体积：
```
v =
```
$$54\pi^2$$

也可以用 integral3 函数计算体积的数值解：
```
f=@(theta, psi, r)r.^2. * sin(psi);
rmax=@(theta, psi)6* sin(psi);
```

v = integral3(f, 0, 2 * pi, −pi/2, pi/2, 0, rmax)

计算出的旋转体体积的数值解：

v =

　　532.9586　　%即 $54\pi^2$ 的近似值

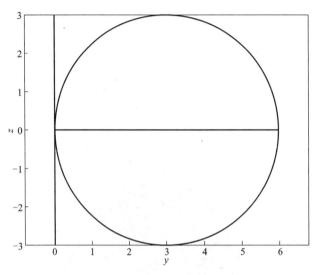

图 10.5　yOz 平面内半径为 3 的圆

【**例 10.8**】　求第一型曲线积分 $\int\limits_{L} \sqrt{1 + 2x^2 + 18y}\,\mathrm{d}s$，路径 L：$x = t$，$y = t^2$，$z = 2t^2$，$0 \leqslant t$ $\leqslant 2$.

因为 $\mathrm{d}s = \sqrt{x_t^2 + y_t^2 + z_t^2}\,\mathrm{d}t$，$\sqrt{1 + 2x^2 + 18y} = \sqrt{1 + 20t^2}$，所以把曲线积分化为定积分.

源程序：

```
syms t;
x = t;
y = t^2;
z = 2 * t^2;
f = sqrt(1+2 * x^2+18 * y) * sqrt(diff(x, t)^2+diff(y, t)^2+diff(z, t)^2);
s = int(f, t, 0, 2)
```

程序运行后输出的曲线积分的结果为：

s =

　　166/3.

【**例 10.9**】　计算第一型曲面积分 $\iint\limits_{\Sigma}(xy + yz + zx)\,\mathrm{d}S$，其中 Σ 为锥面 $z = \sqrt{x^2 + y^2}$ 被柱面 $x^2 + y^2 = 2x$ 所截得的有限部分.

以下程序执行之后绘制锥面 $z = \sqrt{x^2 + y^2}$ 被柱面 $x^2 + y^2 = 2x$ 所截得的有限部分的图形如图 10.6 所示.

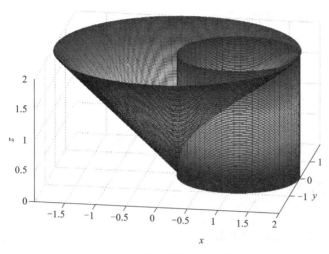

图 10.6　例 10.9 锥面被柱面所截的有限部分

```
r=0：0.01：2；
theta=0：0.1：2 * pi+0.1；
[r, theta]=meshgrid(r, theta)；
x=r. * cos(theta)；
y=r. * sin(theta)；
z=r；
surf(x, y, z)；hold on；
surf(1+cos(theta), sin(theta), z)；
```

因为 $dS=\sqrt{1+z_x^2+z_y^2}\,dxdy$，根据曲面积分化作二重积分的计算公式，注意到投影曲线 $x^2+y^2=2x$ 的极坐标方程为 $r=2\cos t$，$-\dfrac{\pi}{2}\leqslant t\leqslant\dfrac{\pi}{2}$，采用极坐标计算重积分的源程序：

```
syms x y z r t
f=x * y+y * z+z * x；
z=sqrt(x^2+y^2)；
f=subs(f, 'z', z)；
mj=sqrt(1+diff(z, x)^2+diff(z, y)^2)；
x=r * cos(t)；
y=r * sin(t)；
f=eval(f)；
mj=eval(mj)；
f1=f * mj * r；
S=int(int(f1, r, 0, 2 * cos(t)), t, -pi/2, pi/2)
```

计算出的曲面积分的结果：

S=

$(64 * 2\string^(1/2))/15$

或者用 integral2 函数计算数值积分

f=@(t, r)sqrt(2) * r.^3. * ((cos(t)+sin(t))+cos(t). * sin(t));

rmax=@(t)2 * cos(t);

S=integral2(f, -pi/2, pi/2, 0, rmax)

计算出的曲面积分的结果：

S=

　　6.0340%这是真实值$(64 * 2\string^(1/2))/15$ 的近似

10.3　实验作业

1. 计算 $\int_0^{\pi/6}\int_0^{\pi/2}(y\sin x - x\sin y)\mathrm{d}y\mathrm{d}x$.

2. 求积分的近似值：$(1)\int_0^{\sqrt{\pi}}\int_0^{\sqrt{\pi}}\cos(x^2 - y^2)\mathrm{d}y\mathrm{d}x$；$(2)\int_0^1\int_0^1\sin(\mathrm{e}^{xy})\mathrm{d}y\mathrm{d}x$.

3. 计算：$(1)\int_0^3\int_1^x\int_{z-x}^{z+x}\mathrm{e}^{2x}(2y - z)\mathrm{d}y\mathrm{d}z\mathrm{d}x$；$(2)\int_0^1\int_0^1\arctan(xy)\mathrm{d}y\mathrm{d}x$.

4. 交换积分次序并计算 $\int_0^3\int_{x^2}^9 x\cos(y^2)\mathrm{d}y\mathrm{d}x$ 的值.

5. 交换积分次序并计算 $\int_0^2\int_{2y}^4 \mathrm{e}^{x^2}\mathrm{d}x\mathrm{d}y$ 的值.

6. 用极坐标计算：$(1)\int_0^1\int_x^1\dfrac{y}{x^2 + y^2}\mathrm{d}y\mathrm{d}x$；$(2)\int_0^1\int_{-y/3}^{y/3}\dfrac{y}{\sqrt{x^2 + y^2}}\mathrm{d}x\mathrm{d}y$ 的值.

7. 用适当方法计算：$(1)\iiint\limits_{\Omega}\dfrac{z}{(x^2 + y^2 + z^2)^{3/2}}\mathrm{d}v$, 其中 Ω 是由 $z = \sqrt{x^2 + y^2}$ 与 $z = 1$ 围成的；

$(2)\iiint\limits_{\Omega}(x^4 + y^2 + z^2)\mathrm{d}v$, 其中 Ω 为 $x + y + z \leqslant 1$.

8. 求 $\int\limits_L f(x, y, z)\mathrm{d}S$ 的近似值. 其中 $f(x, y, z) = \sqrt{1 + x^3 + 5y^3}$, 路径 l 为：$x = t$, $y = t^2/3$, $z = \sqrt{t}$, $0 \leqslant t \leqslant 2$. 用柱坐标作图命令作出 $z = xy$ 被柱面 $x^2 + y^2 = 1$ 所围部分的图形, 并求其面积.

实验十一   常微分方程

【实验目的】

学习和掌握常微分方程初值问题与边值问题在 MATLAB 中的解法.

11.1   MATLAB 命令

11.1.1   常微分方程(组)符号求解函数

在 MATLAB 中, 可用函数 dsolve 求常微分方程 $F(t, y, y') = 0$ 的通解, 包括可分离变量、齐次方程, 一阶、二阶、n 阶线性齐次和非齐次微分方程、可降阶的高阶微分方程等. 其主要调用格式如下:

dsolve('eqn', 'var')   % eqn 是常微分方程, var 是变量, 默认是 t.

dsolve('eqnl', 'eqn2', …, 'eqnm', 'var')   %有 m 个方程, var 是变量, 默认是 t.

11.1.2   常微分方程的初值问题求解函数

常微分方程的解析解只能对某些特殊类型的方程求解. 当对于某些常微分方程得不到解析解时, 转而去求它的数值解, 也就是在给出某一个指定区间一系列的自变量的数值, 可以得到对应的满足方程的一系列函数值. ode 是 MATLAB 专门用于解微分方程的功能函数. 该求解器有变步长和定步长两种类型, 数值解法的求解已有一些常用解法, ode45 求解器属于变步长的一种, 采用四阶–五阶 Runge-Kutta 算法, 它用 4 阶方法提供候选解, 5 阶方法控制误差, 是一种自适应步长(变步长)的常微分方程数值解法, 其整体截断误差为 $(\Delta x)^5$, 解决的是非刚性常微分方程. 其他采用相同算法的变步长求解器还有 ode23 等. ode45 是解决数值解问题的首选方法, 若长时间没结果, 应该就是刚性的, 可换用 ode15s 试试. ode45 函数的使用方法如下:

(1)函数格式

$[t, y] = ode45(\text{'odefun'}, tspan, y0)$

$[t, y] = ode45(\text{'odefun'}, tspan, y0, options)$

其中: odefun 是函数句柄, 可以是函数文件名, 匿名函数句柄或内联函数名, 表示 $f(t, y)$ 的函数, t 是标量, y 是标量或向量;

tspan 若为 $[t_0, t_f]$, 表示自变量初值 t_0 和终值 t_f, 若为单调的散点 $[t_0, t_1, …, t_n]$ 则表示输出节点列向量;

y0 是初始值列向量;

t 返回列向量的时间点;

y 返回对应 t 的数值解矩阵，每一列对应 y 的一个分量；

options 是求解参数设置，可以用 odeset 在计算前设定误差，输出参数、事件等；

若无输出参数，则作出图形．

（2）微分方程标准化

利用 ode45 求解高阶微分方程时，需要做变量替换，替换的基本思路是：设微分方程为 $F(t,\ y',\ y'',\ \cdots,\ y^{(n)})=0$，初始条件 $y(t_0)=c_0$，$y'(t_0)=c_1$，$\cdots$，$y^{(n-1)}(t_0)=c_{n-1}$，则做变量替换，令 $x(1)=y$，$x(2)=y'$，$x(3)=y''$，$\cdots$，$x(n)=y^{(n-1)}$，于是，原微分方程可以转换为以下的微分方程组的格式：

$$\begin{cases} \dfrac{\mathrm{d}x(1)}{\mathrm{d}t}=x(2) \\[2mm] \dfrac{\mathrm{d}x(2)}{\mathrm{d}t}=x(3) \\[1mm] \vdots \\[1mm] \dfrac{\mathrm{d}x(n-1)}{\mathrm{d}t}=x(n)=f(t,\ x(1),\ x(2),\ \cdots,\ x(n-1)) \end{cases}$$

接下来就可以利用转换好的微分方程组来编写 odefun 函数，然后调用 ode45 求解．

11.1.3　常微分方程的边值问题求解函数

常微分方程一阶方程（组）边值问题 MATLAB 的标准提法：

$$\begin{cases} \dot{\boldsymbol{y}}(t)=\boldsymbol{f}(t,\ \boldsymbol{y}(t)), \\ \boldsymbol{g}(\boldsymbol{y}(a),\ \boldsymbol{y}(b))=\boldsymbol{0}, \end{cases} a<t<b$$

其中 $\boldsymbol{y}$，$\boldsymbol{f}$，$\boldsymbol{g}$ 都是向量，高阶微分方程边值问题可转化为一阶方程组边值问题．MATLAB 提供了 bvpinit、bvp4c、deval 函数解决边值问题，各函数的调用格式：

sinit＝bvpinit(tinit, yinit)；由在粗略结点 tinit 的预估解 yinit 生成粗略解网络 sinit.

sol＝bvp4c(odefun, bcfun, sinit)；odefun 是微分方程组函数，bcfun 为边值条件函数，sinit 是由 bvpinit 得到的粗略解网络，sol 是一个求边值问题解结构，sol. x 为求解结点，sol. y 是 $y(t)$ 的数值解．

sx＝deval(sol, ti)；计算由 bvp4c 得到的解在 ti 的值．

11.1.4　延迟微分方程的求解函数

许多动力系统随时间的演化不仅依赖于系统当前的状态，且依赖于系统过去某一时刻或若干个时刻的状态，这样的系统称为延迟动力系统．许多动力学控制系统需要用延迟动力系统来描述．延迟非线性动力系统有着比用常微分方程所描述的动力系统更加丰富的动力学行为．延迟微分方程的一般形式为

$$\dot{y}(t)=f(t,\ y(t-\tau_1),\ y(t-\tau_2),\ \cdots,\ y(t-\tau_n))$$

其中，$\tau_i \geqslant 0$ 为状态函数 $y(t)$ 的延迟常数．在 MATLAB 中提供了 dde23 函数来直接求解延迟微分方程，其调用格式为：

sol＝dde23(ddefun, lags, history, tspan)

sol＝dde23(ddefun, lags, history, tspan, options)

其中, ddefun 为描述延迟微分方程的函数, lags 是延迟量, lags = [lagsl, lags2, …, lagsn], history 为描述历史状态变量值的函数, 即 $t \le 0$ 时的条件, tspan 为求解的区间, sol 为该函数返回变量的结构数据, 其 sol. x 成员变量为时间向量 t, sol. y 成员变量为各个时刻的状态向量构成的矩阵 y. 需要注意的是, dde23 函数和 ode45 函数等返回的 y 矩阵不一样, 它是按照行排列的, 正好是 ode45 函数结果的转置矩阵.

11.2 实验内容

11.2.1 常微分方程的解析解

【例 11.1】 求下列常微分方程的通解.

(1) $xy'\ln x + y = ax(\ln x + 1)$; (2) $y'' + 2y' + 5y = \sin 2x$

(3) $xyy' - 5y^2 = x^3$; (4) $y''' + y'' - 2y' = x(e^x + 4)$

源程序:

yl = dsolve('x * Dy * log(x)+y=a * x * (log(x)+1)', 'x')

y2 = dsolve('D2y+2 * Dy+5 * y=sin(2 * x)', 'x')

y3 = dsolve('x * y * Dy+x^3-5 * y^2=0', 'x')

y4 = dsolve('D3y+D2y-2 * Dy=x * (exp(x)+4)', 'x')

程序运行后的求解结果:

y1 =

　　a * x+C2/log(x)

y2 =

　　cos(2 * x) * (cos(4 * x)/68+sin(4 * x)/17-1/4)-sin(2 * x) * (cos(4 * x)/17-sin(4 * x)/68)+ C4 * cos(2 * x) * exp(-x)+C5 * sin(2 * x) * exp(-x)

y3 =

　　((x^3 * (7 * C2 * x^7-2))/7)^(1/2)-((x^3 * (7 * C2 * x^7-2))/7)^(1/2)

y4 =

　　C2/6+x/3+(4 * exp(x))/27+C3 * exp(x)-(x * exp(x))/9-exp(x) * (x/3+(4 * x * exp(-x))/3 +(2 * x^2 * exp(-x))/3-exp(-x) * (C2/3-4/3)-x^2/6)-x^2/3+C4 * exp(-2 * x)-1/6

【例 11.2】 求常微分方程组 $\begin{cases} \dfrac{\mathrm{d}x}{\mathrm{d}t} = y \\ \dfrac{\mathrm{d}y}{\mathrm{d}t} = -x \end{cases}$ 的通解.

源程序:

s = dsolve('Dx=y', 'Dy=-x') %s 只给出解的结构

y=s. y, x=s. x %x, y 的具体形式

程序运行后的求解结果:

s =

　　　　y：[1x1 sym]

　　　　x：[1x1 sym]

y =

　　　　Cl * cos(t) − C2 * sin(t)

x =

　　　　C2 * cos(t) + Cl * sin(t)

【例 11.3】　求常微分方程 $y''+y=\cos x$，$y(0)=1$，$y'(0)=0$ 的特解.

源程序：

y = dsolve('D2y+y=cos(x)'，'y(0)=1'，'Dy(0)=0'，'x')

程序运行后的求解结果：

y =

　　　　cos(3 * x)/8 + (7 * cos(x))/8 + sin(x) * (x/2 + sin(2 * x)/4)

11.2.2　常微分方程初值问题的数值解

【例 11.4】　求微分方程 $y'=y-\dfrac{2t}{y}$，$y(0)=1$，$0<t<4$ 的解析解和数值解，并画出对应的图进行比较.

　　源程序：

dsolve('Dy=y-2 * t/y'，'y(0)=1'，'t')　　%先求解析解

x = 0：0.1：4；

s = sqrt(1+2 * x)；

odefun = inline('y-2 * t/y'，'t'，'y')；%再求原方程的数值解加以比较

[t，y] = ode45(odefun，[0，4]，1)；

plot(x，s，'o-'，t，y，' * -')；legend('解析解'，'数值解')；

程序运行后的求出的解析解是：

y =

　　　　(2 * t+1)^(1/2)

　　解析解和数值解的比较结果如图 11.1 所示. 从图 11.1 中可以看到它们几乎是重合的. 但是将它们放大，点击图上方的放大键，就可以发现它们之间还是有误差的. 还可从数值上直接看出，输入[t，s]得到

　　　　0　　　　　　　1.0000

　　　　0.0502　　　　1.0490

　　　　0.1005　　　　1.0959

　　　　0.1507　　　　1.1408

　　　　0.2010　　　　1.1840

　　　　0.3010　　　　1.2657

　　　　……

　　　　3.8507　　　　2.9503

　　　　3.9005　　　　2.9672

　　3.9502　　　2.9839

　　4.0000　　　3.0006

当 t＝4 的时候，y＝3.0006，与解析解之间的误差为 0.0006.

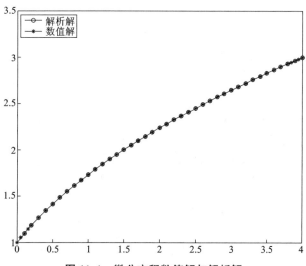

图 11.1　微分方程数值解与解析解

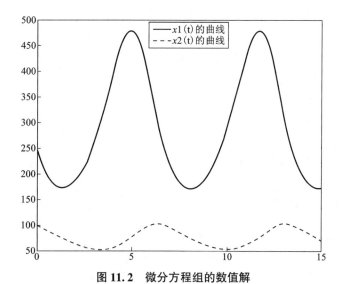

图 11.2　微分方程组的数值解

　　【例 11.5】　在区间[0，15]求含系数的微分方程组 $\begin{cases} x_1' = ax_1 - bx_1x_2, \\ x_2' = cx_1x_2 - dx_2 \end{cases}$ 的数值解. 其中 $a = 1.$
5，$b = 0.02$，$c = 0.002$，$d = 0.6$，初值 $x_1(0) = 250$，$x_2(0) = 100$.

　　源程序：

　　(1)建立微分方程组的 M 文件：ex11d5fun. m

　　function dx＝ex11d5fun(t，x，a，b，c，d)

　　dx(1, 1)= a * x(1)-b * x(1) * x(2);%注意返回的 dx 要求是列向量的形式

　　dx(2, 1)= c * x(1) * x(2)-d * x(2);

end

(2)求解微分方程组的源程序

tspan=[0, 15];%定义变量求解区间

x0=[250, 100];%初值

a=1.5; b=0.02; c=0.002; d=0.6;%参数赋值

options=odeset('RelTol', 1e-6);%设置相对误差

[t, x]=ode45(@ex11d5fun, tspan, x0, options, a, b, c, d)

plot(t, x);%画函数 x1(t), x2(t)的曲线

legend('x_1(t)的曲线', 'x_2(t)的曲线', 'Location', 'north');

程序运行后,输出如下,数值解结果如图 11.2 所示.

t =

　　　　　 0

　　 0.0252

　　 0.0505

　　 …

　　 14.8969

　　 14.9485

　　 15.0000

x =

　　 250.0000　 100.0000

　　 246.8811　　 99.7401

　　 243.8340　　 99.4653

　　 …

　　 172.0519　　 73.8642

　　 172.3396　　 72.8972

　　 172.7986　　 71.9457

【例 11.6】　在区间[0, 400]求刚性微分方程组 $\begin{cases} x_1'=-0.01x_1-99.99x_2, \\ x_2'=-100x_2 \end{cases}$ 的数值解.其中初值 $x_1(0)=2, x_2(0)=1$.

源程序:

(1)建立微分方程组的 M 文件:ex11d6fun.m

function f=ex11d6fun(t, x)

　　 f=[-0.01 * x(1)-99.99 * x(2); -100 * x(2)];

end

(2)求解微分方程组的源程序

options=odeset('RelTol', 1e-6);%设置相对误差

[t, x]=ode15s(@ex11d6fun, [0, 400], [2, 1], options)

plot(t, x); %画函数 x1(t), x2(t)的曲线

xlabel('\it t', 'Fontsize', 14);

legend('x_1(t)曲线', 'x_2(t)曲线');

程序运行后, 输出如下, 数值解结果如图 11.3 所示.

t =

    0.0000

    0.0001

    0.0002

    …

    379.6937

    400.0000

x =

    2.0000   1.0000

    1.9916   0.9916

    1.9768   0.9768

    …

    0.0224   0.0000

    0.0183   −0.0000

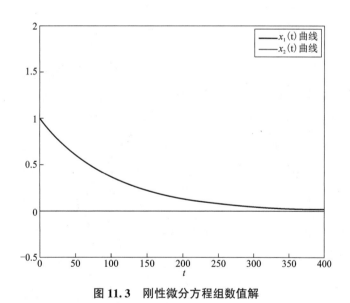

图 11.3　刚性微分方程组数值解

注意, 虽然在解微分方程数值解时最常用的是 ode45, 但是本例用到 odel5s, 这是因为用 odel5s 比 ode45 快得多, 特别是对于刚性方程或者病态方程, ode45 不太适用.

11.2.3　常微分方程边值问题的数值解

【例 11.7】　求解边值问题：$y'' + |y| = 0$，$y(0) = 0$，$y(4) = -2$.

令 $x(1) = y$，$x(2) = y'$，则方程为 $x(1)' = x(2)$，$x(2)' = -|x(1)|$，边界条件为 $xa(1) = 0$，$xb(1) + 2 = 0$. 求解的源程序：

sinit = bvpinit(0：4，[1；0])；%sinit. x = 0：4；sinit. y(1，：) = 1，sinit. y(2，：) = 0

odefun = inline('[x(2)；-abs(x(1))]'，'t'，'x')；%微分方程组

bcfun = inline('[xa(1)；xb(1)+2]'，'xa'，'xb')；%边界条件函数

sol = bvp4c(odefun，bcfun，sinit)；%sol. x 为求解结点，sol. y 是 x(t)的数值解

t = linspace(0，4，101)；

x = deval(sol，t)；%计算由 bvp4c 得到的解在 t 的值

plot(t，x(1，：)，sol. x，sol. y(1，：)，'o'，sinit. x，sinit. y(1，：)，'s')；%画解曲线

legend('解曲线'，'解点'，'粗略解')；[t'，x(1，：)']

运行程序，输出如下，数值解结果如图 11.4.

t 值	y(t)值
0	0
0.0400	0.0827
…	
3.9600	-1.8865
4.0000	-2.0000

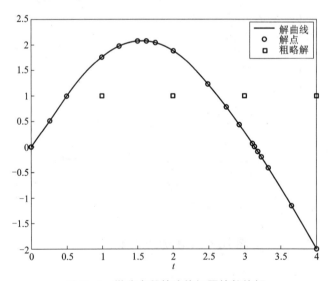

图 11.4　微分方程的边值问题的数值解

11.2.4 延迟微分方程的数值解

【例 11.8】 求解如下延迟微分方程组 $\begin{cases} \dot{x}_1(t) = -x_1(t)x_2(t-1) + x_2(t-8), \\ \dot{x}_2(t) = x_1(t)x_2(t-1) - x_2(t), \\ \dot{x}_3(t) = x_2(t) - x_2(t-8), \end{cases}$ 其中，在 $t \leqslant 0$

时，$x_1(t) = 4.5$，$x_2(t) = 0.1$，$x_3(t) = 0.8$. 试求该方程在 $[1, 45]$ 区间上的数值解.

先建立延迟微分方程组的 m 函数 ex11d8fun. m

```
function dx = ex11d8fun(t, x, z)
    dx = zeros(3, 1);
    dx(1) = -x(1) * z(2, 1) + z(2, 2);
    dx(2) = x(1) * z(2, 1) - x(2);
    dx(3) = x(2) - z(2, 2);
end
```

求解延迟微分方程组的源程序：

```
history = [4.5 0.1 0.8]; %定义 t≤0 时历史状态变量值
lags = [1 8]; %延迟常数
tspan = [1 45]; %变量求解区间
sol = dde23(@ ex11d8fun, lags, history, tspan)
plot(sol. x, sol. y);
legend('x_1(t)曲线', 'x_2(t)曲线', 'x_3(t)曲线');
set(gca, 'Fontsize', 10);
xlabel('\it t', 'Fontsize', 12);
ylabel('x', 'Fontsize', 12);
[sol. x', sol. y']
```

运行程序，输出如下，数值解结果如图 11.5.

t	x1(t)	x2(t)	x3(t)
1.0000	4.5000	0.1000	0.8000
1.0229	4.4920	0.1079	0.8001
...			
44.7329	0.1245	0.3439	4.9317
45.0000	0.1217	0.2816	4.9967

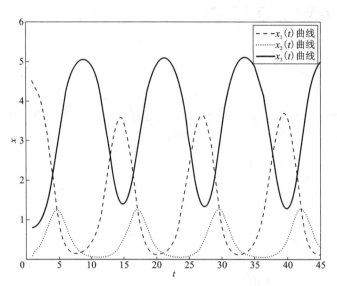

图 11.5   延迟微分方程组的数值解曲线

11.3   实验作业

1. 解下列微分方程.

(1) $y' = x + y$, $y(0) = 1$, $0 < x < 1$(要求输出 $x = 1$, 2, 3 点的 y 值);

(2) $x' = 2x + 3y$, $y' = 2x + y$, $x(0) = -2$, $y(0) = 2.8$, $0 < t < 10$, 作相平面图;

(3) $y''' - 0.01(y')^2 + 2y = \sin t$, $y(0) = 0$, $y'(0) = 1$, $0 < t < 5$, 作 $y(t)$ 的图象.

2. 求一通过原点的曲线, 它在 (x, y) 处的切线斜率等于 $2x + y^2$, $0 < x < 1.57$, 若 x 的上界增为 1.58, 1.60, 情况会怎么样?

3. 已知阿波罗飞船的运行轨迹 (x, y) 满足下面的方程:

$$\begin{cases} \dfrac{\mathrm{d}^2 x}{\mathrm{d} t^2} = 2\dfrac{\mathrm{d} y}{\mathrm{d} t} + x - \dfrac{\lambda(x + u)}{r_1^3} - \dfrac{u(x - \lambda)}{r_2^3}, \\[3mm] \dfrac{\mathrm{d}^2 y}{\mathrm{d} t^2} = -2\dfrac{\mathrm{d} x}{\mathrm{d} t} + y - \dfrac{\lambda y}{r_1^3} - \dfrac{uy}{r_2^3}, \end{cases}$$

其中 $u = \dfrac{1}{82.45}$, $\lambda = 1 - u$, $r_1 = \sqrt{(x + u)^2 + y^2}$, $r_2 = \sqrt{(x + \lambda)^2 + y^2}$, 试着在初值 $x(0) = 1.2$, $x'(0) = 0$, $y(0) = 0$, $y'(0) = -1.04935371$ 下求解, 并绘制飞船的轨迹图.

4. 肿瘤大小 v 生长的速度与 v 的 a 次方成正比, 其中 a 的形状参数 $0 \leqslant a \leqslant 1$, 而其比例系数 k 随时间减小, 减小速率又与当时的 k 值成正比, 比例系数为环境参数 b. 设某种肿瘤参数 $a = 1$, $b = 0.1$, k 的初始值为 2, v 的初始值为 1. 问: (1) 此肿瘤生长不会超过多大? (2) 多长时间肿瘤大小翻一倍? (3) 何时肿瘤生长的速率由递增变成递减? (4) 若参数 $a = \dfrac{2}{3}$ 呢?

5. 求解边值问题: $y'' - (y')^2 + t = 0$, $y(0) = 0$, $y(0.4) = 1.8$.

6. 延迟微分方程组 $\begin{cases} x_1(t) = x_1(t-1), \\ \dot{x}_2(t) = x_1(t-1) + x_2(t-0.2), \\ \dot{x}_3(t) = x_2(t), \end{cases}$ 其中，在 $t \leqslant 0$ 时，$x_1(t) = 1$，$x_2(t) = 1$，

$x_3(t) = 1$. 试求该方程组在 $[0,5]$ 区间上的数值解，并绘制其解的图象.

7. 延迟微分方程组 $\begin{cases} \dot{x}_1(t) = x_1(t)\left[1 + 0.1\sin t - 0.1 x_1(t-0.1) - \dfrac{x_2(t)}{1+x_1(t)}\right] \\ \dot{x}_2(t) = x_2(t)\left[-\dfrac{2+\sin t}{10^5} + \dfrac{9x_1(t-0.3)}{1+x_1(t-0.3)} - x_2(t-0.1)\right] \end{cases}$，其中，在 $t \leqslant 0$ 时，

$x_1(t) = 2$，$x_2(t) = 2$. 试求该方程组在 $[0,50]$ 区间上的数值解并绘制其解的图象.

实验十二 偏微分方程

【实验目的】

学习和掌握偏微分方程初边值问题在 MATLAB 中的解法.

12.1 MATLAB 命令

12.1.1 求解偏微分方程(组)

MATLAB 提供了一个专门用于求解偏微分方程的 PDE Toolbox. 本次实验仅提供一些最简单、经典的偏微分方程,如椭圆形、双曲形、抛物形等少数的偏微分方程,并给出求解方法,借此触类旁通,从而解决相类似的问题. 在 MATLAB 中提供了 pdepe 函数实现对偏微分方程组进行求解. 可直接将求解的偏微分方程组转换为以下形式:

$$C\left(x,\ t,\ u,\ \frac{\partial u}{\partial x}\right)\frac{\partial u}{\partial t}=x^{-m}\frac{\partial}{\partial x}\left[x^m f\left(x,\ t,\ u,\ \frac{\partial u}{\partial x}\right)\right]+s\left(x,\ t,\ u,\ \frac{\partial u}{\partial x}\right),\ m=0,\ 1,\ 2$$

其描述为

$$[c,\ f,\ s]=\text{pdefun}(x,\ t,\ u,\ ux)$$

其中, pdefun 为函数名, 给定输入变量即可计算出 $c,\ f,\ s$ 三个函数. 边界条件可描述为:

$p(x,\ t,\ u)+q(x,\ t,\ u).\ *f\left(x,\ t,\ u,\ \dfrac{\partial u}{\partial x}\right)=0$, 边界条件可用下面的函数描述:

$$[pa,\ qa,\ pb,\ qb]=\text{pdebc}(x,\ t,\ u,\ ux)$$

除了这两个函数外,还应该写出初始条件函数,偏微分方程初始条件的数学描述为 $u(x,\ t_0)=u_0$. 另外,需要一个简单的函数来描述,其为: u0=pdeic(x). 还可以选择 x 和 t 的向量;再加上描述的这些函数,就可以用 pdepe 函数求解偏微分方程, pdepe 函数的调用格式为:

$$\text{sol}=\text{pdepe}(m,\ @\,\text{pdefun},\ @\,\text{pdeic},\ @\,\text{pdebc},\ \text{xmesh},\ \text{tspan})$$

12.1.2 网格化

在 MATLAB 中提供了 initmesh 函数用于创建网格数据,其调用格式如下:

$[p,\ e,\ t]=\text{initmesh}(g)$:返回一个三角形网格数据,其中 g 可以是一个分解几何矩阵,也可以是一个 m 文件.

$[p,\ e,\ t]=\text{initmesh}(g,\ '\text{PropertyName}',\ \text{PropertyValue},\ \cdots)$:PropertyName 及 PropertyValue 为网格数据的属性名及属性值.

在创建好初始网格数据后,还可以对其进行优化与加密. 在 MATLAB 中提供了 jigglemesh 函数

用于对网格数据进行优化, 提供了 refinemesh 函数对网格数据进行加密. 它们调用格式如下:

p1 = jigglemesh(p, e, t): 通过调整节点位置来优化三角网格, 以提高网格质量, 返回调整后的节点矩阵 p1.

[pl, el, t1] = refinemesh(g, p, e, t): 返回一个被几何区域 g、节点矩阵 p、边界矩阵 e 和三角形矩阵 t 指定的经过加密的三角形网格矩阵.

[pl, el, t1] = refinemesh(g, p, e, t, 'regular'): 使用规则加密法加密, 即所有指定的三角形单元都被分为 4 个形状相同的三角形单元.

[pl, el, t1] = refinemesh(g, p, e, t, 'longest'): 使用最长边加密法加密, 即把指定的每个三角形单元的最长边二等分. …

在得到网格数据后, 可以利用 MATLAB 提供的专门函数 pdemesh 函数来绘制三角形网格图, 其调用格式如下

pdemesh(p, e, t): 绘制网格数据 p、e、t 指定的网格图.

pdemesh(p, e, t, u): 用网格图绘制节点或三角形数据 u. 如果 u 为列向量, 则组装节点数据; 如果 u 为行向量, 则组装三角形数据.

12.1.3 求解二阶偏微分方程

在 MATLAB 中提供了专门的函数实现对椭圆形、抛物形、双曲形等二阶偏微分方程进行求解.

(1) 椭圆形

椭圆形微分方程的描述形式为: $-\nabla \cdot (c \nabla u) + au = f$, 其中 $u = u(x, y)$, $(x, y) \in \Omega$, Ω 为平面上有界区域, c, a, f 为标量复函数形式的系数. 如果 c 为常数, 则可转化为:

$$-c\left(\frac{\partial^2}{\partial x_1^2} + \frac{\partial^2}{\partial x_2^2} + \cdots + \frac{\partial^2}{\partial x_n^2}\right)u + au = f(x, t).$$

在 MATLAB 中提供了 adaptmesh 函数对椭圆形偏微分方程进行求解. 其调用格式:

[u, p, e, t] = adaptmesh(g, b, c, a, f): 求解椭圆形偏微分方程, 其中 g 为几何区域, b 为边界条件, 输出变量 u 为解向量, p、e、t 为网格数据.

[u, p, e, t] = adaptmesh(g, b, c, a, f, 'PropertyName', PropertyValue, ⋯): 参数 PropertyName 与参数 PropertyValue 为设置的属性名及相应属性值.

(2) 抛物形

抛物形偏微分方程的一般形式描述为 $d\frac{\partial u}{\partial t} - \nabla \cdot (c \nabla u) + au = f$, 其中 $u = u(x, y)$, $(x, y) \in \Omega$, Ω 为平面上有界区域, c, a, f 为标量复函数形式的系数. 如果 c 为常数, 则可转化为

$$d\frac{\partial u}{\partial t} - c\left(\frac{\partial^2}{\partial x_1^2} + \frac{\partial^2}{\partial x_2^2} + \cdots + \frac{\partial^2}{\partial x_n^2}\right)u + au = f(x, t)$$

在 MATLAB 中提供了 parabolic 函数用于求解抛物形偏微分方程, 其调用格式:

u1 = parabolic(u0, tlist, b, p, e, t, c, a, f, d): 用有限元法求解在区间 Ω 上, 具有网格数据 p、e、t, 并带有边界条件 b 和初始值 u0 的抛物形偏微分方程或相应的偏微分方程组. 其中 tlist 为时间列表, u1 中的每一列都是 tlist 中所对应的解. b 为边界条件, 可以依赖于时间 t, p、e、t 为网格数据, c、a、f、d 为方程的系数.

u1 = parabolic(u0, tlist, b, p, e, t, c, a, f, d, rtol)：rtol 为相对误差.

u1 = parabolic(u0, tlist, b, p, e, t, c, a, f, d, rtol, atol)：atol 为绝对误差.

（3）双曲形

双曲形偏微分方程的一般形式描述为 $d\dfrac{\partial^2 u}{\partial t^2} - \nabla \cdot (c\nabla u) + au = f$，其中 $u = u(x, y)$，(x, y) $\in \Omega$，Ω 为平面上有界区域，c，a，f 为标量复函数形式的系数. 如果 c 为常数，则可转化为

$$d\frac{\partial^2 u}{\partial t^2} - c\left(\frac{\partial^2}{\partial x_1^2} + \frac{\partial^2}{\partial x_2^2} + \cdots + \frac{\partial^2}{\partial x_n^2}\right)u + au = f(x, t).$$

MATLAB 中提供了 hyperbolic 函数用于求解双曲形偏微分方程的解，其调用格式：

u1 = hyperbolic(u0, ut0, tlist, b, p, e, t, c, a, f, d)：求解满足初始值 u0 和初始导数 ut0，边界条件为 b 的双曲形偏微分方程或相应的方程组，解矩阵 u1 中的每一行对应于 p 的列所给出的坐标处的解，u1 中的每一列对应着 tlist 中的时刻的解. p、e、t 为网格数据，c、a、f、d 为方程的系数.

u1 = hyperbolic(u0, ut0, tlist, b, p, e, t, c, a, f, d, rtol)：rtol 为相对误差.

u1 = hyperbolic(u0, ut0, tlist, b, p, e, t, c, a, f, d, rtol, atol)：atol 为绝对误差.

12.2   实验内容

【例 12.1】 求解偏微分方程 $\pi^2\dfrac{\partial u}{\partial t} = \dfrac{\partial^2 u}{\partial x_n^2}$，$0 \leqslant x \leqslant 1$，$t \geqslant 0$，初始条件 $u(x, 0) = \sin\pi x$，边界条件为 $\begin{cases} u(0, t) = 0, \\ \pi e^{-t} + \dfrac{\partial u}{\partial x}(1, t) = 0. \end{cases}$

根据需要，编写偏微分方程的 m 文件，代码为：

```
function [c, f, s] = ex12d1funA(x, t, u, ux)
    c = pi^2;
    f = ux;
    s = 0;
end
```

编写偏微分方程的初始条件 m 文件，代码为：

```
    function u0 = ex12d1funB(x)
        u0 = sin(pi * x);
    end
```

编写偏微分方程的边界条件 m 文件，代码为：

```
function [pl, ql, pr, qr] = ex12d1funC(xl, ul, xr, ur, t)
    pl = ul;
    ql = 0;
    pr = pi * exp(-t);
    qr = 1;
```

end

调用 pdepe 函数求偏微分方程数值解的代码为:

m = 0;

x = linspace(0, 1, 20);

t = linspace(0, 2, 5);

sol = pdepe(m, @ex12d1funA, @ex12d1funB, @ex12d1funC, x, t)

u = sol(:, :, 1);

figure(1);

surf(x, t, u); %绘制第一个特征值的曲面图

xlabel('距离 x');

ylabel('时间 t');

figure(2);

plot(x, u(end, :)); %绘制最后一个特征值的曲线图

title('Solution at t = 2');

xlabel('距离 x');

ylabel('u(x, 2)');

运行程序, 效果如图 12.1 和图 12.2 所示.

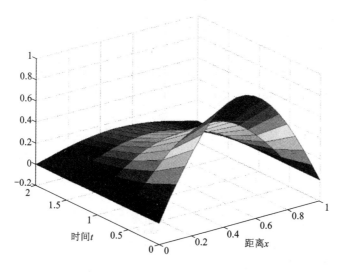

图 12.1　第一个特征值曲面

【例 12.2】　(椭圆形方程)在单位圆的零边界条件下, 利用 adaptmesh 函数求解 Poisson 方程 $-\nabla^2 u = \delta(x, y)$.

g = 'circleg'; %定义单位圆求解域

b = 'circleb1'; %定义零边界条件

c = 1; a = 0;

f = 'circlef'; %定义端点点源

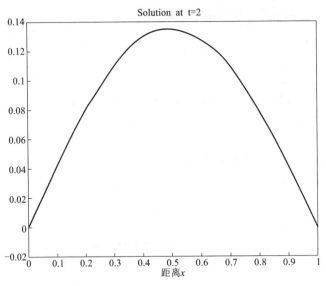

图 12.2　最后一个特征值曲线图

[u, p, e, t] = adaptmesh(g, b, c, a, f, ' tripick', ' circlepick', ' maxt', 2000, ' par', 1e-3);

figure(1); pdemesh(p, e, t); %绘制自适应网格效果图

axis equal;

figure(2); pdeplot(p, e, t, ' xydata', u, ' zdata', u, ' mesh', ' off'); %求解及显示

x = p(1, :); y = p(2, :);

r = sqrt(x. ^2+y. ^2);

exact = -log(r)/2/pi; %精确解

figure(2);

pdeplot(p, e, t, ' xydata', u' -exact, ' zdata', u' -exact, ' mesh', ' off'); %同精确解比较之误差

运行程序, 输出如下, 自适应网格图、解的图形、与精确解比较的误差图分别如图 12.3、图 12.4、图 12.5 所示.

Number of triangles: 258

Number of triangles: 515

…

Number of triangles: 1943

Number of triangles: 2155

Maximum number of triangles obtained.

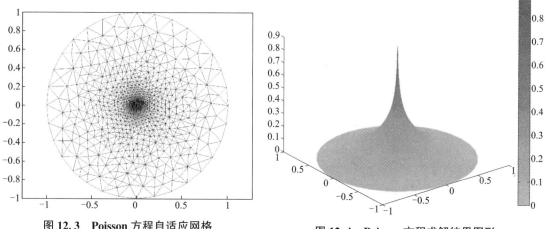

图 12.3　Poisson 方程自适应网格

图 12.4　Poisson 方程求解结果图形

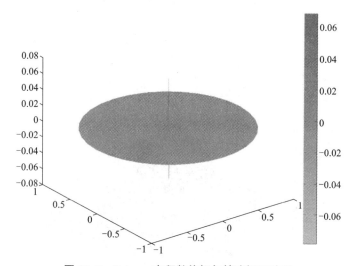

图 12.5　Poisson 方程数值解与精确解误差图

【例 12.3】　求解抛物形热传导方程 $\dfrac{\partial u}{\partial t} = \Delta u$，其中 $G = \{(x, y) | -1 \leqslant x, y \leqslant 1, x^2+y^2 \leqslant 0.4^2\}$，初始值 $u(x, y, 0) = 0$.

[p, e, t] = initmesh('squareg'); %初始化 squareg 数据

[p, e, t] = refinemesh('squareg', p, e, t); %对 squareg 数据进行加密

u0 = zeros(size(p, 2), 1);

ix = find(sqrt(p(1, :).^2+p(2, :).^2) < 0.4);

u0(ix) = ones(size(ix)); %初始条件：半径 0.4 圆内为 1，其他处为 0

nframes = 20; tlist = linspace(0, 0.1, nframes); %时间点

b = 'squareb1'; %零边界条件

u1 = parabolic(u0, tlist, b, p, e, t, 1, 0, 0, 1); %抛物形偏微分方程求解

```
x = linspace( -1, 1, 31) ; y = x ;
[ unused, tn, a2, a3] = tri2grid( p, t, u0, x, y) ; %矩形网格插值
newplot ; %动画图示结果
umax = max( max( u1) ) ; umin = min( min( u1) ) ;
for j = 1 : nframes
    u = tri2grid( p, t, u1( : , j) , tn, a2, a3) ;
    i = find( isnan( u) ) ; u( i) = zeros( size( i) ) ;
    surf( x, y, u) ;
    caxis( [ umin, umax] ) ; colormap( cool) ;
    axis( [ -1 1  -1  1 0 1] ) ;
    mv( j) = getframe ;
end
movie( mv, 10) ;
```

运行程序, 所求解的某一瞬间的解的图形如图 12.6 所示.

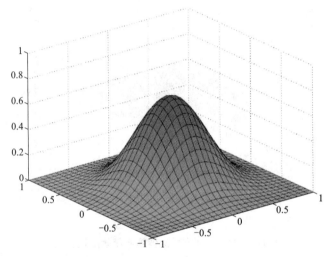

图 12.6 热传导方程动态解的某一瞬间图

【例 12.4】 求解双曲形偏微分波动方程 $\begin{cases} \dfrac{\partial^2 u}{\partial t^2} - \Delta u = 0, \\ u(0) = \operatorname{atan}\left(\cos\left(\dfrac{\pi}{2}x\right)\right), \\ \dfrac{\partial u(x, 0)}{\partial t} = 3\sin(\pi x) \, \mathrm{e}^{\sin(\frac{\pi}{2}y)}. \end{cases}$

源程序:

```
g = ' squareg' ; %定义单位方形区域
b = ' squareb3' ; %左右零边界条件, 顶底零导数条件
c = 1 ; a = 0 ; f = 0 ; d = 1 ;
```

```
[p, e, t]=initmesh('squareg'); %初始化数据
x=p(1, :)'; y=p(2, :)';
u0=atan(cos(pi/2*x)); %边界条件
ut0=3*sin(pi*x).*exp(sin(pi/2*y));
n=31; %在时间段0-5内的31个点上求解
tlist=linspace(0, 5, n); %时间列表
u=hyperbolic(u0, ut0, tlist, b, p, e, t, c, a, f, d); %求解双曲形偏微分方程
delta=-1: 0.1: 1;
[uxy, tn, a2, a3]=tri2grid(p, t, u(:, 1), delta, delta); %矩形网格插值
gp=[tn; a2; a3];
umax=max(max(u)); umin=min(min(u));
newplot; %显示动画过程
for i=1: n
    pdeplot(p, e, t, 'xydata', u(:, i), 'zdata', u(:, i), 'zstyle', 'continuous', ...
        'mesh', 'off', 'xygrid', 'on', 'gridparam', gp, 'colorbar', 'off');
        axis([-1 1 -1 1 umin umax]); caxis([umin umax]);
        mv(i)=getframe;
    end
    nfps=5; movie(mv, 10, nfps); %播放动画
```

运行程序后, 求解的波动方程动画中的一个状态效果如图 12.7.

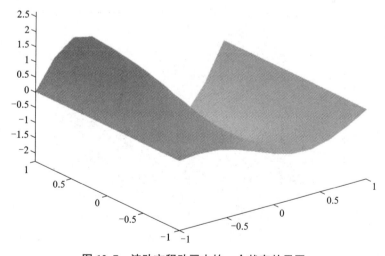

图 12.7　波动方程动画中的一个状态效果图

【**例 12.5***】　用 Helmholtz 方程 $-\nabla^2 u - 60^2 u = 0$ 研究从方形物体反射的波形(波的来向为右侧).

源程序:

```
k=60; %入射波的波数
```

```
g = ' scatterg' ; %定义求解域为一带有方洞的圆周
b = ' scatterb' ; %定义入射到物体上波的狄里克莱条件和外边界上的出射波条件
c = 1 ; a = -k^2 ; f = 0 ;
[ p, e, t ] = initmesh( ' scatterg' ) ; %初始化数据 scatterg
[ p, e, t ] = refinemesh( ' scatterg' , p, e, t) ; %修整网格
figure( 1 ) ; pdemesh( p, e, t) ; %网格划分图
u = assempde( b, p, e, t, c, a, f) ; %复杂振幅的求解
%波形图的绘制, 相位因数的实部代表了瞬时波区, 这里使用零相位为例
h = figure( 2 ) ; pdeplot( p, e, t, 'xydata' , real( u) , 'zdata' , real( u) , 'mesh' , 'on' ) ;
colormap( cool) ;
m = 20 ; %制作反射波的动画观看反射波的动态图
umax = max( abs( u) ) ;
h = figure( 3 ) ; axis tight; caxis( [ -umax umax] ) ; axis off;
for i = 1 : m
    uu = real( exp( -i * 2 * pi/m * sqrt( -1) ) * u) ;
    pdeplot( p, e, t, 'xydata' , uu, 'mesh' , 'on' , 'colorbar' , 'off' ) ;
    mv( i) = getframe;
end
nfps = 5 ; movie( h, mv, 5, nfps) ; %播放动画
```

运行程序后, 对求解区域的划分如图 12.8 所示, 反射波波形图如图 12.9 所示.

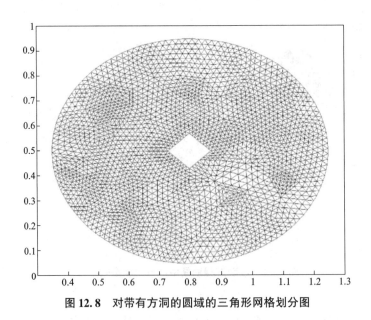

图 12.8　对带有方洞的圆域的三角形网格划分图

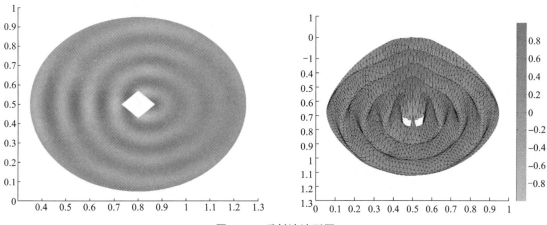

图 12.9 反射波波形图

12.3 实验作业

1. 利用 adaptmesh 函数求解扇形区域上的 Laplace 方程, 其在弧上满足 Dirichlet 条件 $u = \cos(23 * \mathrm{atan2}(y, x))$, 在直线上满足 $u = 0$.

2. 利用 hyperbolic 函数求解波动方程的初值问题
$$\begin{cases} \dfrac{\partial^2 u}{\partial t^2} - \Delta u = 0, \\ u(0) = 0, \\ \dfrac{\partial u(x, 0)}{\partial t} = x^2 + yz. \end{cases}$$

3. 利用 parabolic 函数求解热传导方程的初边值问题
$$\begin{cases} \dfrac{\partial u}{\partial t} = \Delta u + u, \\ u(0, t) = 1, \; \left(\dfrac{\partial u}{\partial x} + u \right) \Big|_{x=1} = 0, \\ u(x, 0) = 0. \end{cases}$$

4. 利用 adaptmesh 函数求解边值问题
$$\begin{cases} \nabla u = 0, \; x^2 + y^2 + z^2 < 1, \\ u(r, \theta, \varphi) \big|_{r=1} = 3\cos 2\theta + 1. \end{cases}$$

线性代数实验

实验十三　多项式

【实验目的】

学习和掌握用 MATLAB 求解有关多项式的表达式与根、四则运算、有理式的分解与合并等问题.

13.1　MATLAB 命令

13.1.1　多项式表达式与根

多项式表达式的 MATLAB 命令见表 13.1.

表 13.1　多项式表达式

调用格式	功能描述	调用格式	功能描述
poly2sym(p)	从向量 p 转换成符号多项式	sym2poly(p)	从符号多项式转换成向量
poly2sym(p, v)	v 指明多项式变量的符号	r＝roots(p)	返回 p 表示的多项式的根
poly(r)	返回由根组成的向量 r 创建的多项式的系数		

13.1.2　多项式四则运算

多项式四则运算的 MATLAB 命令见表 13.2.

表 13.2　多项式四则运算

调用格式	功能描述
conv(u, v)	返回向量 u 和 v 的卷积. 如果 u 和 v 是多项式的系数向量, 对其卷积与将这两个多项式相乘等效.
[q r]＝deconv(u, v)	使用长除法将向量 v 从向量 u 中去卷积, 并返回商 q 和余数 r. 如果 u 和 v 是多项式系数的向量, 对其去卷积与将这两个多项式相除等效

13.1.3　多项式的分解与合并

多项式的分解与合并的 MATLAB 命令见表 13.3, 在调用这些函数之前, 要先使用 syms 定义符号变量.

表 13.3 多项式的分解与合并

调用格式	功能描述	调用格式	功能描述
collect(p)	对符号多项式 p 合并同类项	horner(p)	对符号多项式 p 进行嵌套分解
expand(p)	对符号多项式 p 进行展开	factor(p)	对符号多项式 p 进行因式分解

13.1.4 有理分式的分解与合并

有理分式的分解与合并的 MATLAB 命令：

[a, b, r] = residue(p, q)　　分解 $p(x)/q(x)$ 为最简分式之和.

[p, q] = residue(a, b, r)　　合并最简分式为有理分式.

13.2 实验内容

13.2.1 多项式的表达与求根

【例 13.1】 在 MATLAB 中表示多项式函数 $p = x^3 + 2x + 5$.

在 MATLAB 中多项式数组采用降幂排列, 并表示为向量的形式.

输入：

p = [1, 0, 2, 5];

px = poly2sym(p)

输出为：

px =

　　x^3+2 * x+5

【例 13.2】 求多项式函数 $p = x^3 + 2x + 5$ 在 $x = 2$ 时的值.

输入：

p = [1, 0, 2, 5];

y = polyval(p, 2)

输出为：

y =

　　13

【例 13.3】 求方程 $p(x) = x^2 + 2x + 5 = 0$ 的根, 然后用求出来的根构建多项式.

输入：

p = [1 2 5];

x = roots(p)

p = poly(x)

输出为：

x =

    -1.0000+2.0000i

    -1.0000-2.0000i

p =

    1   2   5

13.2.2 多项式的四则运算

【例 13.4】 求两个多项式 $p_1(x)=x^2+2x+5$, $p_2(x)=4x^3+2x^2+3$ 的和.

在 MATLAB 中多项式用行矩阵表示, 多项式相加就是将对应的行矩阵相加. 但是, 由于多项式的次数可能不同, 得到的行矩阵不同型可能导致无法相加, 因此, 多项式相加首先要将对应的行矩阵化为同型矩阵.

输入:

p1=[1 2 5];

p2=[4 2 0 3];

m=length(p1);

n=length(p2);

t=max(m, n);

p1=[zeros(1, t-m), p1];

p2=[zeros(1, t-n), p2];

p=p1+p2;

px=poly2sym(p)

输出为:

px =

    4 * x^3+3 * x^2+2 * x+8

【例 13.5】 求两个多项式 $p_1(x)=x^2-2x+1$, $p_2(x)=x+1$ 的积.

输入:

p1=[1 -2 1];

p2=[1 1];

p3=conv(pl, p2);

p=poly2sym(p3)

输出为:

p =

    x^3-x^2-x+1

【例 13.6】 求多项式 $p_1(x)=x^2-2x+1$ 被多项式 $p_2(x)=x+1$ 相除后的结果.

输入:

p1=[1 -2 1];

p2=[1 1];

[q, r]=deconv(p1, p2);

qx=poly2sym(q)

rx = poly2sym(r)

输出为：

qx =

    x-3   %商式

rx =

    4   %余式

13.2.3　多项式的分解与合并

【例 13.7】　合并同类项 $(e^x+x)(x+1)$

输入：

syms x;

coeffs = collect((exp(x)+x) * (x+1))

输出为：

coeffs =

    x^2+(exp(x)+1) * x+exp(x)

【例 13.8】　展开多项式 $p=(x-2)(x-3)$.

输入：

syms x

p = (x-2) * (x-3);

p = expand(p)

输出为：

p =

    x^2-5 * x+6

【例 13.9】　对多项式 $p(x)=x^3-6x^2+11x-6$ 进行嵌套分解和因式分解.

输入：

syms x

p = x^3-6 * x^2+11 * x-6;

p1 = horner(p)

p2 = factor(p)

输出为：

p1 =

    x * (x * (x-6)+11)-6

p2 =

    (x-3) * (x-1) * (x-2)

13.2.4　有理分式的分解与合并

【例 13.10】　将有理分式 $\dfrac{x^3+3x^2-4x+0.2}{x^2+6x+8}$ 分解为最简分式之和.

输入：

p=［1 3 -4 0.2］;

q=［1 6 8］;

formatrat

［a, b, r］=residue（p, q）

输出为:

a=

  -1/10 61/10

b=

  -4 -2

r=

  1 -3

即$\dfrac{x^3+3x^2-4x+0.2}{x^2+6x+8}=\dfrac{-1/10}{x+4}+\dfrac{61/10}{x+2}+x-3$

【例 13.11】 将最简单分式$\dfrac{-0.1}{x+4}+\dfrac{6.1}{x+2}+x-3$合并为一个有理式,即例 13.10 的逆运算.

输入:

a=［-0.1000 6.1000］;

b=［-4 -2］;

r=［1 -3］;

format rat

［p, q］=residue（a, b, r）

输出为:

p=

  1 3 -4 1/5

q=

  1 6 8

即$\dfrac{-0.1}{x+4}+\dfrac{6.1}{x+2}+x-3=\dfrac{x^3+3x^2-4x+0.2}{x^2+6x+8}$.

13.3 实验作业

1.求下列多项式的根.

(1)$5x^{10}-6x^6+8x^3-4x^2$; (2)$(3x+4)^2-6$.

2.求$\dfrac{3x^7-2x^5+4x^3-6x}{x^4+3x^2+8}$的商和余式.

3.分别在实数域上分解因式.

(1)x^8-1;   (2)x^6+4;   (3)$x^{10}+x^8+x^4+1$.

4.将$f(x)/g(x)$分解为最简分式之和.

(1)$f(x)=x^2-1, g(x)=x^4-1$;   (2)$f(x)=x^5+x^3-1, g(x)=x^3+1$.

实验十四　向量、矩阵与行列式

【实验目的】

掌握利用 MATLAB 命令对矩阵进行转置、加、减、数乘、相乘、乘方等运算，以及求逆矩阵和计算行列式.

14.1　MATLAB 命令

14.1.1　向量的生成

表 14.1 列举了生成向量的一些方法.

表 14.1　向量的生成

调用示例	功能描述	调用示例	功能描述
v=[1 2 3]	生成 1 行 3 列的行向量	v=[1, 2, 3]	生成 1 行 3 列的行向量
v=[1; 2; 3]	生成 3 行 1 列的列向量	v=1:3	生成公差为 1 的行向量
v=1:0.1:3	生成公差为 0.1 的行向量	v=linspace(x1, x2, 10)	生成 10 个等差行向量

14.1.2　向量的点积、叉积和混合积

如果向量 a, b, c 具有相同的维数时，可用表 14.2 的函数计算向量的点积、叉积和混合积.

表 14.2　向量的点积、叉积和混合积

调用示例	功能描述	调用示例	功能描述
c=a. *b	返回 a 和 b 的点乘	c=dot(a, b)	返回 a 和 b 的标量点积
c=a./b	返回 a 和 b 的点除	c=cross(a, b)	返回 a 和 b 的叉积
dot(a, cross(b, c))	返回混合积 a · (b×c)		

14.1.3　特殊矩阵的生成

一些特殊矩阵的生成命令见表 14.3.

表 14.3 特殊矩阵的生成

调用格式	功能描述	调用格式	功能描述
zeros(m, n)	生成 $m \times n$ 元素全为 0 的矩阵	diag(v)	生成对角元素为 v 的对角矩阵
ones(m, n)	生成 $m \times n$ 元素全为 1 的矩阵	A=hilb(n)	生成 n 阶 Hilbert 矩阵
eye(n)	生成 n 阶单位矩阵	A=vander(n)	生成 n 阶范德蒙矩阵

注：还可以在 m 文件中建立矩阵，或从外部的数据文件中导入矩阵.

14.2 实验内容

【例 14.1】 向量的运算.

输入：

a=[1, 3, 5];

b=2：2：6;

c=linspace(1, 10, 3);

dot(a, b')   %a 与 b 的转置的点积

dot(a, cross(b', c))   %a 与 b, c 的混合积

输出为：

ans =

  44

ans =

  0

【例 14.2】 特殊矩阵的生成.

输入：

A=zeros(3, 5) %生成 3×5 阶零矩阵

B=zeros(4) %生成 4 阶零矩阵

C=ones(3, 5) %生成 3×5 阶全 1 矩阵

D=ones(4) %生成 4 阶全 1 矩阵

E=hilb(4) %生成 4 阶 Hilbert 矩阵

F=diag([1, 2, 3]) %生成对角线元素是 1, 2, 3, 其他为 0 的矩阵

输出为：

A =

  0 0 0 0 0

  0 0 0 0 0

  0 0 0 0 0

B =

  0 0 0 0

  0 0 0 0

    0 0 0 0

    0 0 0 0

C =

    1 1 1 1 1

    1 1 1 1 1

    1 1 1 1 1

D =

    1 1 1 1

    1 1 1 1

    1 1 1 1

    1 1 1 1

E =

    1   1/2   1/3   1/4

    1/2   1/3   1/4   1/5

    1/3   1/4   1/5   1/6

    1/4   1/5   1/6   1/7

F =

    1 0 0

    0 2 0

    0 0 3

【例 14.3】 矩阵的相关计算.

输入：

A = [1 2 3; 4 5 6];

B = [3 2 4; -2 2 1];

C = [1 2; 3 4];

A+B   %同型矩阵相加

A' * B   %矩阵 A 转置之后与矩阵 B 相乘

(A' * B)^3   % A' * B 的 3 次幂

det(C)   %方阵的行列式

inv(C);   %方阵的逆

输出为：

ans =

    4 4 7

    2 7 7

ans =

    -5 10 8

    -4 14 13

    -3 18 18

ans =

-1443　70986942

-233711622　11382

-3231　16146　15822

ans =

　　-2

ans =

　　-2　1

　　3/2-1/2

【例14.4】　计算范德蒙行列式 $\begin{vmatrix} 1 & 1 & 1 \\ x_1 & x_2 & x_3 \\ x_1^2 & x_2^2 & x_3^2 \end{vmatrix}$ 的值.

输入：

syms x1 x2 x3

A=［1 1 1；x1 x2 x3；x1^2 x2^2 x3^2］；

simplify（det（A））

输出为：

ans =

　　-（x1-x2）*（x1-x3）*（x2-x3）

14.3　实验作业

1. 设 $A = \begin{bmatrix} 1 & 3 & 5 \\ 4 & 2 & 1 \\ 2 & 1 & 3 \end{bmatrix}$, $B = \begin{bmatrix} 4 & 2 & 5 \\ 3 & 2 & 7 \\ 0 & 5 & 3 \end{bmatrix}$, 求 $3AB-A$ 及 $A'B$.

2. 设 $A = \begin{bmatrix} 1+a & 1 & 1 \\ 1 & 1+a & 1 \\ 1 & 1 & 1+a \end{bmatrix}$, 求 A 的行列式与逆矩阵.

3. 求 $\begin{cases} x+2y+3z=3, \\ 2x+2y+5z=2, \\ 3x+5y+z=1 \end{cases}$ 的解.

实验十五　矩阵的秩与向量组的最大无关组

【实验目的】

学习利用 MATLAB 命令求矩阵的秩，对矩阵进行初等行变换，求向量组的秩与最大无关组.

15.1　MATLAB 命令

矩阵的秩即矩阵不为零的子式的最好阶数. 用 rank(A) 可以求出矩阵 A 的秩，用 *rref*(A) 可以将矩阵 A 化为行最简形.

15.2　实验内容

15.2.1　求矩阵的秩

【例 15.1】　求矩阵 $\begin{bmatrix} 3 & 2 & -1 & -2 & -4 \\ 1 & 4 & 3 & 6 & -2 \\ 4 & 6 & 2 & 4 & -6 \end{bmatrix}$ 的秩.

输入：

A = [3 2 -1 -2 -4; 1 4 3 6 -2; 4 6 2 4 -6];

rank(A)

输出为：

ans =

  2

【例 15.2】　已知矩阵 $\begin{bmatrix} 3 & 2 & -1 & -2 & -4 \\ 1 & 4 & 3 & 6 & -2 \\ 4 & 6 & t & 4 & -6 \end{bmatrix}$ 的秩为 2，求 t.

输入：

syms t

A = [3 2 -1 -2 -4; 1 4 3 6 -2; 4 6 t 4 -6]; %如果 t 不在最后一行，把它调到最后一行

dA = det(A(1:2, 1:2)) %左上角 2×2 阶子矩阵的值不等于 0，所以 3 阶子式应该等于 0

t = solve(det(A(1:3, 1:3))) % t = 2

A = [3 2 -1 -2 -4; 1 4 3 6 -2; 4 6 2 4 -6]; %将 A 中的 t 用 2 代替

rA = rank(A) %判断 t = 2 时 A 的秩是否等于 2

输出为：

detA = 10

t = 2

rA = 2

15.2.2 矩阵的初等行变换

【例 15.3】 用初等变换求矩阵 $\begin{bmatrix} 3 & 2 & -1 \\ 1 & 4 & 3 \\ 4 & 6 & -3 \end{bmatrix}$ 的逆.

输入：

A = [3 2 -1; 1 4 3; 4 6 -3];

dA = det(A) %det(A) = -50, A 可逆

E = eye(3);

AE = [A E]

AE1 = rref(AE) %AE 的行最简形

ANi = AE1(:, end-2: end) %取所有行的最后 3 列即为 A 的逆

输出为：

dA = %A 的行列式

    -50

AE =

3	2	-1	1	0	0
1	43	0	0	1	0
4	6	-3	0	0	1

AE1 = %AE 的行最简形

1.0000	0	0	0.6000	0	-0.2000
0	1.0000	0	-0.3000	0.1000	0.2000
0	0	1.0000	0.2000	0.2000	-0.2000

ANi = %A 的逆

0.6000	0	-0.2000
-0.3000	0.1000	0.2000
0.2000	0.2000	-0.2000

15.2.3 向量组的最大无关组

用命令 rref 可以求向量组的最大无关组, 并用最大无关组线性表示其他向量. 此时, 应将向量写作矩阵的列, 做行初等变换. 我们仍然将向量写作行, 再用转置运算将行变成列.

【例 15.4】 求向量组 $\boldsymbol{\alpha}_1 = (1, 1, 2)$, $\boldsymbol{\alpha}_2 = (1, 2, 6)$, $\boldsymbol{\alpha}_3 = (3, 4, 10)$, $\boldsymbol{\alpha}_4 = (2, 1, -1)$,

$\boldsymbol{\alpha}_5 = (-1, -2, 1)$ 的最大无关组, 并将其他向量用最大无关组线性表示.

输入:

A = [1 1 2; 1 2 6; 3 4 10; 2 1 -1; -1 -2 1];

rref(A')

输出为:

ans =

1	0	2	0	21
0	1	1	0	-8
0	0	0	1	-7

在行最简形中有 3 个非零行, 所以向量组的秩等于 3. 又因为非零行的首元素分别位于第一、二、四列, 因此 $\boldsymbol{\alpha}_1$, $\boldsymbol{\alpha}_2$, $\boldsymbol{\alpha}_4$ 是向量组的一个最大无关组. 再看第三列, 前两个元素分别是 2, 1, 即 $\boldsymbol{\alpha}_3 = 2\boldsymbol{\alpha}_1 + \boldsymbol{\alpha}_2$, 第五列的前三个元素分别是 21, -8, -7, 即 $\boldsymbol{\alpha}_5 = 21\boldsymbol{\alpha}_1 - 8\boldsymbol{\alpha}_2 - 7\boldsymbol{\alpha}_3$.

15.2.4 向量组的等价

判断两个向量组等价的条件是: 以它们为行向量构成的矩阵的行最简形式相同. 因此, 可以用命令 rref 化为行最简形式, 然后判断最简形式是否相等即可.

【例 15.5】 设 $\boldsymbol{\alpha}_1 = (2, 1, -1, 3)$, $\boldsymbol{\alpha}_2 = (3, -2, 1, -2)$, $\boldsymbol{\beta}_1 = (-5, 8, -5, 12)$, $\boldsymbol{\beta}_2 = (4, -5, 3, -7)$, 证明向量组 $\boldsymbol{\alpha}_1$, $\boldsymbol{\alpha}_2$ 与 $\boldsymbol{\beta}_1$, $\boldsymbol{\beta}_2$ 等价.

输入:

A = [2 1 -1 3; 3 -2 1 -2];

B = [-5 8 -5 12; 4 -5 3 -7];

f = (rref(A) == rref(B)); %返回 A, B 的行最简形式各元素是否相等的逻辑矩阵 f

all(all(f)); %判断 f 的所有元素是否都等于 1, 或者 ~any(any(f == 0))

输出为:

ans =

1   %两个向量组的行最简形式相同, 因此, 两个向量组等价

15.3 实验作业

1.求矩阵 $\begin{bmatrix} 1 & 2 & 3 & 4 \\ 1 & -2 & 4 & 5 \\ 1 & 10 & 1 & 2 \end{bmatrix}$ 的秩.

2.当 p(p 为实数)取何值时, 向量组 $\boldsymbol{\alpha}_1 = (1, -1, 1)$, $\boldsymbol{\alpha}_2 = (2, 1, -1)$, $\boldsymbol{\alpha}_3 = (1, -4, p)$ 的秩最小?

3.求向量组 $\boldsymbol{\alpha}_1 = (1, 2, 3, 4)$, $\boldsymbol{\alpha}_2 = (2, 3, 4, 5)$, $\boldsymbol{\alpha}_3 = (3, 4, 5, 6)$ 的最大无关组, 并将其他向量用最大无关组线性表示.

4.设向量 $\boldsymbol{\alpha}_1 = (-1, 3, 6, 0)$, $\boldsymbol{\alpha}_2 = (8, 3, -3, 18)$, $\boldsymbol{\beta}_1 = (3, 0, -3, 6)$, $\boldsymbol{\beta}_2 = (2, 3, 3, 6)$. 判断向量组 $\boldsymbol{\alpha}_1$, $\boldsymbol{\alpha}_2$ 与 $\boldsymbol{\beta}_1$, $\boldsymbol{\beta}_2$ 是否等价?

实验十六　线性方程组

【实验目的】

学习利用 MATLAB 命令求解线性方程组.

16.1　MATLAB 命令

线性方程组的一些相关性质：

1. 对于线性方程组，下列条件等价

(1) $Ax = b$ 有解；

(2) b 可以由 A 的列向量线性表示；

(3) 增广矩阵 $(A | b)$ 的秩等于系数矩阵 A 的秩.

2. n 元齐次线性方程组 $Ax = 0$ 存在非零解的充要条件是系数矩阵 A 的秩 $r(A) < n$，且所有解构成一个向量空间；或者说 $Ax = 0$ 只有零解的充要条件是 $r(A) = n$.

3. 非齐次线性方程组 $Ax = b$ 有解的充要条件是 $r(A) = r(A | b) = r$，且 $r = n$ 的时候有唯一解，$r < n$ 时有无穷多个解.

4. $Ax = 0$ 有无穷多个解，不能推导出 $Ax = b$ 有解.

5. $Ax = b$ 有无穷多个解时，$Ax = 0$ 有非零解；$Ax = b$ 有唯一解时，$Ax = 0$ 只有零解.

6. 判定 $Ax = b$ 是否有解或者求 $Ax = b$ 的解，只要对增广矩阵 $(A | b)$ 进行初等行变换，转换成最简阶梯形矩阵，在 $r(A) = r(A | b)$ 的条件下，rref$(A | b)$ 的最后一列向量就是 $Ax = b$ 的一个特解.

在 $r(A) = r(A | b)$ 的条件下，利用 MATLAB 中 null(A) 函数求出 $Ax = 0$ 的解空间的一个基础解系，再用 rref$(A | b)$ 求出 $Ax = b$ 的一个特解，进而求出 $Ax = b$ 的通解.

16.2　实验内容

16.2.1　求齐次线性方程组的解空间

【例 16.1】　求解齐次线性方程组 $\begin{cases} 2x_1 + 2x_2 - x_3 = 0, \\ x_1 - 2x_2 + 4x_3 = 0, \\ 5x_1 + 7x_2 + x_3 = 0. \end{cases}$

源程序：

A = [2 2 −1; 1 −2 4; 5 7 1];

det(A)

rref(a)

x = null(A)

运行程序输出：

ans =

　　 -39

ans =

$$\begin{matrix} 1 & 0 & 0 \\ 0 & 1 & 0 \\ 0 & 0 & 1 \end{matrix}$$

x =

　　 Empty matrix：3-by-0

输出的 $\det(\boldsymbol{A}) = -39$、rref(a)是单位矩阵、$\boldsymbol{x} = [\ ]$都说明该线性方程组只有零解.

【例 16. 2】　求解线性方程组 $\begin{cases} 2x_1 + 3x_2 + x_3 = 0, \\ x_1 + 2x_2 + x_3 + 4x_4 = 0. \end{cases}$

源程序：

A = [2 3 1 0; 1 2 1 4];

format rat

x = null(A)

运行程序输出：

x =

-355/1933	683/831
-224/1137	-666/1181
23/24	63/1313
-187/1965	457/7086

求出的 x 的两个列向量是该齐次线性方程组的解空间的一组正交规范基.

【例 16. 3】　向量组 $\boldsymbol{\alpha}_1 = (1, 1, 2, 3)$, $\boldsymbol{\alpha}_2 = (1, -1, 1, 1)$, $\boldsymbol{\alpha}_3 = (1, 3, 4, 5)$, $\boldsymbol{\alpha}_4 = (3, 1, 5, 7)$是否线性相关？

如果向量组线性相关，则齐次线性方程组 $x_1\boldsymbol{\alpha}_1^T + x_2\boldsymbol{\alpha}_2^T + x_3\boldsymbol{\alpha}_3^T + x_4\boldsymbol{\alpha}_4^T = \boldsymbol{0}$ 有非零解.

源程序：

format rat

A = [1, 1, 2, 3; 1, -1, 1, 1; 1, 3, 4, 5; 3, 1, 5, 7];

A = sym(A); %把 A 转换为符号矩阵, 对 A' x = 0 的求解结果不归一化

null(A') %原方程为 A' x = 0

运行程序输出：

x = [-2 -1 0 1]'

说明向量组线性相关，且 $-2\boldsymbol{\alpha}_1^T - \boldsymbol{\alpha}_2^T + \boldsymbol{\alpha}_4^T = 0$.

16.2.2 非齐次线性方程组的解

【例16.4】 求线性方程组 $\begin{cases} x_1+x_2-2x_3-x_4=4, \\ 3x_1-2x_2-x_3+2x_4=2, \\ 5x_2+7x_3+3x_4=-2, \\ 2x_1-3x_2-5x_3-x_4=4. \end{cases}$

源程序：

A=[1 1 -2 -1; 3 -2 -1 2; 0 5 7 3; 2 -3 -5 -1];

b=[4; 2; -2; 4];

rank(A); %因为秩 A=3<5，所以不可以用 inv(A)∗b 来求解

rank([A, b]); %因为 rank(A)=rank([A, b])，所以方程组有解

x0=rref([A, b]); %x0 的第5列向量是方程组的一个特解

x0=x0(:, 5) %方程组 Ax=b 的一个特解

x=null(A) %Ax=0 的一个基础解系

运行程序输出：

x0=[1 1 -1 0]'

x=[0.4714 -0.2357 0.4714 -0.7071]'

因此，方程组的通解为：$(1, 1, -1, 0)^T+k(0.4714, -0.2357, 0.4714, -0.7071)^T$，$k \in \mathbf{R}$.

【例16.5】 当 a 分别为何值时，方程组 $\begin{cases} ax_1+x_2+x_3=1, \\ x_1+ax_2+x_3=1, \\ x_1+x_2+ax_3=1 \end{cases}$ 分别无解、有唯一解和有无穷多

解？当方程组有解时，求通解.

源程序：

syms a;

A=[a 1 1; 1 a 1; 1 1 a];

b=[1; 1; 1];

f=det(A); %方程组的系数行列式：a^3-3∗a+2

x=unique(solve(f)); %使方程组的系数行列式等于零时 a 的不同取值为[-2; 1]

disp(strcat('det(A)=0 时 a=', num2str(double(x'))));

a=x(1); %当 a=-2 时，求方程组的解

A2=eval(A);

if rank(A2)==rank([A2, b]) %此时 rank(A2)=2~=rank([A2, b])=3，方程组无解

    x20=rref([A2, b]);

    x20=x20(:, end) %方程组的一个特解

    x2=null(A2) %对应的齐次线性方程组的一个基础解系

    %此时原方程组的通解为：x20+k1∗x2(:, 1)+k2∗x2(:, 2)

```
else
    disp(strcat('当 a=', num2str(double(a)), '时原方程组无解！'));
end
a=x(2); %当 a=1 时，求方程组的解
A1=eval(A);
if rank(A1)==rank([A1, b])%此时 rank(A1)=rank([A1, b])=1，方程组有无穷多个
解
    disp(strcat('当 a=', num2str(double(a)), '时原方程组有无穷多个解：'));
    x10=rref([A1, b]);
    x10=x10(:, end) %方程组的一个特解
    x1=null(A1) %对应的齐次线性方程组的一个基础解系
%此时原方程组的通解为：x10+k1*x1(:, 1)+k2*x1(:, 2)
else
    disp(strcat('当 a=', num2str(double(a)), '时原方程组无解！'));
end
disp(strcat('当 a 不等于', num2str(double(x')), '时原方程组有唯一解：'));
x=simplify(inv(A)*b) %当 a~=-2, 1 时, det(A)~=0 方程组有唯一解 x=inv(A)*b
```

运行程序输出：

det(A)=0 时 a=-2 1

当 a=-2 时原方程组无解！

当 a=1 时原方程组有无穷多个解：

x10=[1 0 0]'

x1 =

  [-1, -1]

  [1, 0]

  [0, 1]

当 a 不等于-2 1 时原方程组有唯一解：

x =

  [1/(a+2) 1/(a+2) 1/(a+2)]'

以上结果说明，当 $a=-2$ 时，方程组无解；当 $a=1$ 时，方程组有无穷多个解，通解为：$(x_1, x_2, x_3)^T = (1, 0, 0)^T + k_1(-1, 1, 0)^T + k_2(-1, 0, 1)^T$, $k_1, k_2 \in \mathbf{R}$；当 $a \neq 1, -2$ 时，方程组有唯一解：$(x_1, x_2, x_3)^T = (\frac{1}{(a+2)}, \frac{1}{(a+2)}, \frac{1}{(a+2)})^T$.

16.3 实验作业

1. 求方程组 $\begin{cases} 5x_1+10x_2+x_3-5x_4=0, \\ 3x_1+6x_2-x_3-3x_4=0, \\ x_1+2x_2+x_3-x_4=0 \end{cases}$ 的基础解系.

2. 求方程组 $\begin{cases} x_1-2x_2+3x_3-x_4=1, \\ 3x_1-x_2+5x_3-3x_4=2, \\ 2x_1+x_2+2x_3-2x_4=3 \end{cases}$ 的通解.

3. 已知 $\boldsymbol{\alpha}_1=(1,0,2,3)^{\mathrm{T}}$, $\boldsymbol{\alpha}_2=(1,1,3,5)'$, $\boldsymbol{\alpha}_3=(1,-1,a+2,1)^{\mathrm{T}}$, $\boldsymbol{\alpha}_4=(1,2,4,a+8)^{\mathrm{T}}$ 以及 $\boldsymbol{\beta}=(1,1,b+3,5)'$, 讨论 a,b 为何值时, $\boldsymbol{\alpha},\boldsymbol{\beta}$ 线性相关.

实验十七　　特征值和特征多项式

【实验目的】

学习和掌握用 MATLAB 工具求解矩阵的特征值和特征向量问题.

17.1　MATLAB 命令

trace(A)　　　　返回矩阵 A 的迹.

poly(A)　　　　返回矩阵 A 的特征多项式系数.

$[V, D]$ = eig(A)　返回矩阵 A 的特征列向量矩阵 V 和对应的特征值组成的对角阵 D.

B = orth(A)　　返回由 A 的列向量组正交化之后得到的正交矩阵 B.

17.2　实验内容

【例 17.1】　已知 $A = \begin{pmatrix} 1 & 3 \\ 2 & 4 \end{pmatrix}$，求矩阵 A 的迹、特征多项式和特征值.

输入源程序：

A = [1 3; 2 4]；

t = trace(a) %求矩阵 A 的迹

p = poly(A) %求矩阵 A 的特征多项式系数

r = roots(p) %求多项式的根即 A 的特征值

[V, D] = eig(A)　%求 A 的特征向量和对应的特征值

运行程序之后输出：

t =

　　5

p =

　　1.0000　　 −5.0000　　 −2.0000

r =

　　5.3723

　 −0.3723

V =

　 −0.9094　　 −0.5658

　　0.4160　　 −0.8246

D =

$$-0.3723 \quad 0$$
$$0 \qquad 5.3723$$

因此，矩阵 A 的迹为 5，对应的特征多项式为 $\lambda^2-5\lambda-2$，求解方程 $\lambda^2-5\lambda-2=0$，得到特征值为 5.3723 和 -0.3723，两个特征值之和等于迹. 特征值 5.3723 对应的特征向量为 $[-0.9094 \ 0.4160]^T$，特征值 -0.3723 对应的特征向量为 $[-0.5658 \ -0.8246]^T$.

【例 17.2】 已知 $A = \begin{bmatrix} 4 & 0 & 0 \\ 0 & 3 & 1 \\ 0 & 1 & 3 \end{bmatrix}$，求一个正交矩阵 V，使得 $V^{-1}AV$ 为对角矩阵.

输入源程序：

A=[4 0 0;0 3 1;0 1 3];
[V,D]=eig(A) %V 是 A 的特征列向量构成的矩阵，D 是 A 的特征值组成的对角阵
V'*V %验证 V 是否为正交矩阵
(V'*A*V)-D %验证 V'*A*V 是否为对角矩阵

运行程序之后输出：

V=
    0   0   1.0000
   -0.7071   0.7071   0
   0.7071   0.7071   0

D=
   2   0   0
   0   4   0
   0   0   4

ans=
   1.0000   0   0
   0   1.0000   0
   0   0   1.0000

ans=
1.0e-15 *
   -0.4441   0   0
   0   -0.8882   0
   0   0   0

因此，存在正交矩阵 $V = \begin{bmatrix} 0 & 0 & 1 \\ -0.7071 & 0 & 0.7071 \\ 0.7071 & 0.7071 & 0 \end{bmatrix}$，使得 $V^{-1}AV=\mathrm{diag}(2,4,4)$.

【例 17.3】 求一个正交变换将二次曲面的方程 $3x_1^2+5x_2^2+5x_3^2+4x_1x_2-4x_1x_3-10x_2x_3=1$ 化成标准方程.

输入源程序：

A=[3 2 -2;2 5 -5;-2 -5 5];

$[\,P\,,\,D\,]=\mathrm{eig}(A)\,;\,\%$ 返回 A 的特征列向量矩阵 P 和对应的特征值组成的对角阵 D

$P'*P\,\%$ 验证 P 是否为正交矩阵

运行程序之后输出：

P =

0.0000	0.9428	−0.3333
0.7071	−0.2357	−0.6667
0.7071	0.2357	0.6667

D =

0.0000	0	0
0	2.0000	0
0	0	11.0000

ans =

1.0000	0.0000	0.0000
0.0000	1.0000	0.0000
0.0000	0.0000	1.0000

由上可得所求的正交矩阵 $\boldsymbol{P}=\begin{bmatrix} 0 & 0.9428 & -0.3333 \\ 0.7071 & -0.2357 & -0.6667 \\ 0.7071 & 0.2357 & 0.6667 \end{bmatrix}$，经过正交变换 $\boldsymbol{x}=\boldsymbol{P}\boldsymbol{y}$ 后，

原二次曲面的方程化成标准方程：$2y_2^2+11y_3^2=1$，即原二次曲面是椭圆柱面.

17.3　实验作业

1.求下列矩阵的全部特征值和特征向量.

$(1)\begin{bmatrix} 1 & 7 & 2 \\ 3 & 5 & 6 \\ 5 & 3 & 7 \end{bmatrix}$;　　　　$(2)\begin{bmatrix} 1 & 0 & 1 \\ 0 & 1 & 0 \\ 1 & 0 & 1 \end{bmatrix}$;　　　　$(3)\begin{bmatrix} 4 & 1 & -1 \\ 3 & 2 & -6 \\ 1 & -5 & 3 \end{bmatrix}$.

2.求一个正交变换，将下列二次型化为标准型.

$(1)f=2x_1^2+x_2^2+3x_3^2+4x_2x_3$;　　　　$(2)f=2x_1^2+x_2^2+3x_3^2+2x_4^2+4x_1x_2+3x_1x_3+2x_2x_4$.

概率论与数理统计实验

实验十八　随机数

【实验目的】

学习 MATLAB 中常见一元分布随机数生成函数的使用方法, 学会使用 MATLAB 中随机变量分布和统计作图函数.

18.1　MATLAB 命令

18.1.1　常用概率分布

MATLAB 统计工具箱提供 20 种概率分布, 常见 8 种分布的 MATLAB 命令, 如表 18.1 对每一种分布提供 5 类运算功能, 如表 18.2 所示. 当需要某一分布的某类运算功能时, 将分布字符与功能字符连起来, 就得到所要的命令.

<table>
<tr><td colspan="2">表 18.1　常见的 8 种分布</td></tr>
<tr><td>命令</td><td>分布名称</td></tr>
<tr><td>unif</td><td>均匀分布</td></tr>
<tr><td>exp</td><td>指数分布</td></tr>
<tr><td>norm</td><td>正态分布</td></tr>
<tr><td>chi2</td><td>χ^2 分布</td></tr>
<tr><td>t</td><td>t 分布</td></tr>
<tr><td>f</td><td>F 分布</td></tr>
<tr><td>bino</td><td>二项分布</td></tr>
<tr><td>poiss</td><td>泊松分布</td></tr>
</table>

<table>
<tr><td colspan="2">表 18.2　分布的 5 类运算功能</td></tr>
<tr><td>命令</td><td>功能</td></tr>
<tr><td>pdf</td><td>概率函数</td></tr>
<tr><td>cdf</td><td>分布函数</td></tr>
<tr><td>inv</td><td>逆概率分布</td></tr>
<tr><td>stat</td><td>期望与方差</td></tr>
<tr><td>rnd</td><td>随机数生成</td></tr>
</table>

18.1.2　常见一元分布随机数生成函数

MATLAB 统计工具箱中生成常用的一元分布随机数的命令及格式如表 18.3.

表 18.3   生成常见一元分布随机数的 MATLAB 函数

函数名	说明
rand(m, n)	生成(0, 1)上均匀分布的 m 行 n 列随机数矩阵
unifrnd(a, b, m, n)	生成[a, b]区间上均匀分布 m 行 n 列随机数矩阵
randn(m, n)	生成标准正态分布 N(0, 1)的 m 行 n 列随机数矩阵
normrnd(mu, sigma, m, n)	生成均值为 mu, 均方差为 sigma 的 m 行 n 列正态分布随机数矩阵
chi2rnd(N, m, n)	生成自由度为 N 的 m 行 n 列卡方分布随机数矩阵
trnd(N, m, n)	生成自由度为 N 的 m 行 n 列 t 分布随机数矩阵
exprnd(lambda, m, n)	生成参数为 lambda 的 m 行 n 列指数分布随机数矩阵
frnd(N1, N2, m, n)	生成第一自由度为 N1, 第二自由度为 N2 的 m 行 n 列 F 分布随机数矩阵
randperm(N)	生成 1, 2, …, N 的一个随机排列
unidrnd(N, m, n)	生成 1, 2, …, N 的等概率 m 行 n 列随机数矩阵
poissrnd(lambda, m, n)	生成参数为 lambda 的 m 行 n 列泊松分布随机数矩阵
binornd(k, p, m, n)	生成参数为 k, p 的 m 行 n 列二项分布随机数矩阵
random(dist, pl, p2, …, m, n)	生成以 pl, p2, …为参数的 m 行 n 列 dist 类分布随机数矩阵

注: random 中的分布类型 dist 字符串可包括: 'Discrete Uniform'(离散均匀分布), 'Binomial'(二项分布), 'Uniform' (均匀分布), 'Normal'(正态分布), Poisson'(泊松分布), 'Chisquare'(卡方分布). 't'(t 分布), 'f'(F 分布), 'Geometric. '(几何分布), 'Hypergeometric(超几何分布), 'Exponential'(指数分布), 'Gamma'(T 分布), 'Weibull'(Weibull 分布)等.

18.1.3   任意一元分布随机数生成函数

18.1.3.1   离散分布随机数

任给一个只取有限个值的离散总体 X 的分布列如表 18.4, 则有

表 18.4   离散型随机变量 X 的分布律

X	$x_1, x_2, \cdots, x_n$
p	$p_1, p_2, \cdots, p_n$

定理 18-1   设一元随机变量 X 的分布函数为 $F(x)$, 令 $Y = F(x)$, 则 Y 服从[0, 1]上的均匀分布, 即 $Y \sim U(0, 1)$.

根据定理 18-1, randsample 函数先根据离散总体 X 的分布列表 18.4 计算可能取值点的累积概率, 即分布函数值, 然后生成 N 个 $U(0, 1)$ 分布的随机数 $y_1, y_2, \cdots, y_n$, 统计这些随机数落入各区间 $[0, F(x_1)), [F(x_1), F(x_2)), \cdots, [F(x_{n-1}), 1)$ 的个数 $m_1, m_2, \cdots, m_n$, 最后输出 m_1 个 x_1, m_2 个 $x_2, \cdots, m_n$ 个 x_n 作为生成的服从表 18.4 分布的随机数. randsample 的命令格式如表 18.5.

表 18.5　randsample 的命令格式

表 18.5　**randsample 的命令格式**

命令格式	说明
randsample(n, k)	产生 k 个 1~n 之间的不相同的数
randsample(x, k)	从 x 数组里面随机取出 k 个不相同的数
randsample(n, k, repeat)	repeat 是一个 bool 变量, 为 1 时取出的数可能重复, 为 0 时不重复
randsample(n, k, true, p)	根据分布律 p 在 1~n 里面选出可能重复的 k 个数
randsample(x, k, true, p)	根据分布律 p 在数组 x 里面选出可能重复的 k 个数

18.1.3.2　连续分布随机数

设连续总体 X 的概率密度函数为 $f(x)$, 分布函数为 $F(x)$. 设 $y_1, y_2, \cdots, y_n$ 为 $U(0, 1)$ 分布的随机数. 根据定理 17-1, 可得: $x_i = F^{-1}(y_i)$, $i = 1, 2, \cdots, n$, 它们是与总体 X 具有相同分布的随机数, 其中 $F^{-1}(x)$ 为 $F(x)$ 的反函数. 利用这个原理编写 crnd 函数, 用来生成任意一元连续分布随机数. 函数代码如下:

```
function y = crnd( pdffun, pdfdef, m, n)
    %生成任意一元连续分布随机数函数
    %y: 调用函数 y = cmd( pdffun, pdfdef, m, n) 产生指定一元连续分布的 m 行 n 列
随机数矩阵
    %pdffun: 密度函数表达式
    %pdfdef: 密度函数定义域, pdfdef 只能是有限区间,
    %若密度函数定义域为无限区间, 应设成比较大的有限区间, 例如[-10000.
10000]
    %example
    %pdffun = 'x * (x> = 0 & x<l)' + '(2-x) * (x> =1&x<2)';
    %y = crnd( pdffun, [0, 2], 1000, 1);
    fun = vectorize( ['(' pdffun ')' ' * x'] ); % x * f(x) 运算向量化
    try
        xm = quadl( fun, min( pdfdef), max( pdfdef) ); %计算 x 的数学期望 xm
    catch
        xm = mean( pdfdef);    %计算定义区间的平均值 xm
    end
    pdffun = vectorize( ['(' pdffun ')' ' * x/x'] ); % x * f(x)/x 运算向量化
    cdfrnd = rand( m * n, 1); %产生[0, 1]上均匀分布随机数
    y = zeros( m * n, 1);    %产生 0 向量作为变量 y 的初值
    options = optimset; %产生一个控制迭代过程的结构体变量
    options. Display ='off';    %不显示中间迭代过程
    %通过循环计算指定一元连续分布的随机数
```

```
        for i = 1: m * n
            funcdf = @ ( x ) [ quadl( pdffun, min( pdfdef) , x ) - cdfrnd( i ) ];
            y( i ) = fsolve( funcdf, xm, options) ;
        end
        y = reshape( y, [ m, n ] ) ;    %把向量 y 变为矩阵
    end
560
```

18.1.4　统计图

常用的统计作图函数及格式如表 18.6.

表 18.6　常用的统计作图函数

命令格式	说明
bar(X)	作向量 X 的条形图
hist(X, k)	将向量 X 中数据等分为 k 组,并作频数直方图,k 的缺省值为 10
bar(Y, X)	作向量 Y 相对于 X 的条形图
[N, X] = hist(Y, k)	不作图,返回各组数据频数 N,返回各组的中心位置 X
boxplot(Y)	作向量 Y 的箱形图

18.2　实验内容

【例 18.1】　调用 rand 函数生成 10×10 的随机数矩阵,并将矩阵按列拉长画出频数直方图.

源程序:

```
x = rand( 10) %生成服从[ 0, 1]上均匀分布的 10 行 10 列随机数矩阵
y = x( : ) ; %将 x 按列拉长成一个列向量
hist( y) ;    %绘制频数直方图
xlabel( '[ 0, 1]上均匀分布随机数' ) ;    %为 X 轴加标签
ylabel( '频数' ) ; %为 Y 轴加标签
title( '[ 0, 1]上均匀分布随机数频数直方图' ) ; %为图加标题
saveas( gcf, '均匀分布随机数频数直方图' , 'jpg' ) ; %保存图片
```

运行程序后输出:

x =

0.6311, 0.1841, 0.2237, 0.6273, 0.2750, 0.9891, 0.1378, 0.9455, 0.4115, 0.3545

0.3550, 0.7257, 0.3735, 0.0216, 0.2486, 0.0669, 0.2178, 0.6766, 0.6026, 0.9712

0.9970, 0.3703, 0.0875, 0.9105, 0.4516, 0.9394, 0.1821, 0.9883, 0.7505, 0.3464

0.2241, 0.8415, 0.6401, 0.8005, 0.2277, 0.0181, 0.0418, 0.7668, 0.5835, 0.8865

0.6524, 0.7342, 0.1806, 0.7458, 0.8044, 0.6838, 0.1069, 0.3367, 0.5517, 0.4546

0.6049, 0.5710, 0.0450, 0.8131, 0.9861, 0.7837, 0.6164, 0.6623, 0.5835, 0.4134

0.3872, 0.1768, 0.7231, 0.3833, 0.0299, 0.5341, 0.9396, 0.2441, 0.5118, 0.2177

0.1421, 0.9573, 0.3474, 0.6172, 0.5356, 0.8853, 0.3544, 0.2955, 0.0825, 0.1256

0.0251, 0.2653, 0.6606, 0.5754, 0.0870, 0.8990, 0.4106, 0.6801, 0.7195, 0.3089

0.4211, 0.9245, 0.3838, 0.5300, 0.8020, 0.6259, 0.9843, 0.5278, 0.9961, 0.7261

频数直方图如图 18.1 所示.

【例 18.2】 调用 normand 函数生成 1000×3 的正态分布随机数矩阵, 其中各列均值 μ 分别为 0, 15, 40, 标准差 σ 分别为 1, 2, 3, 并作出各列的频数直方图.

源程序:

```
%调用 normand 函数生成 1000 行 3 列的随机数矩阵 x,
%其中各列均值分别为 0, 15, 40, 标准差分别为 1, 2, 3, 并作出各列的频数直方图
x = normrnd( repmat( [ 0 15 40 ], 1000, 1), repmat( [ 1 2 3 ], 1000, 1), 1000, 3);
hist( x, 50);%绘制矩阵 x 每列的频数直方图
xlabel('正态分布随机数');%为 X 轴加标签
ylabel('频数为 Y 轴加标签');%为图形加图例
legend('\mu = 0, \sigma = 1', '\mu = 15, \sigma = 2', '\mu = 40, \sigma = 3');
title('均值分别 0, 15, 40, 标准差分别为 1, 2, 3 的正态分布随机数频数直方图');
```

程序运行后生成的随机数矩阵略去, 得到的各列的频数直方图如图 18.2 所示.

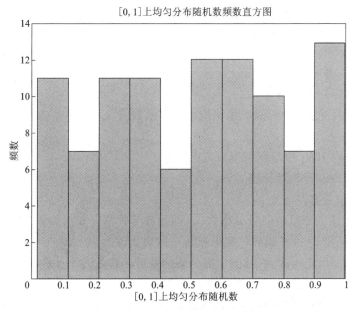

图 18.1 均匀分布随机数频数直方图

【例 18.3】 调用 random 函数生成 10000×1 的二项分布随机数向量, 并作出频数直方图与频率直方图. 其中二项分布的参数为 $n = 10$, $p = 0.3$.

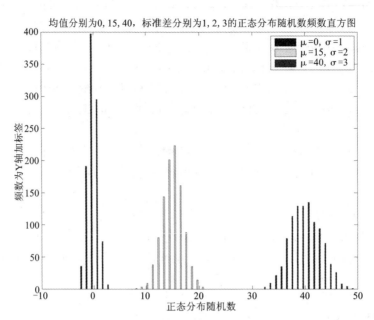

图 18.2　均值分别为 0, 15, 40, 标准差分别为 1, 2, 3 的正态分布随机数频数直方图

源程序:

```
%调用 random 函数生成 1000 行 1 列的随机数向量 x, 其元素服从二项分布 B(10, 0.3)
x = random('bino', 10, 0.3, 10000, 1);
figure(1);
subplot(121);
hist(x, 10);  %绘制频数直方图
xlabel('a. 频数直方图');
[fp, xp] = ecdf(x);  %计算经验累积概率分布函数值
subplot(122);
ecdfhist(fp, xp, 20);  %绘制频率直方图
ylabel('f(x)');  %X 轴加标签
xlabel('b. 频率直方图');
```

程序运行后生成的随机数向量 **x** 略去, **x** 的频数与频率直方图如图 18.3 所示.

【例 18.4】　调用 random 函数生成 10000×1 的自由度为 10 的卡方分布随机数向量, 然后作出频率直方图, 并与自由度为 10 的卡方分布的密度函数曲线作比较.

源程序:

```
%调用 random 函数生成 10000 行 1 列服从自由度为 10 的卡方分布的随机数向量 x,
%作出 x 的频率直方图, 并与自由度为 10 的卡方分布的密度函数曲线作比较
x = random('chi2', 10, 1000, 1);
[fp, xp] = ecdf(x);    %计算经验累积概率分布函数值
ecdfhist(fp, xp, 50);  %绘制频率直方图
```

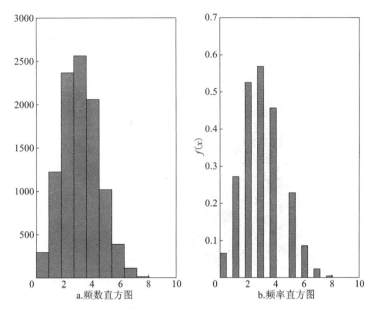

图 18.3   二项分布(n=10, p=0.3)随机数的频数与频率直方图

hold on；

t=linspace(0, max(x), 100)；%等间隔产生一个从 0 到 max(x)共 100 个元素的向量

y= chi2pdf(t, 10)；%计算自由度为 10 的卡方分布在 t 中各点处的概率密度函数值

plot(t, y, 'r', 'linewidth', 3)；%绘制自由度为 10 的卡方分布的概率密度函数曲线图

xlabel('x(\chi^2(10))')；%为 X 轴加标签

ylabel('f(x)')；%为 Y 轴加标签

legend('频率直方图', '密度函数曲线')；%为图形加图例

程序运行后生成的随机数向量 x 略去，作出的频率直方图及自由度为 10 的卡方分布的密度函数曲线如图 18.4 所示. 从图中可以看出，由 random 函数生成的卡方分布随机数的频率直方图与真正的卡方分布密度曲线拟合得很好.

【例 18.5】   设离散总体 X 的分布列为

X	-2	-1	0	1	2
p	0.05	0.2	0.5	0.2	0.05

.调用 randsample 函数生成 100 个服从该分布的随机数，然后作出频数直方图与频率直方图.

源程序：

%调用 randsample 函数生成 100 个服从该分布的随机数，

%然后作出频率直方图和经验累积概率分布函数图

xv=[-2 -1 0 1 2]；%定义向量 xv

xp=[0.05 0.2 0.5 0.2 0.05]；%定义向量 xp

%调用 randsample 函数生成 100 个服从指定离散分布的随机数

x=randsample(xv, 100, true, xp)；

figure(1)；subplot(121)；

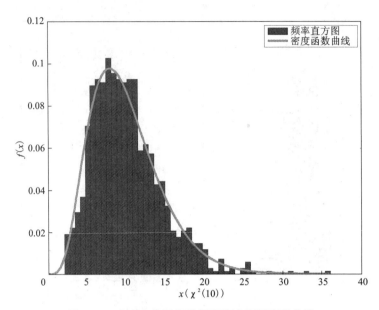

图 18.4　卡方分布随机数频率直方图及密度曲线

hist(x, 10);
xlabel('a. 频数直方图');
N=hist(x, 5);
fn=N/sum(N);
reshape(x, [10 10]) %把向量 x 转换成 10×10 的矩阵并显示
figure(2);
[fp, xp]=ecdf(x);　　%计算经验累积概率分布函数值
figure(1); subplot(122);
ecdfhist(fp, xp, 5); %绘制频率直方图
xlabel('b. 频率直方图');
%统计 x 中各数字出现的频数、频率和累计频率
xt=[[{'取值'}, {'频数'}, {'频率'}, {'累计频率'}]; …
　　[num2cell(xv'), num2cell(N'), num2cell(fn'), num2cell(fp(2: end))]]

程序运行后生成的随机数 x，统计结果 xt，作出 x 的频数与频率直方图如图 18.5 所示.

x =

0	0	0	2	-1	1	1	0	-2	-1
0	0	-1	1	-1	0	0	1	0	0
0	0	0	0	0	0	-1	0	-1	0
1	0	0	0	0	0	-1	0	0	1
0	0	1	0	0	0	-1	1	1	0
0	0	-1	0	0	-1	1	0	-1	1
-1	0	1	-2	-1	-1	-2	1	1	0

-1	0	0	-1	-1	1	-1	1	1	0
1	0	00	0	-1	1	0	0	0	
0	2	0	-1	-1	-1	2	0	1	0

xt =

'取值'	'频数'	'频率'	'累计频率'
[-2]	[6]	[0.0600]	[0.0600]
[-1]	[24]	[0.2400]	[0.3000]
[0]	[49]	[0.4900]	[0.7900]
[1]	[17]	[0.1700]	[0.9600]
[2]	[4]	[0.0400]	[1]

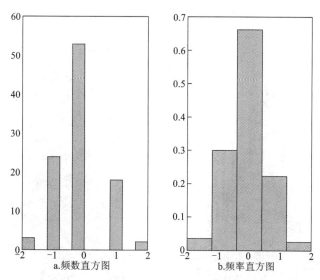

a.频数直方图   b.频率直方图

图 18.5   随机数 x 的频数与频率直方图

【例 18.6】   总体 X 服从三角分布, 其概率密度函数为 $f(x)=\begin{cases} x, & 0 \leqslant x < 1, \\ 2-x, & 1 \leqslant x < 2, \\ 0, & \text{otherwise}, \end{cases}$ 调用 crnd 函数

生成 1000 个服从该分布的随机数, 作出频数与频率直方图, 并与真实的密度函数曲线作比较.
源程序:

```
%调用 crnd 函数生成 1000 个服从指定一元连续分布的随机数
%作出频数与频率直方图, 并将频率直方图和真实密度函数曲线比较
pdffun='x*(x>=0 & x<1)+(2-x)*(x>=1 & x<2)';%密度函数表达式
x=crnd(pdffun,[0 2],1000,1);
[fp,xp]=ecdf(x);%计算经验累积概率分布函数值
subplot(121);
hist(x,50);%绘制频数直方图
xlabel('a.频数直方图');%为 x 轴加标签
```

subplot(122);

ecdfhist(fp, xp, 20); %绘制频率直方图

xlabel('b. 频率直方图与密度曲线');

ylabel('f(x)'); %为 Y 轴加标签

hold on;

fplot(pdffun, [0 2], 'r'); %绘制真实密度函数曲线

%为图形加图例

legend('频数直方图', '频率直方图与密度曲线', 'Location', 'NorthWest');

程序运行后生成的随机数向量 x 略去, 作出的频数、频率直方图及真实密度函数曲线如图 18.6 所示. 从图中可以看出, 由 crnd 函数生成的三角分布随机数的频率直方图与真正的三角分布密度曲线拟合得很好.

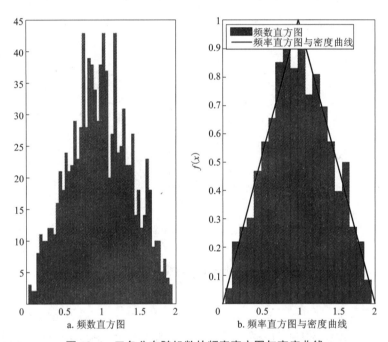

图 18.6　三角分布随机数的频率直方图与密度曲线

【例 18.7】　(1)已知 $X \sim N(2, 3^2)$, 求在 $x = 2.5$ 处的概率密度值与分布函数值及 $P\{X \leqslant x\} = 0.95$ 时的逆概率函数值 x; (2)求二项分布 $B(10, 0.3)$, $k = 3, 4, 5, 6, 7$ 的概率.

源程序:

%正态分布 N(2, 9)在 x = 2.5 处的概率密度(标准正态分布的均值、标准差可省略)

y1 = normpdf(2.5, 2, 3)

y2 = normcdf([-1.5　0 1.5], 2, 3)　　%N(2, 9)在 x = -1.5, 0, 1.5 处的分布函数值

x = norminv(0.95, 2, 3)　　　　　%N(0, 9)的上 0.05 分位数 x

y3 = binopdf([3: 7], 10, 0.3)　　%二项分布 B(10, 0.3), k = 3, 4, 5, 6, 7 的概率

运行程序后输出:

y1 =

    0.1311

y2 =

    0.1217   0.2525   0.4338

x =

    6.9346

y3 =

    0.2668   0.2001   0.1029   0.0368   0.0090

18.3 实验作业

1.(1)已知 $X \sim N(0, 2^2)$,求在 $x = 1.5$ 处的概率密度值与分布函数值及 $P\{X \leqslant x\} = 0.90$ 时的逆概率函数值 x;(2)求 $F(10, 25)$ 在 $x = 1$ 处的分布函数值;(3)求泊松分布 $P(5)$,$k = 1, 2, 3, 4$ 的概率.(4)求 $t(8)$ 分布的上 0.05 分位数.

2.总体 X 服从柯西分布,其概率密度函数为 $f(x) = \dfrac{1}{\pi(1+x^2)}$,$x \in \Re$. 调用 $crnd$ 函数生成 1000 个服从柯西分布的随机数,作出频率直方图并与真实的密度函数曲线比较.

3.已知机床加工得到的某零件的尺寸 $X \sim N(20, 5^2)$.(1)任意抽取一个零件,求它的尺寸在区间 $[19.5, 21.5]$ 内的概率.(2)独立地取 30 个组成一个样本,求样本均值在区间 $[19.5, 21.5]$ 内的概率.

4.设离散总体 X 的分布列为 $\dfrac{X \quad | \quad -1 \quad\ 1 \quad\ 2}{p \quad | \ 1/6 \ \ 1/6 \ \ 1/6}$. 调用 randsample 函数生成 1000 个服从该分布的随机数,然后作出频数直方图与频率直方图.

实验十九　　统计推断

【实验目的】

学习用 MATLAB 求解正态总体的均值、方差等未知参数的点估计、置信区间和假设检验的方法.

19.1　MATLAB 命令

19.1.1　参数估计

MATLAB 用于正态分布参数估计的命令主要有：

(1) [muhat, sigmahat, muci, sigmaci] = normfit(X);

其中 X 是正态总体 $N(\mu, \sigma^2)$ 的样本，该命令返回总体均值和标准差的点估计分别为 $\mu =$ muhat 和 $\sigma =$ sigmahat, 均值的区间估计 muci, 方差的区间估计 sigmaci, 默认置信水平为 0.05.

(2) [muhat, sigmahat, muci, sigmaci] = normfit(X, alpha);

其中 X 是样本, alpha 是置信水平, 总体均值和标准差的置信度为 1-alpha 的置信区间分别为 muci 和 sigmaci. normfit, 返回的参数点估计为极大似然估计. 其他分布的参数估计命令有 expfit, binofit, unifit, poissfit, betafit, gamfit 等, 它们的用法类似 normfit.

19.1.2　假设检验

MATLAB 用于正态性假设检验的主要命令.

(1) σ^2 已知时, 单个总体均值 mu 的检验命令 ztest

h = ztest(x, mu, sigma)　　%最简形式

[h, sig, ci, zval] = ztest(x, mu, sigma, alpha, tail)　　　%完整形式

其中, 输入参数 X 是样本(n 维数组), mu 是 H_0 中的 μ_0, sigma 是总体标准差 σ(已知), alpha 是显著性水平 α(默认值为 0.05), tail 是双侧假设检验和两个单侧假设检验的标识, 由备择假设 H_1 确定：H_1 为 $\mu \neq \mu_0$ 时, tail = 'both'(默认)；H_1 为 $\mu > \mu_0$ 时, tail = 'right', H_1 为 $\mu < \mu_0$ 时, tail = 'left'.

输出参数：h = 0 表示不能拒绝 H_0, h = 1 表示拒绝 H_0, sig 是假设检验的 P 值, ci 给出 μ_0 的置信区间, zval 是检验统计量 z 的值. (注：tail 的具体形式也可以分别用 0、1、-1 表示双边检验、右边检验和左边检验. 假设检验的 P 值是指检验统计量沿着备择假设方向取其观察值以及比观察值更极端的值的概率, 当 P 值为小值时表示对原假设提出质疑.)

(2) σ^2 未知时单个正态总体均值 mu 的检验命令 ttest

h = ttest(x, mu)

[h, sig, ci] = ttest(x, mu, alpha, tail)

[h, sig, ci, stats] = ttest(x, mu, alpha, tail)

输入、输出参数的意义可参照 ztest 命令.

(3)两个正态总体方差未知但相等时($\sigma_1^2 \neq \sigma_2^2$ 未知),关于两个总体均值是否相等的 t 检验命令 ttest2

h = ttest2(x, y)　　% x, y 的样本容量可以不同

[h, sig, ci] = ttest2(x, y, alpha, tail)

[h, sig, ci, stats] = ttest2(x, y, alpha, tail)

输入、输出参数的意义也参照 ztest 命令.

(4)单个正态总体方差检验的命令 vartest

h = vartest(x, v, alpha, tail)

[h, p, ci, stats] = vartest(x, v, alpha, tail)

(5)两个正态总体方差检验的命令 vartest2

h = vartest2(x, y, alpha, tail)

[h, p, ci, stats] = vartest2(x, y, alpha, tail)

(6)检验总体分布的正态性命令 jbtest、kstest 和 lillietest

h = jbtest(x)　　　　　　　　　%检验 H_0:总体服从 $N(\mu, \sigma^2)$

[h, p, jbstat, cv] = jbtest(x)　　%同上

h = kstest(x)　　　　　　　　　%检验 H_0:总体服从 $N(0, 1)$

h = lillietest(x)　　　　　　　　%检验 H_0:总体服从 $N(\mu, \sigma^2)$

[h, p, lstat, cv] = lillietest(x)　　%同上

19.2　实验内容

19.2.1　参数估计

19.2.1.1　σ^2 已知,关于均值 μ 的点估计、置信区间

【例 19.1】　某车间生产滚珠,从长期实践中知道,滚珠直径可以认为服从正态分布. 从某天产品中任取 6 个测得直径如下(单位:mm):14.6, 15.1, 14.9, 14.8, 15.2, 15.1, 若已知直径的方差是 0.06, 试求总体均值 μ 的置信度为 0.95 的置信区间.

(1)不区分 σ^2 已知否.

输入:

X = [14.6, 15.1, 14.9, 14.8, 15.2, 15.1]

[muhat, sigmahat, muci, sigmaci] = normfit(X)

部分输出是:

muhat =

　　14.9500

muci =

    14.7130

    15.1870

所以在没有使用题中所给 $\sigma^2 = 0.06$ 信息时均值 μ 的估计值为 14.9500, μ 的置信度为 0.95 的置信区间为 $[14.7130, 15.1870]$.

(2)依题意,利用 σ^2 的信息 μ 的置信度为 0.95 的置信区 $\left[\bar{x}-u_{1-\alpha/2}\dfrac{\sigma}{\sqrt{n}}, \bar{x}+u_{1-\alpha/2}\dfrac{\sigma}{\sqrt{n}}\right]$

输入:

    x = mean(X);

    muci = [x-1.96 * sqrt(0.06/6), x+1.96 * sqrt(0.06/6)]

输出为:

muci =

    14.7540   15.1460

使用 $\sigma^2 = 0.06$ 信息时, μ 的置信度为 0.95 的置信区间为 $[14.7540, 15.1460]$,比较(1)和(2)易见. 利用方差信息,在置信水平相同的条件下,得到的置信区间的长度要小于忽略方差信息得到的置信区间. 因此若对置信区间要求较高时,应尽量多使用题目所给信息.

19.2.1.2　σ^2 未知,关于均值 μ 的点估计、置信区间

【例 19.2】　对某种型号飞机的飞行速度进行 15 次试验,测得最大飞行速度如下:

422.2, 417.2, 425.6, 420.3, 425.8, 423.1, 418.7, 428.2 438.3, 434.0, 312.3, 431.5, 413.5, 441.3, 423.0.

假设最大飞行速度服从正态分布,试求总体均值 μ (最大飞行速度的期望)的置信区间 ($\alpha = 0.05$ 与 $\alpha = 0.10$).

源程序 1:

```
X = [422.2, 417.2, 425.6, 420.3, 425.8, 423.1, 418.7, 428.2, 438.3, …
    434.0, 312.3, 431.5, 413.5, 441.3, 423.0];
  [muhat, sigmahat, muci, sigmacij = normfit(X)
```

运行程序后的部分输出:

muhat =

    418.3333

muci =

    401.5350

    435.1317

即 μ 的估计值为 418.3333,置信度为 0.95 的置信区间是 $(401.5350, 435.1317)$.

源程序 2:

```
X = [422.2, 417.2, 425.6, 420.3, 425.8, 423.1, 418.7, 428.2, 438.3, …
    434.0, 312.3, 431.5, 413.5, 441.3, 423.0];
[muhat, sigmahat, muci, sigmaci] = normfit(X, 0.1)
```

运行程序后的部分输出:

muci =

　　404.5384

　　432.1282

即 μ 的置信度为 0.90 的置信区间是(404.5384，432.1282).

19.2.2　假设检验

19.2.2.1　单个总体 $N(\mu, \sigma^2)$ 均值 μ 的检验

(1) σ^2 已知，关于 μ 的检验

【例 19.3】　测定矿石中的铁，根据长期测定积累的资料，已知方差为 0.083，现对矿石样品进行分析，测得铁的含量为：$x(\%)$ 63.27，63.30，64.41，63.62，设测定值服从正态分布，问能否接受这批矿石的含铁量为 63.62?

解　这是正态总体方差已知时对均值的双边检验，需要检验假设：

$$H_0: \mu = 63.62 \qquad H_1: \mu \neq 63.62$$

源程序：

x = [63.27，63.30，64.41，63.62]；

[h，sig，ci，zval] = ztest(x，63.62，sqrt(0.083)) %方差 $\sigma = \sqrt{0.083} = 0.2881$

运行程序后的输出：

h =

　　0

sig

　　0.8350

ci =

　　63.3677　　63.9323

zval =

　　0.2083

结果表明：所用的检验统计量为 μ 统计量(正态分布)，在显著性水平 $\alpha = 0.05$ 时，接受原假设，即认为这批矿石的含铁量为 63.62. 双边检验的 P 值为 0.8350，检验统计量的观测值为 0.2083. 由样本对总体均值 μ 的区间估计为(63.3677，63.9323).

(2) σ^2 未知，关于 μ 的检验

【例 19.4】　某种电子元件的寿命 x (以小时计)服从正态分布，μ，σ^2 均未知，现测得 16 只元件的寿命为：159，280，101，212，224，379，179，264，222，362，168，250，149，260，485，170. 问是否有理由认为元件的平均寿命大于 225 小时?

解　这是正态总体方差未知时对均值的单边检验，需要检验假设：

$$H_0: \mu \leqslant 225; \qquad H_1: \mu > 225.$$

源程序：

x = [159，280，101，212，224，379，179，264，222，362，168，250，149，260，485，170]；

[h，p，ci，tval] = ttest(x，225，0.05，1)

运行程序后的输出：

h =

    0

p =

    0.2570

ci =

    198.2321 inf

tval =

    tstat: 0.6685

        df: 15

        sd: 98.7259

结果给出检验报告：所用的检验统计量为自由度 15 的 t 分布（t 检验）. 检验统计量的观测值为 0.6685，单边检验的 P 值为 0.2570，μ 的置信度为 95% 的置信区间为 $(198.2321, +\infty)$. 在显著性水平 $\alpha = 0.05$ 下，接受原假设，即认为元件的平均寿命不大于 225 小时.

19.2.2.2　两个正态总体均值差的检验（方差未知但相等）

【例 19.5】　在平炉上进行一项试验以确定改变操作方法的建议是否会增加钢的得率. 试验是在同一平炉上进行的，每炼一炉钢时除操作方法外，其他方法都尽可能做到相同. 先用标准方法炼一炉，然后用建议的新方法炼一炉，以后交替进行，各炼了 10 炉，其得率分别为：

（1）标准方法 78.1，72.4，76.2，74.3，77.4，78.4，76.0，75.5，76.7，77.3

（2）新方法 79.1，81.0，77.3，79.1，80.0，79.1，79.1，77.3，80.2，82.1

设这两个样本相互独立，且分别来自正态总体 $N(\mu_1, \sigma^2)$ 和 $N(\mu_2, \sigma^2)$，μ_1，μ_2，σ^2 均未知. 问建议的新操作方法能否提高得率？（取 $\alpha = 0.05$）

解：这是两个正态总体在方差相等但未知时，对其均值差的单边检验，需要检验假设：

$H_0: \mu_1 \geqslant \mu_2$；$H_1: \mu_1 < \mu_2$；

源程序：

X = [78.1，72.4，76.2，74.3，77.4，78.4，76.0，75.5，76.7，77.3]；

Y = [79.1，81.0，77.3，79.1，80.0，79.1，79.1，77.3，80.2，82.1]；

[h，p，ci，t2val] = ttest2(X，Y，0.05，−1)

运行程序后的输出：

h =

    1

p =

    2.1759e−004

ci =

    −inf −1.9083

t2val =

    tstat: −4.2957

　　df：18

　　sd：1.6657

　　检验报告给出：检验统计量为自由度 18 的 t 分布（t 检验），检验统计量的观察值为 -4.2957，单边检验的 P 值为 0.00021759，$\mu_1 - \mu_2$ 的置信度为 95% 的置信区间为 $(-\infty, -1.9083)$，结果显示在显著性水平 $\alpha = 0.05$ 下拒绝 H_0，即认为建议的新操作方法较原来的方法为优.

　　【例 19.6】　中国 20 多年来的经济发展使人民的生活水平得到了很大的提高. 不少家长都觉得孩子这一代的身高比上一代有了很大变化. 以下是近期在一个经济发展比较快的城市中学和一个农村中学收集到的 17 岁年龄的学生身高数据：

50 名 17 岁城市男性学生身高（单位：cm）

170.1	179.0	171.5	173.1	174.1	177.2	170.3	176.2	163.7	175.4
163.3	179.0	176.5	178.4	165.1	179.4	176.3	179.0	173.9	173.7
173.2	172.3	169.3	172.8	176.4	163.7	177.0	165.9	166.6	167.4
174.0	174.3	184.5	171.9	181.4	164.6	176.4	172.4	180.3	160.5
166.2	173.5	171.7	167.9	168.7	175.6	179.6	171.6	168.1	172.2

100 名 17 岁农村男性学生身高（略）

　　从 100 名农村同龄男性学生的身高（原始数据从略），计算出样本均值和标准差分别为 168.9 cm 和 5.4 cm.

　　问题（1）：怎样对目前 17 岁城市男性学生的平均身高做出估计？

　　问题（2）：又查到 20 年前同一所学校同龄男生的平均身高为 168 cm，根据上面的数据回答，20 年来城市男性学生的身高是否发生了变化？

　　问题（3）：由收集的城市和农村中学的数据回答，两地区同龄男生的身高是否有差距？

　　分析：对问题（1）一个明显的、人们都能够接受的结论是：用 50 名城市男性学生的平均身高（样本均值）作为 17 岁城市男性学生的平均身高（总体均值）的估计值. 大家也知道这个估计不可能完全可靠. 需要进一步解决的问题是：学生的平均身高会在多大的范围内变化？其可靠程度如何？

　　对于问题（2），不妨先假定学生的身高没有变化，即假设目前仍为 168 cm，再根据 50 名学生身高数据检验这个假设的正确性. 显然，样本均值一般不会刚好等于 168 cm，但若样本均值只比 168 cm 高一点，人们将不认为总体均值发生了变化，即承认原来的假设. 需要解决的问题是：样本均值要比 168 cm 高多少才有理由否认原来的假设？

　　问题（3）类似于问题（2）. 要通过样本数据检验的假设是：两地区同龄男生的平均身高没有差距. 需要解决的问题是：两个样本均值相差多少才有理由否认这个假设.

　　解：问题（1）. 假定学生的平均身高服从正态分布，用 normfit 命令可得总体均值（城市男生的平均身高）和标准差点估计和区间估计.

　　源程序：

```
X=[170.117 9.0 171.5 173.1 174.1 177.2 170.3 176.2 163.7 175.4 163.3…
       179.0 178.4 165.1 179.4 176.3 179.0 173.9 173.7 173.2 172.3 169.3…
```

　　172. 8176. 4 163. 7 177. 0 165. 9 166. 6 167. 4 174. 0 174. 3 184. 5 171. 9…
　　181. 4 164. 6 176. 4 172. 4 180. 3 160. 5 166. 2 173. 5 171. 7 167. 9 168. 7…
　　175. 6 179. 6 171. 6168. 1 172. 2〕;

[mu, sigma, muci, sigmaci] = normfit(X)

运行程序输出为:

mu =

　　172. 7040

sigma =

　　5. 3707

muci =

　　171. 1777

　　174. 2303

sigmaci =

　　4. 4863

　　6. 6926

由样本得到了总体均值 172. 7040,其区间估计为(171. 1777, 174. 2303).

问题(2). 已知 20 年前同一所学校同龄男生的平均身高为 168 cm,为回答学生身高是否发生了变化,作假设检验:

$$H_0: \mu = 168; \ H_1: \mu \neq 168;$$

先对样本作正态性检验,再用 t 检验($\alpha = 0.05$).

Bera-Jarque 正态性检验源程序:

hl = jbtest(X)

输出为:

hl =

　　0

检验结果是未拒绝原假设(总体服从正态分布). 再输入 lillietest 正态性检验命令:

h2 = lillietest (X)

输出为:

h2 =

　　0

结果显示,通过了正态性检验. 接着开始总体均值的检验.

源程序:

[h, p, ci] = ttest(X)

输出为:

h =

　　1

p =

　　0

ci =

171.1777 174.2303

结果拒绝原假设,表明学生的身高的确发生了变化.

问题(3). 要求由收集的城市和农村中学的数据回答,两地区同龄男生的身高是否有差距,作假设检验:

$$H_0: \mu_1 = \mu_2; \quad H_1: \mu_1 \neq \mu_2;$$

这里 μ_1, μ_2 分别是城市和农村中学同龄男生的身高. 题目中只给出了从 100 名同龄男生身高算出的样本均值 168.9 cm 和标准差 5.4 cm,没有原始的样本数据. 为了直接用 MATLAB 命令 ttest2 计算,需要索取原始数据. 假定我们得到了这 100 个数据,并认为服从正态分布,用如下运算作检验($\alpha = 0.05$).

源程序:

Y = normrnd(168.9, 5.4, 100, 1); %模拟产生 100 个正态分布 $N(168.9, 5.4^2)$ 的随机数

[h, p, ci] = ttest2(X, Y)

输出为:

h =

   1

p =

   4.9422e-005

ci =

   1.8912 5.2807

即拒绝原假设. 表明城市与农村 17 岁年龄组学生(总体)的身高有显著差异.

19.3 实验作业

1. 从自动机床加工的同类零件中抽取 16 件,测得长度值为(单位:mm):

12.15   12.12   12.01   12.08   12.09   12.16   12.03   12.06

12.06   12.13   12.07   12.11   12.08   12.01   12.03   12.01

求方差的置信区间($\alpha = 0.05$).

2. 随机地从某切割机加工的一批金属棒中抽取 15 段,测得其长度如下(单位:cm):

10.4   10.6   10.1   10.4   10.5   10.3   10.3   10.2   10.9   10.6   10.8   10.5   10.7

10.2   10.7

设金属棒长度服从正态分布,求该批金属棒的平均长度的置信区间($\alpha = 0.05$). 若:(1)已知 $\sigma = 0.15$ cm;(2)σ 未知.

3. 有一大批袋装化肥,现从中随机地取出 16 袋,称得质量如下(单位:kg):

50.6   50.8   49.9   50.3   50.4   51.0   49.7   51.2

51.4   50.5   49.3   49.6   50.6   50.2   50.9   49.6

设袋装化肥的质量近似服从正态分布,试求总体平均值 μ 的置信区间与总体方差 σ^2 的置信区间(分别在置信度为 0.95 与 0.90 两种情况下计算).

4. 某种磁铁矿的磁化率近似服从正态分布. 从中取出容量为 42 的样本测试,计算样本均

值为 0.132，样本标准差为 0.0728，求磁化率的均值的区间估计（$\alpha = 0.05$）.

5. 设某种电子元件的寿命 X（单位：h）服从正态分布 $N(\mu, \sigma^2)$，μ，σ^2 均未知，现测得 16 只元件的寿命：159　280　101　212　224　379　179　264　222　362　168　250　149　260　485　170

问是否有理由认为元件的平均寿命为 225 h？是否有理由认为这种元件寿命的方差 $\leq 85^2$？

6. 某化肥厂采用自动流水生产线，装袋记录表明，实际包重 $X \sim N(100, 2^2)$，打包机必须定期进行检查，确定机器是否需要调整，以确保所打的包不至过轻或过重. 现随机抽取 9 包，测得数据如下（单位：kg）：102，100，105，103，98，99，100，97，105. 若要求完好率为 95%，问机器是否需要调整？

7. 某自动机床加工同一种类型的零件. 现从甲、乙两班加工的零件中各抽验了 5 个，测得它们的直径分别为（单位：cm）：

甲　2.066，2.063，2.068，2.060，2.067

乙　2.058，2.057，2.063，2.059，2.060

已知甲、乙二车床加工的零件其直径分别 $X \sim N(\mu_1, \sigma^2)$，$Y \sim N(\mu_2, \sigma^2)$，试根据抽样结果来说明两车床加工的零件的平均直径有无显著性差异（$\alpha = 0.05$）？

实验二十　回归分析

【实验目的】

调用一元线性回归的有关命令求回归系数的点估计与区间估计，检验回归模型(线性性)，画出残差及其置信区间，并进行预测；调用多元线性回归的有关命令求回归系数的点估计与区间估计，并检验回归模型(线性性)等.

20.1　MATLAB 命令

$$Y = b_1 + b_2 x + \varepsilon, \quad \varepsilon \sim N(0, \sigma^2) \tag{20.1}$$

式中 b_1，b_2，σ^2 都是不依赖于 x 的未知参数，称式(20.1)为一元线性回归模型，b_2 称为回归系数.

一元线性回归命令为 regress，其格式如下：

(1)求回归系数的点估计值的命令格式为：b=regress(Y, X)；

(2)求回归系数的点估计与区间估计，并检验回归模型(线性性)，其命令格式为：

[b, bint, r, rint, stats]=regress(Y, X, alpha)；

(3)画出残差及其置信区间，命令格式为：rcoplot(r, rint).

上述符号说明如下：

(1)X，Y，b 分别为

$$X = \begin{bmatrix} 1 & x_1 \\ 1 & x_2 \\ \vdots & \vdots \\ 1 & x_n \end{bmatrix}, \quad Y = \begin{bmatrix} y_1 \\ y_2 \\ \vdots \\ y_n \end{bmatrix}, \quad b = \begin{bmatrix} b_1 \\ b_2 \end{bmatrix}$$

(2)alpha 为显著性水平(缺省时为 0.05)；

(3)b 和 bint 为回归系数的点估计和区间估计；

(4)r 和 rint 为残差及其置信区间；

(5)stats 是用于检验回归模型(线性性)的统计量的观察值，有 4 个值：第 1 个值是相关系数及 R^2，R^2 越接近于 1 说明回归方程(线性性)越显著；第 2 个值是 F 值，$F > F_\alpha(1, n-2)$，则拒绝 H_0，F 越大说明回归方程(线性性)越显著；第 3 个值是与 F 对应的概率 p，$p < \alpha$ 时，回归模型成功；第 4 个值是 s^2(剩余方差)，s^2 越小模型的精度越高.

20.2　实验内容

20.2.1　一元线性回归

【例 20.1】　（葡萄酒和心脏病）适量饮用葡萄酒可以预防心脏病. 表 20.1 是 19 个发达国家一年的葡萄酒消耗量（每人从所喝葡萄酒中所摄取酒精升数）以及一年中因心脏病死亡的人数（每 10 万人死亡人数）.

表 20.1　葡萄酒和心脏病问题的数据

序号	国家	从葡萄酒得到的酒精/L	心脏病死亡率（每 10 万人死亡人数）	序号	国家	从葡萄酒得到的酒精/L	心脏病死亡率（每 10 万人死亡人数）
1	澳大利亚	2.5	211	11	荷兰	1.8	167
2	奥地利	3.9	167	12	新西兰	1.9	266
3	比利时	2.9	131	13	挪威	0.8	277
4	加拿大	2.4	191	14	西班牙	6.5	86
5	丹麦	2.9	220	15	瑞典	1.6	207
6	芬兰	0.8	297	16	瑞士	5.8	115
7	法国	9.1	71	17	英国	1.3	285
8	冰岛	0.8	211	18	美国	1.2	199
9	爱尔兰	0.7	300	19	德国	2.7	172
10	意大利	7.9	107				

数据来源：[美]戴维, 统计学的世界. 北京：中信出版社. 2003.

（1）根据表 20.1 作散点图；

（2）求回归系数的点估计与区间估计（置信水平为 0.95）；

（3）画出残差图，并作残差分析；

（4）已知某国家成年人每年平均从葡萄酒中摄取 8 L 酒精，请预测这个国家心脏病的死亡率并作图.

解　（1）记心脏病死亡率（每 10 万人死亡人数）为 y，从葡萄酒中得到的酒精为 x L，将 y 与 x 作散点图.

源程序：

$x = [2.5, 3.9, 2.9, 2.4, 2.9, 0.8, 9.1, 0.8, 0.7, 7.9, 1.8, 1.9, 0.8, 6.5, 1.6, 5.8, 1.3, 1.2, 2.7]$；

$X = [\text{ones}(19, 1), x']$；

$y = [211, 167, 131, 191, 220, 297, 71, 211, 300, 107, 167, 266, 227, 86, 207, 115, 285, 199, 172]$；

plot$(x, y, 'r+')$

程序运行结果如图 20.1 所示.

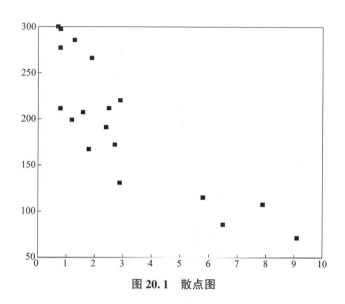

图 20.1　散点图

（2）从图 20.1 可以看出这 19 个点大致位于一条直线附近，因此可以用一元线性回归的方法求回归系数的点估计与区间估计.

输入：

$[b, bint, r, rint, stats] = regress(y', X, 0.05)$

输出：

b ＝　266.1663　−23.9506

bint ＝236.5365　295.7960

　　　−31.5691　−16.3321

stats ＝ 0.7　　44.0　　0.0　　1478.3

因此 $\hat{b}_1 = 266.1663$，$\hat{b}_2 = -23.9506$；b_1 的置信度为 0.95 的置信区间为（236.5365，295.7960），b_2 的置信度为 0.95 的置信区间为（−31.5691，−16.3321）；$R^2 = 0.7$，$F = 44.0$，$p = 0.0 < 0.05$，$s^2 = 1478.3$.

由以上结果可知，回归模型 $y = 266.1663 - 23.9506x$ 成立.

（3）输入命令：

rcoplot$(r, rint)$

结果如图 20.2 所示. 从图 20.2 可以看到，数据的残差离零点都比较近，残差的置信区间都包含零点，这说明回归模型 $y = 266.1663 - 23.9506x$ 能较好地符合原始数据.

（4）输入命令

z＝b(1)＋b(2)＊x;

plot$(x, y, '*', x, z, 'r')$;

结果如图 20.3 所示.

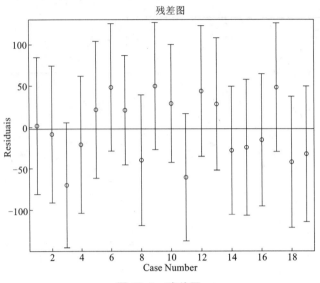

图 20.2 残差图

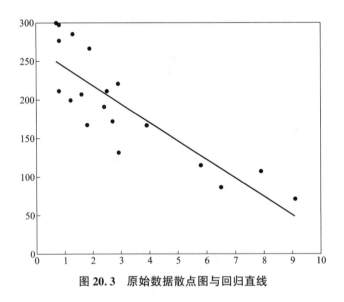

图 20.3 原始数据散点图与回归直线

已知某个国家成年人平均从葡萄酒中摄取 $x=8$ L 酒精，预测这个国家心脏病的死亡率为 $\hat{y}=74.5614$（每 10 万人死亡人数）.

20.2.2 可线性化的一元非线性回归

【例 20.2】 炼钢过程中需要钢包来盛钢水，由于受到钢水的侵蚀作用. 钢包的容积会不断扩大，表 20.2 给出使用次数和容积增大的数据，请用函数 $y=ae^{\frac{b}{x}}$ 来拟合钢包使用次数 x 和增大容积 y 之间的关系（$\alpha=0.05$）.

表 20.2　钢包使用次数和容积增大的数据

使用次数 x	3	4	6	7	8	9	10
增大容积 y	107.42	109.20	109.58	111.50	110.00	109.93	120.49
使用次数 x	12	14	15	17	18	19	
增大容积 y	119.69	110.60	110.90	110.76	110.00	111.20	

解　在 $y=ae^{\frac{b}{x}}$ 两边取对数，令 $y_1=\ln y$，$x_1=\dfrac{1}{x}$，便可以把 $y=ae^{\frac{b}{x}}$ 化为线性方程

$y_1=\ln a+bx_1$.

输入源程序：

x=[3 4 6 7 8 9 12 14 15 17 18 19]; %删除第 6 个异常数据

y=[107.42 109.20 109.58 111.50 110.00 109.93 110.69 110.60 110.90 110.76 110.00 111.20];

X=[ones(length(x),1),x'];

[b,bint,r,rint,stats]=regress(log(y)',1./X,0.05);

程序运行结果为：

b=4.7140　−0.0963

bint=4.7074　　4.7206

　　　−0.1398　　−0.0527

stats=0.7082　24.2755　　0.0006　　0.0000

因此 $\hat{a}=\exp(4.7140)=111.4921$，$\hat{b}=-0.0963$；$R^2=0.7082$，$F=24.2755$，$p=0.0006<0.05$，$s^2=0.0000$，这说明回归方程的显著性高.

于是，所得的回归曲线方程为 $y=ae^{\frac{b}{x}}=111.4921e^{\frac{-0.0963}{x}}$. 下面画此回归曲线图.

输入命令

z=exp(b(1))*exp(b(2)./x);

plot(x,y,'*',x,z,'r');

输出结果如图 20.4 所示.

20.2.3　多元线性回归

如果与因变量 y 有关联的自变量不止一个，那么可以用最小二乘法建立多元线性回归模型.

设影响因变量 y 的主要因素（自变量）有 m 个，记 $x=(x_1,x_2,\cdots,x_n)$，其他随机因素的总和用随机变量 ε 表示，与一元线性回归模型类似，多元线性回归模型记为

$$Y=b_0+b_1x_1+\cdots+b_mx_m+\varepsilon,\ \varepsilon\sim N(0,\sigma^2) \tag{20.2}$$

现在得到 n 个独立观察数据 $(y,x_{i1},\cdots,x_{im})$，$i=1,2,\cdots,n(n>m)$. 根据式(20.2)得

$$Y_i=b_0+b_1x_{i1}+\cdots+b_mx_{im}+\varepsilon_i,\ \varepsilon_i\sim N(0,\sigma^2),\ i=1,2,\cdots,n \tag{20.3}$$

记

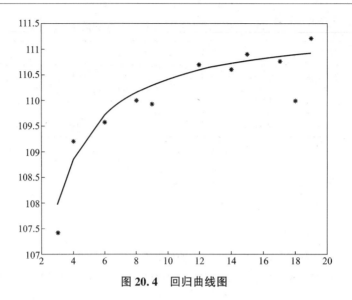

图 20.4　回归曲线图

$$X = \begin{bmatrix} 1 & x_{11} & \cdots & x_{1m} \\ 1 & x_{21} & \cdots & x_{2m} \\ \vdots & \vdots & & \vdots \\ 1 & x_{n1} & \cdots & x_{nm} \end{bmatrix}, \quad Y = \begin{bmatrix} y_1 \\ y_2 \\ \vdots \\ y_n \end{bmatrix}, \quad b = \begin{bmatrix} b_0 \\ b_1 \\ b_2 \\ \vdots \\ b_m \end{bmatrix}, \quad \boldsymbol{\varepsilon} = \begin{bmatrix} \varepsilon_1 \\ \varepsilon_2 \\ \vdots \\ \varepsilon_n \end{bmatrix},$$

则式(20.3)可以表示为

$$Y = Xb + \boldsymbol{\varepsilon}, \quad \boldsymbol{\varepsilon} \sim N(0, \sigma^2), \tag{20.4}$$

记

$$Q(b) = \sum_{i=1}^{n} \boldsymbol{\varepsilon}^2 = (Y - Xb)^{\mathrm{T}}(Y - Xb) \tag{20.5}$$

则 b 的最小二乘估计为

$$\hat{b} = (X^{\mathrm{T}} X)^{-1} X^{\mathrm{T}} Y \tag{20.6}$$

与一元线性回归模型类似, 称 $S_A^2 = \sum_{i=1}^{n} (y_i - \bar{y})^2$ 为观察值 $y_1, y_2, \cdots, y_n$ 的离差平方和, 它可以分解为

$$S_A^2 = S_{A1}^2 + S_{A2}^2 \tag{20.7}$$

式(20.7)中 $S_{A1}^2 = \sum_{i=1}^{n} (\hat{y}_i - \bar{y})^2$ 称为回归平方和, $S_{A2}^2 = \sum_{i=1}^{n} (y_i - \hat{y}_i)^2$ 为残差平方和. 作为模型整体的有效性检验, 提出假设检验: $H_0: b_1 = b_2 = \cdots = b_m = 0$.

可以证明, 当 H_0 成立时, 有如下结论:

(1) $\dfrac{S_{A1}^2}{\sigma^2} \sim \chi^2(m)$; (2) S_{A1}^2 和 S_{A2}^2 相互独立; (3) $F = \dfrac{S_{A1}^2/m}{S_{A2}^2/(n-m-1)} \sim F(m, n-m-1)$.

对于给定的显著性水平 α, 如果 $F > F_\alpha(m, n-m-1)$, 则拒绝 H_0, 即可以认为模型整体有效, 但不排除有若干个 $b_j = 0$.

【例20.3】 世界卫生组织推荐的"体质指数"BMI(Body Mass Index)的定义为 BMI = $\frac{W(\text{kg})}{H(\text{m})^2}$，其中 W 表示体重(单位：kg)，H 表示身高(单位：m)。显然它比体重本身更能反映人的胖瘦。对30个人测量他们的血压和体质指数，见表20.3。请建立血压与年龄以及体质指数之间的模型，并做回归分析。如果还有他们的吸烟习惯的记录，见表20.3(其中 0 表示不吸烟，1 表示吸烟)，怎样在模型中考虑这个因素，吸烟会使血压升高吗？请对50岁且体质指数为25的吸烟者的血压做预测。

表 20.3　血压、年龄、体质指数和吸烟习惯的数据

序号	血压	年龄	BMI	吸烟习惯	序号	血压	年龄	BMI	吸烟习惯
1	144	39	24.2	0	16	130	48	22.2	1
2	215	47	33.1	1	17	135	45	27.4	0
3	138	45	22.6	1	18	114	18	18.8	0
4	145	65	24.0	0	19	116	20	22.6	0
5	162	46	25.9	1	20	124	19	21.5	0
6	142	67	25.1	0	21	136	56	25.0	0
7	170	43	29.5	1	22	142	50	26.2	1
8	124	67	19.7	0	23	120	39	23.5	0
9	158	56	27.2	1	24	120	21	20.3	0
10	154	64	19.3	0	25	160	44	27.1	1
11	162	56	28.0	1	26	158	53	28.6	1
12	150	59	25.8	0	27	144	63	28.3	0
13	140	34	27.3	0	28	130	29	22.0	1
14	110	42	20.1	0	29	125	25	25.3	0
15	128	56	21.7	0	30	175	69	27.4	1

解 记血压 y，年龄 x_1，体质指数 x_2，吸烟习惯 x_3。

输入源程序：

y = [144, 215, 138, 145, 162, 142, 170, 124, 158, 154, 162, 150, 110, 128, 130, 135, 114, …

116, 124, 136, 142, 120, 120, 160, 158, 144, 130, 125, 175];

xl = [39, 47, 45, 65, 46, 67, 42, 67, 56, 64, 56, 59, 34, 42, 67, 56, 64, 56, 59, 34, 42, 48, …

45, 18, 20, 19, 36, 50, 39, 21, 44, 53, 63, 29, 25, 69];

x2 = [24.2, 31.1, 22.6, 24.0, 25.9, 25.1, 29.5, 19.7, 27.2, 19.3, 28.0, 25.8, 27.3,

…

　　20. 1, 21. 7, 22. 2, 27. 4, 18. 8, 22. 6, 21. 5, 25. 0, 26. 2, 23. 5, 20. 3, 27. 1, 28. 6,
…

　　28. 3, 22. 0, 25. 3, 27. 4];
　x3 = [0, 1, 1, 0, 1, 0, 1, 0, 1, 0, 1, 0, 0, 0, 0, 1, 0, 0, 0, 0, 0, 1, 0, 0, 1, 1, 0, 1,
0, 1];
　x1 = [x1(1), x1(3: 9), x1(11: end)];　%从残差及其置信区间发现第 2 和第 10 个点为
异常点, 剔除
　x2 = [x2(1), x2(3: 9), x2(11: end)];
　x3 = [x3(1), x3(3: 9), x3(11: end)];
　y = [y(1), y(3: 9), y(11: end)];
　X = [ones(length(x1), 1), x1', x2'];
　[b, bint, r, rint, stats] = regress(y', X)　%对血压与年龄以及体质指数之间的回归模型
分析
　　运行程序后的结果为
　b = 23. 0823　0. 2868　4. 2053
　bint = -8. 0344　54. 1990
　　　　　0. 0202　0. 5535
　　　　　2. 8291　5. 5814
　stats = 0. 7282　33. 4899　0. 0000　91. 0247
　　计算结果列在表 20. 4.

表 20. 4　血压与年龄、体质指数的回归结果

回归系数	回归系数的点估计	回归系数的区间估计
b_0	23. 0823	(-8. 0344, 54. 1990)
b_1	0. 2868	(0. 0202, 0. 5535)
b_2	4. 2053	(2. 8291, 5. 5814)

注: $R^2 = 0.7282$, $F = 33.4899$, $p = 0.0000 < 0.05$, $s^2 = 91.0247$.

　　血压与年龄以及体质指数之间的预测模型: $\hat{y} = 23.0823 + 0.2868x_1 + 4.2053x_2$. 对 50 岁且
体质指数为 25 的血压作预测, 把 $x_1 = 50$, $x_2 = 25$ 代入预测模型, 得 $y = 142.5553$.
　　如考虑吸烟因素, 则接着前面的源程序, 输入:
　X = [ones(length(x1), 1), x1', x2', x3'];
　[b, bint, r, rint, stats] = regress(y', X)%对血压与年龄、体质指数以及吸烟之间的回归
模型分析
　　输出结果为
　b = 39. 4532　0. 2788　3. 3485　12. 7954
　bint = 13. 3528　65. 5536
　　　　　0. 0672　0. 4904

2.1701　　4.5269

6.1706　　19.4202

stats = 0.8365　　40.9217　　0.0000　　57.0465

计算结果列在表 20.5.

表 20.5　血压与年龄、体质指数以及吸烟习惯的回归结果

回归系数	回归系数的点估计	回归系数的区间估计
b_0	39.4532	(13.3528, 65.5536)
b_1	0.2788	(0.0672, 0.4904)
b_2	3.3485	(2.1701, 4.5269)
b_3	12.7954	(6.1706, 19.4202)

注：$R^2 = 0.8365$, $F = 40.9217$, $p = 0.0000 < 0.05$, $s^2 = 57.0465$.

血压与年龄以及体质指数之间的预测模型：$\hat{y} = 39.4532 + 0.2788x_1 + 3.3485x_2 + 12.7954x_3$.

$b_1 = 0.2788$ 说明，年龄增加 1 岁血压平均升高 0.2788 mmHg；$b_2 = 3.3485$ 说明，体质指数增加 1 个单位血压平均升高 3.3485 mmHg；$b_3 = 12.7954$ 说明，年龄和体质指数相同的人，吸烟者比不吸烟者的血压平均高 12.7954 mmHg.

对 50 岁且体质指数为 25 的吸烟者的血压作预测，把 $x_1 = 50$, $x_2 = 25$, $x_3 = 1$ 代入预测模型，得 $y = 149.8990$.

20.3　实验作业

1. 某地区车祸次数 y(千次) 与汽车拥有量 x(万辆) 的 11 年统计数据如下表.

年度	汽车拥有量/万辆	车祸次数/千次	年度	汽车拥有量/万辆	车祸次数/千次
1	350	165	7	521	234
2	371	160	8	577	240
3	410	179	9	638	270
4	443	203	10	699	278
5	465	220	11	738	285
6	489	231			

(1) 作 y 和 x 的散点图；

(2) 如果从 (1) 中的散点图大致可以看出 y 对 x 是线性的，试求线性回归方程；

(3) 验证回归方程的显著性(显著性水平 $\alpha = 0.05$)；

(4) 假设拥有 700 万辆汽车，求车祸次数的置信度为 0.95 的预测区间.

2. 一种合金在某种添加剂的不同浓度下，各做三次试验，得到的数据见下表.

浓度 x	20	24	28	32	36
抗压强度 y	26.3	28.5	35.1	38.2	29.4
抗压强度 y	27.8	34.1	37.6	30.1	30.8
抗压强度 y	27.9	28.3	29.8	32.3	32.8

（1）作散点图；

（2）以模型 $y = b_0 + b_1 x + b_2 x^2 + \varepsilon$，$\varepsilon \sim N(0, \sigma^2)$ 拟合数据，其中 b_0，b_1，b_2，σ^2 与 x 无关；

（3）求回归方程 $\hat{y} = \hat{b}_0 + \hat{b}_1 x + \hat{b}_2 x^2$，并作回归分析.

实验二十一 方差分析

【实验目的】

学习用 MATLAB 进行单因素以及双因素方差分析的方法.

21.1 MATLAB 命令

21.1.1 单因素方差分析

单因素方差分析函数 anova1 的调用格式:

(1) p = anova1(X)

(2) p = anova1(X, group)

(3) p = anova1(X, group, 'displayopt')

(4) [p, table] = anova1(…)

(5) [p, table, stats] = anova1(…)

其中,输入的 X 的各列为彼此独立的样本观察值,其元素个数相同, group 为分组向量, group 要与 X 对应, displayopt = on/off 表示显示或隐藏方差分析表图和盒图;输出的 p 为检验统计量的 p 值,若 p 值接近于 0,则原假设受到怀疑,说明至少有一列均值与其余列均值有明显不同, table 为方差分析表, stats 为分析结果的结构体.

anova1 函数会产生两个图:标准的方差分析表图和盒图.

方差分析表中有 6 列:第 1 列(source)显示 X 中数据可变性的来源;第 2 列(SS)显示用于每一列的平方和;第 3 列(df)显示与每一种可变性来源有关的自由度;第 4 列(MS)显示 SS/df 的比值;第 5 列(F)显示 F 统计量数值,它是 MS 的比率;第 6 列显示从 F 累积分布中得到的概率,当 F 增加时 p 值减少.

21.1.2 双因素方差分析

双因素方差分析函数 anova2 的调用格式:

(1) p = anova2(X, reps)

(2) p = anova2(X, reps, 'displayopt')

(3) [p, table] = anova2(…)

(4) [p, table, stats] = anova2(…)

输入参数说明:执行平衡的双因素试验的方差分析来比较 X 中两个或多个列(行)的均值, X 的每一列对应因素 B 的一个水平,不同行的数据表示另一因素 A 的差异.如果行列之对有多于一个的观察点,则变量 reps 为因素 A 的每一个水平所包含的行数,即由 reps 指出每

$$
\begin{array}{cc}
B_1 & B_2
\end{array}
$$

$$
\begin{bmatrix}
x_{111} & x_{112} \\
x_{121} & x_{122} \\
x_{211} & x_{212} \\
x_{221} & x_{222} \\
x_{311} & x_{312} \\
x_{331} & x_{322}
\end{bmatrix}
\begin{array}{l}
A_1 \\[6pt]
A_2 \\[6pt]
A_3
\end{array}
$$

一单元观察点的数目，如上式对应 reps = 2. 输出参数 p 为检验统计量的 p 值（有 3 个），其他输出参数的意义同 anova1.

21.2　实验内容

21.2.1　单因素方差分析

1. 每列元素个数相同

【例 21.1】　将抗生素注入人体会产生抗生素与血浆蛋白质结合的现象，以致降低了药效. 下表列出了 5 种常用的抗生素注入到牛的体内时，抗生素与血浆蛋白质结合的百分比. 试在显著性水平 $\alpha = 0.05$ 下检验这些百分比的均值有无显著的差异.

青霉素	四环素	链霉素	红霉素	氯霉素
29.6	27.3	5.8	21.6	29.2
24.3	32.6	6.2	17.4	32.8
28.5	30.8	11.0	18.3	25.0
32.0	34.8	8.3	19.0	24.2

解　源程序：

```
x = [29.6 24.3 28.5 32; 27.3 32.6 30.8 34.8; 5.8 6.2 11 8.3; …
     21.6 17.4 18.3 19; 29.2 32.8 25 24.2];
[p, table, stats] = anova1(x')
```

程序运行后输出：

p =

6.7398e-08

table =

Columns 1 through 6

'Source'	'SS'	'df'	'MS'	'F'	'Prob>F'
'Columns'	[1.4808e+03]	[4]	[370.2058]	[40.8849]	[6.7398e-08]
'Error'	[135.8225]	[15]	[9.0548]	[]	[]
'Total'	[1.6166e+03]	[19]	[]	[]	[]

stats2 =

    gnames：$\begin{bmatrix} 5\text{x}1 & \text{char} \end{bmatrix}$

       n：$\begin{bmatrix} 4 & 4 & 4 & 4 & 4 \end{bmatrix}$

  source：$'\text{anova1}'$

  means：$\begin{bmatrix} 28.6000 & 31.3750 & 7.8250 & 19.0750 & 27.800 \end{bmatrix}$

     df：15

      s：3.0091

从方差分析表知平方和的分解结果是：总的平方和为 1616.65.0，模型引起的平方和（效应平方和）为 1480.82，误差平方和为 135.82.统计量 F 的观察值为 40.88，因为 F 检验的 p 值为 6.7398×10^{-8} 非常小，所以这些百分比的均值有显著差异，并且此时 5 种抗生素的平均百分比分别为 28.6，31.375，7.825，19.075 和 27.8.得到方差分析表（见图 21.1）和方差分析盒（见图 21.2），从中可清晰地看出 5 种抗生素百分比有明显差别.

Source	SS	df	MS	F	Prob>F	ANOVA Table
Columns	1480.82	4	370.206	40.88	6.73978e-08	
Error	135.82	15	9.055			
Total	1616.65	19				

图 21.1　方差分析表

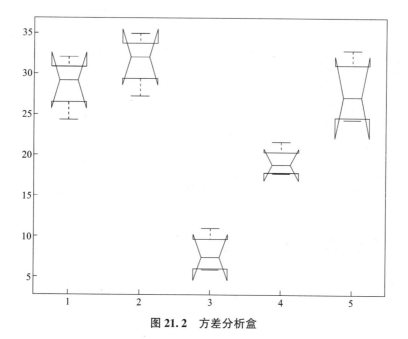

图 21.2　方差分析盒

2. 每列元素个数不相同

【**例 21.2**】　建筑横梁强度的研究：3000 磅力量作用在 1 英寸的横梁上来测量横梁的挠度，钢筋横梁的测试强度分别是：82，86，79，83，84，85，86 和 87，其余两种更贵的合金横梁强度测试为合金 1：74，82，78，75，76，77；合金 2：79，79，77，78，82，79. 检验这些合金强度有无明显差异.

解　注意此时进行方差分析的三组数据长度不同.

源程序：

strength = [82 86 79 83 84 85 86 87; 74 82 78 75 76 77; 79 79 77 78 82 79];

alloy = {'st', 'st', 'st', 'st', 'st', 'st', 'st', 'st', 'al1', 'al1', 'al1', …

'al1', 'al1', 'al1', 'al2', 'al2', 'al2', 'al2', 'al2', 'al2'}; %变量 alloy 对数据 strength 进行合理分组

[p3, table3, stats3] = anova1(strength, alloy, 'off') %选项 off 使不输出图形

程序运行后输出：

p =

　　1.5264e-04

table =

　Columns 1 through 6

'Source'	'SS'	'df'	'MS'	'F'	'Prob>F'
'Groups'	[184.8000]	[2]	[92.4000]	[15.4000]	[1.5264e-04]
'Error'	[102.0000]	[17]	[6.0000]	[]	[]
'Total'	[286.8000]	[19]	[]	[]	[]

stats =

　　　gnames: {3x1 cell}

n: [8 6 6]

　　　source: 'anova1'

　　　means: [84 77 79]

　　　　　df: 17

　　　　　s: 2.4495

分析结果表明钢筋及两种合金的强度有显著差异，其中钢筋较两种贵合金而言，强度更高.

21.2.2　双因素方差分析

【**例 21.3**】　一火箭使用了 4 种燃料、3 种推进器作射程试验，每种燃料与每种推进器的组合各发射火箭 2 次，得到数据如下：

		推进器（B）	
	B1	B2	B3
A1	58.2	56.2	65.3
	52.6	41.2	60.8
A2	49.1	54.1	51.6
	42.8	50.5	48.4
A3	60.1	70.9	39.2
	58.3	73.2	40.7
A4	75.8	58.2	48.7
	71.5	51.0	41.4

燃料 A（位于 A1~A4 左侧）

考察推进器和燃料这两个因素对射程是否有显著的影响.

解 源程序：

$$x = \begin{bmatrix} 58.2 & 56.2 & 65.3 \\ 52.6 & 41.2 & 60.8 \\ 49.1 & 54.1 & 51.6 \\ 42.8 & 50.5 & 48.4 \\ 60.1 & 70.9 & 39.2 \\ 58.3 & 73.2 & 40.7 \\ 75.8 & 58.2 & 48.7 \\ 71.5 & 51.0 & 41.4 \end{bmatrix};$$

%输出参数 p 有三个值，分别表示因素行、列与交互作用是否显著的三个检验统计量的 p 值

[p, table, stats] = anova2(x, 2)

程序运行后输出：

p =

0.0035　　0.0260　　0.0001

table =

Columns 1 through 6

'Source'	'SS'	'df'	'MS'	'F'	'Prob>F'
'Columns'	[370.9808]	[2]	[185.4904]	[9.3939]	[0.0035]
'Rows'	[261.6750]	[3]	[87.2250]	[4.4174]	[0.0260]
'Interaction'	[1.7687e+03]	[6]	[294.7821]	[14.9288]	[6.1511e-05]
'Error'	[236.9500]	[12]	[19.7458]	[]	[]
'Total'	[2.6383e+03]	[23]	[]	[]	[]

stats3 =

source：'anova2'

sigmasq：19.7458

colmeans：$[58.5500\ 56.9125\ 49.5125]$

　　coln：8

rowmeans：$[55.7167\ \ 49.4167\ \ 57.0667\ \ 57.7667]$

　　rown：6

　　inter：1

　　pval：6.1511e-05

　　　df：12

结果表明燃料、推进器对射程的影响均显著，且燃料与推进器的交互作用高度显著．输出的方差分析表见图 21.3．

ANOVA Table

Source	SS	df	MS	F	Prob>F
Columns	370.98	2	185.49	9.39	0.0035
Rows	261.68	3	87.225	4.42	0.026
Interaction	1768.69	6	294.782	14.93	0.0001
Error	236.95	12	19.746		
Total	2638.3	23			

图 21.3　方差分析表

21.3　实验作业

1.设有三台机器，用来生产规格相同的铝合金薄板．对薄板取样，测得的厚度如下表所示（精确至千分之一厘米）

机器 1	机器 2	机器 3
0.236	0.257	0.258
0.238	0.253	0.264
0.248	0.255	0.259
0.245	0.254	0.267
0.243	0.261	0.262

考察不同的机器对薄板厚度有无显著的影响（$\alpha=0.05$）．

2.下表给出了不同小白鼠在接种 3 种不同菌型的伤寒杆菌后存活的天数.

	菌型						存活天数			
甲	2	4	3	2	4	7	7	2	5	4
乙	5	6	8	5	10	7	12	6	6	
丙	7	11	6	6	7	9	5	10	6	3	10

试问, 小白鼠在接种了不同菌型的伤寒杆菌后存活的天数是否有显著性差异? 取显著性水平 $\alpha = 0.05$.

3. 下表记录了 3 位操作工人分别在 4 台不同机器上操作 3 天的日产量 (件), 假定不同的操作工人在不同机器上的日产量服从等方差的正态分布, 试问操作工人和机器对日产量是否存在显著影响? 交互作用是否显著 (显著性水平 $\alpha = 0.05$)?

操作工	B1			B2			B3		
机器 A1	15	14	16	19	16		16	18	21
机器 A2	17	17	17	15	15		19	22	22
机器 A3	15	17	16	17	16		18	18	18
机器 A4	18	20	22	16	17		18	17	16

数学模型实验

实验二十二 插值与拟合

【实验目的】

理解并掌握 MATLAB 中进行数值插值或拟合的函数的使用方法.

22.1 MATLAB 命令

在工程测量和科学实验中, 所得到的数据通常是离散的, 要得到这些离散点以外的其他点的数值, 就需要根据已知的数据进行插值. 插值函数一般由线性函数、多项式、样条函数或这些函数的分段函数充当.

22.1.1 一维插值

已知 n 个节点 (x_j, y_j), $j = 1, 2, \cdots, n$, 其中 x_j 互不相同, 利用这些数据求一个过这些已知点的函数曲线, 据此推断出任一点处对应的值, 实现这个目的的方法就是插值法. 被插值函数只有一个单变量的称为一维插值. 插值时采用的方法有: 线性方法、最近邻方法、三次样条和分段三次多项式插值. 在 MATLAB 中实现一维插值的函数是 interp1, 其调用格式如表 22.1.

表 22.1 一维插值函数 interp1 的调用格式

调用格式	功能描述
yi = interp1(x, y, xi)	由已知点集 (x, y) 插值计算 xi 上的函数值
yi = interp1(y, xi)	相当于 x = 1 : length(y) 的 interp(x, y, xi)
yi = interp1(x, y, xi, method)	用指定插值方法计算插值点 xi 上的函数值
yi = interp1 (x, y, xi, method, 'extrap')	对 xi 中超出已知点集的插值点用指定插值方法计算函数值
yi = interp1 (x, y, xi, method, 'extrap', extrapval)	用指定方法插值 xi 上的函数值, 超出已知点集处函数值取 extrapval
yi = interp1(x, y, xi, method, 'pp')	用指定方法插值, 但返回结果为分段多项式
pp = interp1(x, v, method, 'pp')	以可传递到 ppval 函数进行计算的结构体的形式返回

插值函数中的 method 方法描述如表 22.2.

表 22.2   method 方法描述

调用格式	功能描述	连续性
'nearest'	最近邻插值：插值点处函数值与插值点最邻近的已知点函数值相等	不连续
'linear'	分段线性插值：插值点处函数值由连接其最邻近的两侧点的线性函数预测（默认）	C^0
'spline'	样条插值：默认为三次样条插值，可用 spline 函数替代	C^2
'pchip'	三次 Hermite 多项式插值，可用 pchip 函数替代	C^1
'cubic'	同'pchip'，三次 Hermite 多项式插值	C^1

22.1.2   二维插值

二维插值是对有两个变量的函数 $z = f(x, y)$ 进行插值. 二维插值的基本思路是构造一个二元函数 $z = f(x, y)$，使这个函数通过已知节点，即 $z_j = f(x_j, y_j)$，$j = 1, 2, \cdots, n$，再利用 $f(x, y)$ 插值，得到 $z' = f(x', y')$. 常见的二维插值有两种，即网格节点插值和散乱数据插值. 网络节点插值适用于数据点比较规范的情形，即在所给的数据点范围内，数据点在 xOy 坐标面的投影落在由两族分别平行于 x 坐标轴和 y 坐标轴的直线所组成的矩形网格的每个顶点上. 散乱数据插值适用于一般的数据点，多用于数据点不规范的情形.

在 MATLAB 中实现二维网格节点插值的函数是 interp2，其调用格式如表 22.3.

表 22.3   二维插值函数 interp2 的调用格式

调用格式	功能描述
ZI = interp2(X, Y, Z, XI, YI)	X，Y 是原始数据，相当于坐标，类似于 meshgrid 的坐标范围，Z 是在上述坐标下的数值，XI，YI 是用于插值的坐标，返回值 ZI 就是用于提取插值之后，对应位置的值.注意：X 与 Y 必须是单调的，若 XI 与 YI 中有在 X 与 Y 范围之外的点，则相应地返回 nan
ZI = interp2(Z, XI, YI)	X = 1：n、Y = 1：m，其 [m, n] = size(Z)，再按第一种情形进行计算
ZI = interp2(Z, n)	作 n 次递归计算，在 Z 的每两个元素之间插入它们的二维插值，这样，Z 的阶数将不断增加. interp2(Z) 等价于 interp2(Z, 1)
ZI = interp2(X, Y, Z, XI, YI, method)	用指定的算法 method(见表 27.2)计算二维插值

在 MATLAB 中实现三维或 N 维网格节点插值的函数分别是 interp3 与 interpn.

22.1.3   二维散乱数据插值

已知 n 个不规则的数据节点 (x_j, y_j, z_j)，$j = 1, 2, \cdots, n$，为了求点 $(x*, y*)$ 处的插值可以利用 MATLAB 中的插值函数 griddata 计算. griddata 的调用格式如表 22.4.

表 22.4 散乱数据插值函数 griddata 的调用格式

调用格式	功能描述
ZI = griddata(x, y, z, XI, YI)	用二元函数 z=f(x, y)的曲面拟合有不规则的数据向量 x, y, z. griddata 将返回曲面 z 在点(XI, YI)处的插值
[XI, YI, ZI] = griddata(x, y, z, xi, yi)	返回的矩阵 ZI 含义同上, 返回的矩阵 XI, YI 是由行向量 xi 与列向量 yi 用命令 meshgrid 生成的
[XI, YI, ZI] = griddata(…, method)	用指定的算法 method(见表 27.5)计算插值

griddata 函数中的 method 方法描述如表 22.5.

表 22.5 griddata 函数中的 method 方法描述

调用格式	功能描述	连续性
'nearest'	基于三角剖分的最近邻点插值, 支持二维和三维插值	不连续
'liner'	基于三角剖分的线性插值(默认), 支持二维和三维插值	C^0
'natural'	基于三角剖分的自然邻点插值, 支持二维和三维插值	C^1, 样本点除外
'cubic'	基于三角剖分的三次插值, 仅支持二维插值	C^2
'v4'	不是基于三角剖分的双调和样条插值, 仅支持二维插值	C^2

在 MATLAB 中实现三维或 N 维散乱数据插值的是 griddata 函数.

22.1.4 曲线拟合

根据一组二维数据, 即平面上的若干点, 要求确定一个一元函数 $y=f(x)$, 使这些点与曲线尽量接近, 这就是曲线拟合. MATLAB 中实现曲线拟合的函数主要有多项式曲线拟合函数 polyfit 和最小二乘曲线拟合函数 lsqcurvefit.

polyfit 函数调用格式:

(1) p = polyfit(x, y, m)

(2) [p, s] = polyfit(x, y, m)

(3) [p, s, mu] = polyfit(x, y, m)

以上三式中 x, y 为样本数据, m 为拟合多项式的阶, 一般为 3 次以内, p 为多项式的系数降幂向量, s 为误差数据, mu 是一个二元向量, mu(1)是 mean(x), mu(2)是 std(x). 拟合的多项式函数表达形式为: f(x)=p(1)*x^m+…+p(m)*x+p(m+1).

拟合之后调用 polyval 函数得出 x 对应的因变量 y 的值, 调用格式为: y=polyval(a, x);

lsqcurvefit 函数调用格式:

[a, rnorm, r, exitflag]=lsqcurvefit(fun, a0, x, y, lb, ub, options)

其中 fun 为待拟合的模型表达式, 可以为 $y=f(x)$ 的 m 文件函数名, 或者由 inline( ) 函数表示, 或者是匿名函数, a0 为模型中待拟合系数的初始估计值, x, y 为样本数据, lb 和 ub 分别为拟合系数的预估下界和上界, 参数 options 用于拟合过程设置, 其中包括 Maxlter (最大迭代次数)、TolFun(函数参数平方和允许值)、TolX(拟合系数允许的误差值) 和 Display(控制拟合过程的显示, 其中 off 表示不实时输出、iter 显示每次迭代的结果、final 只显示最终结果、notify 只在函数不收敛的时候显示结果), 函数返回的参数中, a 为拟合估计系数, rnorm 为误差平方和, r 为拟合模型的残差, exitflag 为运行情况标志.

22. 2　实验内容

【例 22. 1】　观察比较不同方法的一维插值结果, 程序代码如下:

```
x = 0: 2 * pi;
y = sin( x) ;
xx = 0: 0. 5: 2 * pi;
pp = interp1( x, y, 'pchip', 'pp') ; %分段三次 Hermite 多项式插值,
%返回可以传递到 ppval 函数进行计算的结构体 pp
y1 = ppval( pp, xx) ; %使用 ppval 函数获取在 xx 处的插值结果
figure( 1) ; plot( x, y, 'o', xx, y1, '-.') ;
title( '分段三次 Hermite 多项式插值') ;
y2 = interp1( x, y, xx) ; %默认的分段线性插值
figure( 2) ; plot( x, y, 'o', xx, y2, 'r') ;
title( '分段线性插值') ;
y3 = interp1( x, y, xx, 'nearest') ;　%邻近插值
figure( 3) ; plot( x, y, 'o', xx, y3, 'r') ;
title( '邻近插值') ;
y4 = interp1( x, y, xx, 'spline') ; %样条插值
figure( 4) ; plot( x, y, 'o', xx, y4, 'r')
title( '样条插值') ;
y5 = interp1( x, y, xx, 'cubic') ; %三次多项式插值法
figure( 5) ; plot( x, y, 'o', xx, y5, 'r') ;
title( '三次多项式插值') ;
```

以上程序运行之后的插值结果如图 22. 1~图 22. 5 所示.

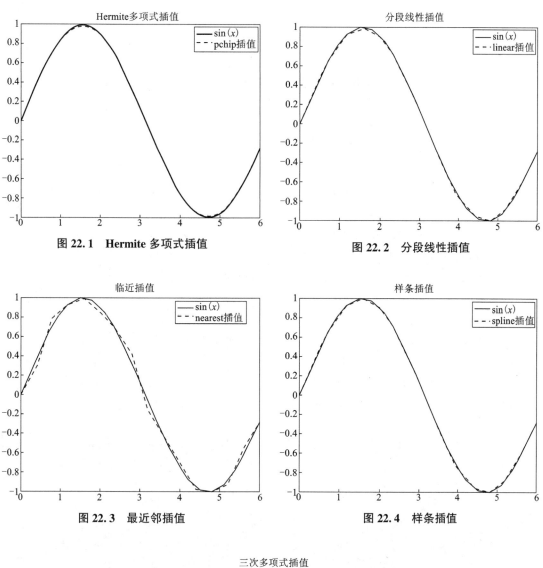

图 22.1 Hermite 多项式插值

图 22.2 分段线性插值

图 22.3 最近邻插值

图 22.4 样条插值

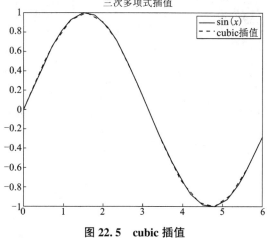

图 22.5 cubic 插值

【**例 22.2**】 观察比较不同方法的二维插值结果，程序代码如下：

```
[x，y] =meshgrid(-3：0.2：3)；%产生网格坐标
[xi，yi] =meshgrid(-3：0.1：3)；%产生插值网格坐标
z=peaks(x，y)；%通过网格坐标计算函数值，产生三维凹凸面
figure(1)；surf(x，y，z)；
title('原始三维凹凸面')；%原始凹凸面
z1=interp2(x，y，z，xi，yi，'linear')；%双线性插值
figure(2)；surf(xi，yi，z1)；
title('双线性插值三维凹凸面')；
z2=interp2(x，y，z，xi，yi，'nearest')；%最近邻插值
figure(3)；surf(xi，yi，z2)；
title('最近邻插值三维凹凸面')；
z3=interp2(x，y，z，xi，yi，'spline')；%样条插值
figure(4)；surf(xi，yi，z3)；
title('样条插值三维凹凸面')；
z4=interp2(x，y，z，xi，yi，'cubic')；%三次多项式插值
figure(5)；surf(xi，yi，z4)；
title('三次多项式插值三维凹凸面')；
```

以上程序运行之后的原始曲面与插值曲面如图 22.6~图 22.10 所示.

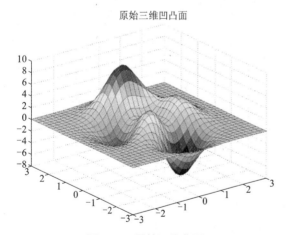

图 22.6　原始凹凸曲面

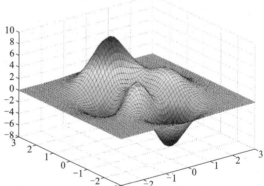

图 22.7　双线性插值凹凸曲面

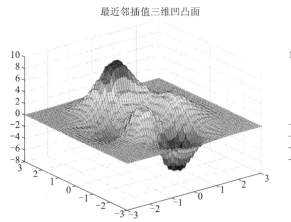

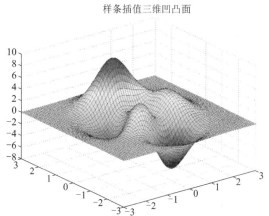

图 22.8　最近邻插值凹凸曲面　　　　　　图 22.9　样条插值凹凸曲面

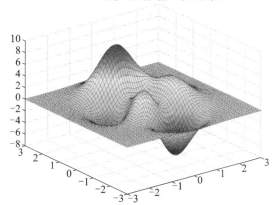

图 22.10　三次多项插值凹凸曲面

【例 22.3】　观察比较不同方法的散点数据插值结果, 程序代码如下:

x = -3 + 6 * rand(50, 1);

y = -3 + 6 * rand(50, 1);

z = sin(x).^4. * cos(y);

[xi, yi] = meshgrid(-3: 0.1: 3); %创建一个插值点网格

figure(1); plot3(x, y, z, 'mo'); hold on; %绘制原始曲面上的一些点

mesh(xi, yi, sin(xi).^4. * cos(yi)); %绘制三维网线图

title('原始曲面');

legend('散乱点', '原始曲面'); %图例

%使用' nearest'、' linear'、' natural' 和 ' cubic' 方法进行样本数据插值, 绘制结果进行

比较

```
z1 = griddata(x, y, z, xi, yi, 'nearest'); %最近邻插值
figure(2); plot3(x, y, z, 'mo'); hold on;
mesh(xi, yi, z1);
title('最近邻插值曲面');
legend('散乱点', '近邻插值');
z2 = griddata(x, y, z, xi, yi, 'linear'); %线性插值
figure(3); plot3(x, y, z, 'mo'); hold on;
mesh(xi, yi, z2);
title('线性插值曲面'); legend('散乱点', 'linear 插值')
z3 = griddata(x, y, z, xi, yi, 'natural'); %自然邻点插值
figure(4); plot3(x, y, z, 'mo'); hold on;
mesh(xi, yi, z3);
title('自然邻点插值曲面'); legend('散乱点', 'natural 插值');
z4 = griddata(x, y, z, xi, yi, 'cubic'); %分段三次多项式插值
figure(5); plot3(x, y, z, 'mo'); hold on;
mesh(xi, yi, z4);
title('分段三次多项式插值曲面'); legend('散乱点', 'cubic 插值');
```

以上程序运行之后的绘制的原始曲面与插值曲面如图 22.11~图 22.15 所示.

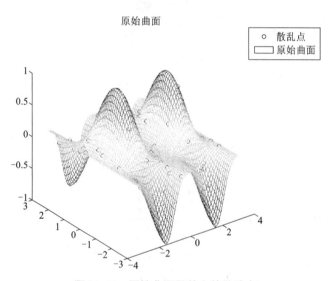

图 22.11　原始曲面及其上的散乱点

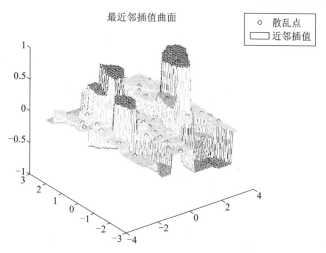

图 22.12 最近邻散乱插值曲面

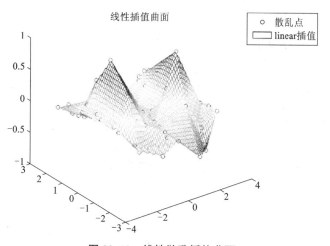

图 22.13 线性散乱插值曲面

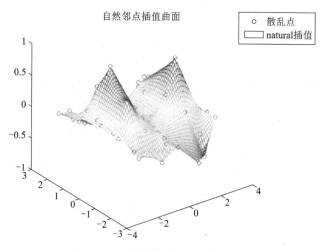

图 22.14 自然邻点散乱插值曲面

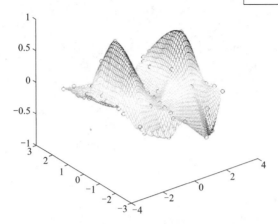

图 22.15 分段三次多项式散乱插值曲面

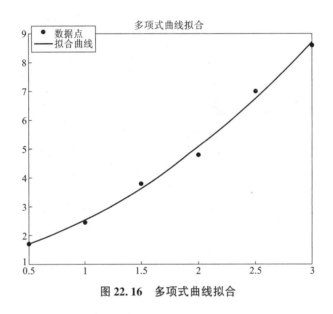

图 22.16 多项式曲线拟合

【例 22.4】 观察以下多项式曲线拟合程序运行结果，程序代码如下：

x = [0.5, 1.0, 1.5, 2.0, 2.5, 3.0]; %给出数据点的 x 值
y = [1.75, 2.45, 3.81, 4.80, 7.00, 8.60]; %给出数据点的 y 值
p = polyfit(x, y, 2); %求出 2 阶拟合多项式的系数
poly2str(p, 'x') %求出 2 次拟合多项式表达式
x1 = 0.5 : 0.05 : 3.0;   %给出 x1 为在 0.5 到 3.0 步长为 0.05 的数组
y1 = polyval(p, x1);   %求出拟合多项式在 x1 上的值
plot(x, y, 'r*', x1, y1, 'b-', 'LineWidth', 2); %观察拟合曲线效果
title('多项式曲线拟合');
legend('数据点', '拟合曲线', 'Location', 'NorthWest');

程序运行之后绘制的多项式曲线如图 22.16 所示，拟合的 2 次多项式表达式为：

$f =$

    $0.56143x\textasciicircum 2+0.82871x+1.156$

【**例 22.5**】　在区间$[-10, 10]$中随机地取 20 个点 x_i，$i = 1, 2, \cdots, 20$，再计算 $y_i = \dfrac{1}{\sqrt{2\pi}}e^{-\frac{x_i^2}{2}}$，然后用这组已知数据值拟合 $y = \dfrac{1}{\sqrt{2\pi}\,\sigma}e^{-\frac{(x-\mu)^2}{2\sigma^2}}$ 中的未知参数 μ，σ.

源程序：

x0＝sort(unifrnd(-10, 10, 1, 20))；%在区间[-10, 10]中随机地取 20 个点

y0＝normpdf(x0, 0, 1)；%计算标准正态分布密度函数在 x0 处的取值

mf＝@(cs, x0)1/sqrt(2 * pi)/cs(2) * exp(-(x0-cs(1)).^2/cs(2)^2/2)；%定义匿名函数

cs＝lsqcurvefit(mf, rand(2, 1), x0, y0)%非线性曲线拟合，拟合参数的初始值是任意取的

x＝-10：0.1：10；

y1＝normpdf(x, 0, 1)；

y2＝1/sqrt(2 * pi)/cs(2) * exp(-(x-cs(1)).^2/cs(2)^2/2)；%拟合的正态概率密度函数在 x 处的取值

plot(x0, y0, 'ro', x, y1, 'g-', x, y2, 'b', 'LineWidth', 3)；%作图：散点图，标准正态曲线，拟合曲线

legend('数据点', '标准正态密度曲线', '拟合曲线')；

title('最小二乘参数拟合')；

程序运行之后绘制的散点图、标准正态曲线、拟合曲线如图 22.17 所示，参数 μ，σ 的拟合值为：

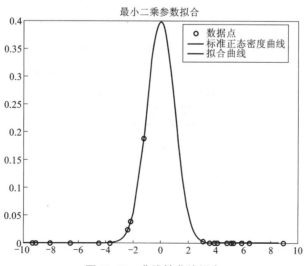

图 22.17　非线性曲线拟合

cs =
    -0.0000
     1.0000

22.3 实验作业

1. 某地在某一天 24 小时内, 从零点开始每间隔 2 小时测得的环境温度数据分别为: 12, 9, 9, 1, 0, 18, 24, 28, 27, 25, 20, 18, 15, 13, 推测 13 点时的温度.

2. 测得平板表面 3×5 网格点处的温度如表 22.6 所示, 试作出平板表面的温度分布曲面 $z=f(x, y)$ 的图形.

表 22.6   平板表面温度

82	81	80	82	84
79	63	61	65	81
84	84	82	85	86

3. 在某海域测得一些点 (x, y) 处的水深 z 由表 22.7 给出, 在适当的矩形区域内画出海底曲面的图形.

表 22.7   海底高程数据

x	129	140	103.5	88	185.5	195	105	157.5	107.5	77	81	162	162	117.5
y	7.5	141.5	23	147	22.5	137.5	85.5	-6.5	-81	3	56.5	-66.5	84	-33.5
z	4	8	6	8	6	8	8	9	9	8	8	9	4	9

4. 分别用多项式曲线拟合与非线性曲线拟合法求一个形如 $y=a+bx^2$ 的经验公式, 使它与表 22.8 所示的数据拟合.

表 22.8   拟合数据表

x	19	25	31	38	44
y	19.0	32.3	49.0	73.3	97.8

实验二十三 图与网络模型

【实验目的】

理解并掌握 MATLAB 图论工具箱中的相关函数在求解图与网络模型中的应用及程序设计步骤.

23.1 图的基本概念与数据结构

对于平面上的 n 个点, 把其中的一些点对用曲线或直线连接起来, 不考虑点的位置与连线曲直长短, 这样形成的一个关系结构就是一个图. 记成 $G=(V, E)$, V 是以上述点为元素的顶点集, E 是以上述连线为元素的边集.

各条边都加上方向的图称为有向图, 否则称为无向图. 如果有的边有方向, 有的边无方向, 则称为混合图.

任两顶点间最多有一条边, 且每条边的两个端点皆不重合的图, 称为简单图.

如果图的两顶点间有边相连, 则称此两顶点相邻, 每一对顶点都相邻的图称为完全图, 否则称为非完全图, 完全图记为 $K_{|V|}$.

若 $V=X\cup Y$, $X\cap Y=\varnothing$, $|X|\cdot|Y|\neq0$(这里 $|X|$ 表示顶点集 X 中元素的个数), 且 X 中无相邻的顶点对, Y 中亦然, 则称图 G 为二分图; 特别地, 若 $\forall u\in X$, u 与 Y 中每个顶点相邻, 则称图 G 为完全二分图, 记为 $K_{|X|,|Y|}$.

设 $v\in V$ 是边 $e\in E$ 的端点, 则称 v 与 e 相关联, 与顶点 v 关联的边数称为该顶点的度, 记为 $d(v)$, 度为奇数的顶点称为奇顶点, 度为偶数的顶点称为偶顶点. 可以证明 $\sum_{v\in V(G)} d(v)=2|E|$, 即所有顶点的度数之和是边数的 2 倍, 且由此可知奇顶点的总数是偶数.

设 $W=v_0e_1v_1e_2\cdots e_kv_k$, 其中 $e_i\in E$, $1\leq i\leq k$, $v_j\in V$, $0\leq j\leq k$, e_i 与 v_{i-1} 和 v_i 关联, 称 W 是图 G 的一条道路, k 为路长, v_0 为起点, v_k 为终点; 各边相异的道路称为迹; 各顶点相异的道路称为轨道. 若 W 是一轨道, 则可记为 $P(v_0, v_k)$; 起点与终点重合的道路称为回路; 起点与终点重合的轨道称为圈, 即对轨道 $P(v_0, v_k)$, 当 $v_0=v_k$ 时成为一圈; 图中任两顶点之间都存在道路的图, 称为连通图. 图中含有所有顶点的轨道称为 Hamilton 轨, 闭合的 Hamilton 轨道称为 Hamilton 圈; 含有 Hamilton 圈的图称为 Hamilton 图.

称两顶点 u, v 分别为起点和终点的最短轨道之长为顶点 u, v 的距离; 在完全二分图 $K_{|X|,|Y|}$ 中, X 中两顶点之间的距离为偶数, X 中的顶点与 Y 中的顶点的距离为奇数.

赋权图是指每条边都有一个(或多个)实数对应的图, 这个(些)实数称为这条边的权(每条边可以具有多个权). 赋权图在实际问题中非常有用. 根据不同的实际情况, 权数的含义可以各不相同。例如, 可用权数代表两地之间的实际距离或行车时间, 也可用权数代表某工序所需的加工时间等.

为了在计算机上实现网络优化的算法,首先必须有一种方法(即数据结构)在计算机上来描述图与网络.一般来说,算法的好坏与网络的具体表示方法,以及中间结果的操作方案是有关系的.计算机上用来描述图与网络的两种主要表示方法:邻接矩阵表示法和稀疏矩阵表示法.在以下数据结构的讨论中,首先假设 $G = (V, E)$ 是一个简单无向图,顶点集合 $V = \{v_1, v_2, \cdots, v_n\}$,边集 $E = \{e_1, e_2, \cdots, e_m\}$,记 $|V| = n$,$|E| = m$.

1. 邻接矩阵表示法

邻接矩阵是表示顶点之间相邻关系的矩阵,邻接矩阵记为 $W = (w_{ij})_{n \times n}$,当 G 为赋权图时,有

$$w_{ij} = \begin{cases} 权值, & 当 v_i 与 v_j 之间有边时, \\ 0 或 \infty, & 当 v_i 与 v_j 之间无边时. \end{cases}$$

当 G 为非赋权图时,有

$$w_{ij} = \begin{cases} 1, & 当 v_i 与 v_j 之间有边时, \\ 0, & 当 v_i 与 v_j 之间无边时. \end{cases}$$

采用邻接矩阵表示图,直观方便,通过查看邻接矩阵元素的值可以很容易地查找图中任两个顶点 v_i 和 v_j 之间有无边,以及边上的权值.当图的边数 m 远小于顶点数 n 时,邻接矩阵表示法会造成很大的空间浪费.

2. 稀疏矩阵表示法

稀疏矩阵是指矩阵中零元素很多,非零元素很少的矩阵.对于稀疏矩阵,只要存放非零元素的行标、列标、非零元素的值即可,可以按如下方式存储:

(非零元素的行地址,非零元素的列地址),非零元素的值.

在 MATLAB 中,无向图和有向图邻接矩阵的使用上有很大差异.对于有向图,只要写出邻接矩阵,直接使用 MATLAB 的 sparse 命令,就可以把邻接矩阵转化为稀疏矩阵的表示方式.对于无向图,由于邻接矩阵是对称阵,MATLAB 中只需使用邻接矩阵的下三角元素,即 MATLAB 只存储邻接矩阵下三角元素中的非零元素.

稀疏矩阵只是一种存储格式. MATLAB 中普通矩阵使 sparse 命令变成稀疏矩阵,稀疏矩阵使用 full 命令变成普通矩阵.

23.2   MATLAB 命令

MATLAB 图论工具箱的函数见表 23.1.

表 23.1 中部分函数的调用格式如下:

(1)求图中所有顶点对之间的最短距离 graphallshortestpaths 函数的调用格式:

dist = graphallshortestpaths(G)

dist = graphallshortestpaths(G, $\cdots$, 'Directed', DirectedValue, $\cdots$)

dist = graphallshortestpaths(G, $\cdots$, 'Weights', WeightsValue, $\cdots$)

表 23.1　　MATLAB 图论工具箱的相关函数

函数名	功能
graphallshortestpaths	求图中所有顶点对之间的最短距离
graphconncomp	找无向图的连通分支, 或有向图的强(弱)连通分支
graphisdag	测试有向图是否含有圈, 不含圈返回 1, 否则返回 0
graphisomorphism	确定两个图是否同构, 同构返回 1, 否则返回 0
graphisspantree	确定一个图是否是生成树, 是返回 1, 否则返回 0
graphmaxflow	计算有向图的最大流
graphminspantree	在图中找最小生成树
graphpred2path	把前驱顶点序列变成路径的顶点序列
graphshortestpath	求图中指定的一对顶点间的最短距离和最短路径
graphtopoorder	执行有向无圈图的拓扑排序
graphtraverse	求从一顶点出发, 所能遍历图中的顶点

函数的参数说明:

输入参数: G: 图的稀疏矩阵; 有向图时 DirectedValue = 1(默认), 无向图时 Directed Value = 0; WeightsValue 属性一般不用指定, 默认从稀疏矩阵 G 中获取.

输出参数: dist: 一个 $N \times N$ 的矩阵, 每一个元素代表两点之间最短距离, 对角线上的元素总为零, 不在对角线上的零表示起点和终点的距离为零, inf 值表示没有路径.

(2)计算有向图的最大流的 graphmaxflow 函数的调用格式:

$[$MaxFlow, FlowMatrix, Cut$]$ = graphmaxflow(G, SNode, TNode)

$[\ldots]$ = graphmaxflow(G, SNode, TNode, $\ldots$, 'Capacity', CapacityValue, $\ldots$)

$[\ldots]$ = graphmaxflow(G, SNode, TNode, $\ldots$, 'Method', MethodValue, $\ldots$)

函数的参数说明:

输入参数: G: 有向图的稀疏矩阵; SNode: 起点; TNode: 终点; CapacityValue: 每条边自定义的容量属性列向量, 默认从 G 中获取; MethodValue: 可以取'Edmonds'和'Goldberg'算法。

输出参数: MaxFlow: 网络最大流; FlowMatrix: 每条边数据流的值所组成的稀疏矩阵; Cut: 连接起点与目标点的逻辑向量, 如果有多个解时, Cut 是一个矩阵.

(3)在无向图中找最小生成树(连接无向图的全部顶点, 并且总的权值最小的无循环的子图)的 graphminspantree 函数的调用格式:

$[$Tree, pred$]$ = graphminspantree(G)

$[$Tree, pred$]$ = graphminspantree(G, R)

$[$Tree, pred$]$ = graphminspantree($\ldots$, 'Method', MethodValue, $\ldots$)

$[$Tree, pred$]$ = graphminspantree($\ldots$, 'Weights', WeightsValue, $\ldots$)

函数的参数说明:

输入参数: G: 无向图的稀疏矩阵; R: 根顶点, 取值为 1 到顶点数目; MethodValue: 可以选择'Kruskal', 'Prim'等算法; Weights 属性值同 graphallshortestpaths 函数中的 Weights 属性值.

输出参数：Tree：一个代表生成树的稀疏矩阵；pred：包含最小生成的祖先顶点的向量．

（4）求图中指定的一对顶点间的最短距离和最短路径的 graphshortestpaths 函数的调用格式：

[dist，path，pred]=graphshortestpaths(G，S，T)

[dist，path，pred]]=graphshortestpaths(G，S，T，'Directed'，DirectedValue，…)

[dist，path，pred]]=graphshortestpaths(G，S，T，'Weights'，WeightsValue，…)

函数的参数说明：

输入参数：G：图的稀疏矩阵；S：起点；T：终点；Directed 与 Weights 属性值同 graphallshortestpaths 函数中的属性值．

输出参数：dist：起点 S 与终点 T 之间最短距离；path：最短距离经过的路径顶点；pred：包含从顶点 S 到所有其他顶点（而不仅仅是指定的目标顶点）的最短路径的前置顶点，可以使用 pred 查询从顶点 S 到图中任何其他顶点的最短路径．

（5）求从一顶点出发，所能遍历图中的顶点的 graphtraverse 函数的调用格式：

[disc，pred，closed]=graphtraverse(G，S)

[…]=graphtraverse(G，S，…'Directed'，DirectedValue，…)

[…]=graphtraverse(G，S，…'Depth'，DepthValue，…)

[…]=graphtraverse(G，S，…'Method'，MethodValue，…)

函数的参数说明：

输入参数：G：图的稀疏矩阵；S：起点；Directed 属性值同 graphallshortestpaths 函数中的 Directed 属性值；Depthvalue：遍历深度值，表示图 G 中指定搜索深度的顶点的整数，默认值是 inf（无穷大）；MethodValue：遍历方法："DFS"（默认），即深度优先遍历，"BFS"，即广度优先遍历．

输出参数：disc：顶点索引向量；pred：祖先顶点索引向量；closed：节点索引按其闭合顺序的向量．

graphtraverse 函数主要是找到一种既不重复又不遗漏的访问方法，可用来判断一个图是否连通．

补充 sparse、biograph 这两个函数的调用格式．

（6）创建稀疏矩阵的 sparse 函数的调用格式：

S=sparse(X)

S=sparse(i，j，s，m，n，nzmax)

函数的参数说明：

输入参数：X：矩阵；i，j，s：三个长度相同的向量，m，n：稀疏矩阵的阶，nzmax：创建的稀疏矩阵 S 最多含有的元素的个数．

输出参数：S：稀疏矩阵，即去除矩阵 X 中任何零元素后的非零元素及其下标（索引）组成矩阵 S，或者由 i，j，s 三个向量创建一个 $m×n$ 的稀疏矩阵，并且最多含有 nzmax 个元素．

例如：

A=[0 2 0

　　4 0 6

　　7 0 0]；

B = sparse(A)

   (2, 1)   4

   (3, 1)   7

   (1, 2)   2

   (2, 3)   6

C = sparse([1, 2, 3], [1, 2, 3], [0, 1, 2], 4, 4, 4)

C =

   (2, 2)1

   (3, 3)2

其中 i = [1, 2, 3]，稀疏矩阵的行位置；j = [1, 2, 3]，稀疏矩阵的列位置；s = [0, 1, 2]，稀疏矩阵元素值，其位置为一一对应；m = 4(>= max(i))，n = 4(>= max(j))（注：m 和 n 的值可以在满足条件的范围内任意选取），用于限定稀疏的大小；nzmax = 4(>= max(i or j))，稀疏矩阵最多可以有 nzmax 个元素.

（7）画树状图展示元素关系的函数 biograph 的调用格式：

h = biograph(CMatrix)

h = biograph(CMatrix, NodeIDs)

h = biograph(CM, [ ], 'ShowArrows', 'off', 'ShowWeights', 'on')

h = biograph(CMatrix, NodeIDs, ... 'ID', IDValue, ...)

h = biograph(CMatrix, NodeIDs, 'NodeAutoSize', 'off', 'ArrowSize', ArrowSizeValue)；

函数的参数说明：

输入参数：CMatrix：图的邻接矩阵（可以是稀疏矩阵形式也可以是一般方阵形式），CMatrix 中所有非对角线元素以及非零元素表示图中连接的顶点，矩阵的行表示起始顶点，列表示汇聚顶点；NodeIDs：顶点标识字符向量，默认值为行号或列号，可以是一个元胞数组，数组中每个元素表示一个名字，数组长度与 CMatrix 矩阵行列长度一致，NodeIDs 也可以是一个字符数组（此时各个顶点的名字长度相同），NodeIDs 必须是唯一的，不能重复。ShowArrows：on，连线带箭头，off，连线不带箭头；ShowWeights：on，带权重，off，不带权重；NodeAutoSize：on，自动调节顶点大小，off，关闭自动调节顶点大小；ArrowSizeValue：设置箭头大小.

输出参数：h：展示元素关系的树状图对象，使用 view 函数可以查看对应的树状图.

23.3　实验内容

【例 23.1】　求图 23.1 中从 v_1 到 v_{11} 的最短路径及长度.

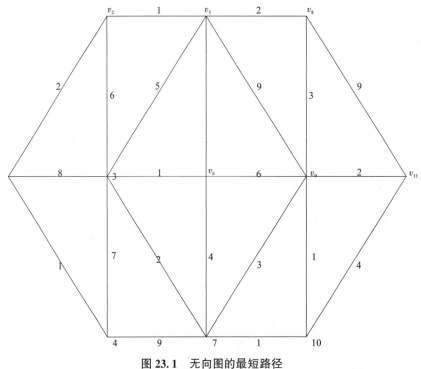

图 23.1　无向图的最短路径

这是一个求无向图中指定的一对顶点间的最短距离和最短路径问题.

源程序：

a(1, 2)＝2；a(1, 3)＝8；a(1, 4)＝1；a(2, 3)＝6；a(2, 5)＝1；a(3, 4)＝7；a(3, 5)＝5；a(3, 6)＝1；a(3, 7)＝2；a(4, 7)＝9；a(5, 6)＝3；a(5, 8)＝2；a(5, 9)＝9；a(6, 7)＝4；a(6, 9)＝6；a(7, 9)＝3；

a(7, 10)＝1；a(8, 9)＝7；a(8, 11)＝9；a(9, 10)＝1；a(9, 11)＝2；a(10, 11)＝4；

a＝a'；　　%MATLAB 工具箱要求数据是下三角矩阵

[i, j, v]＝find(a)；　　%生成 sparse(i, j, v, m, n, nzmax)的前三个参数

b＝sparse(i, j, v, 11, 11)；　　%构造稀疏矩阵

[dist, path, pred]＝graphshortestpath(b, 1, 11, 'directed', 0) %directed＝0, 无向图

程序运行之后，得到从 v_1 到 v_{11} 的最短路径长度、最短路径及从顶点 v_1 到所有其他顶点的最短路径的前置顶点分别为：

dist＝13 %最短路径长度

path＝1　　　2　　　5　　　6　　　3　　　7　　　10　　　9　　　11

%最短路径为：$v_1 \rightarrow v_2 \rightarrow v_5 \rightarrow v_6 \rightarrow v_3 \rightarrow v_7 \rightarrow v_{10} \rightarrow v_9 \rightarrow v_{11}$， pred = 0   1   6   1   2   5   3   5   10   7   9

%从顶点 v_1 到所有其他顶点的最短路径的前置顶点：v_1, v_6, v_1, v_2, v_5, v_3, v_5, v_{10}, v_7, v_9.

【例 23.2】 (渡河问题)某人带狼、羊以及蔬菜渡河，一小船除需人划外，每次只能载一物过河．而人不在场时，狼要吃羊，羊要吃菜，问此人应如何过河？

这个问题可以使用图论中的最短路算法进行求解．可以用四维向量来表示状态，其中第一分量表示人，第二分量表示羊第三分量表示狼，第四分量表示蔬菜；当人或物在此岸时相应分量取 1，在对岸时取 0。根据题意，人不在场时，狼要吃羊，羊要吃菜，因此，人不在场时，不能将狼与羊、羊与蔬菜留在河的任一岸。例如，状态(0, 1, 1, 0)表示人和菜在对岸，而狼和羊在此岸，这时人不在场，狼要吃羊，因此，这个状态是不可行的．

通过穷举法将所有可行的状态列举出来，具体实现的 MATLAB 源程序如下：

```
function s = saftytransferriver
    %s：所有可行摆渡状态
    %每次摆渡后羊，狼，菜中最多一个以及人的位置会发生变化
    %用长度为 4 的 0，1 序列来表示人，羊，狼，菜在摆渡发生前或后的位置，
    %其中 1 表示此岸，0 表示彼岸，列出所有可能的状态
    %对于任何两个状态用一条线相连当且仅当这两种状态可以通过一次摆渡转化
    s=binGenerator(4); %调用 binGenerator 函数生成所有长度为 4 的 0，1 序列
    %从所有长度为 4 的 0，1 序列 s 中搜索可行状态，生成可行状态集合 s
    %其中 011x 不可行，01x1 不可行，100x 不可行，10x0 不可行，x=0，1；
    s=setdiff(s, ['0110';'0111'], 'rows'); %删除不可行状态
    s=setdiff(s, ['0101';'0111'], 'rows');
    s=setdiff(s, ['1000';'1001'], 'rows');
    s=setdiff(s, ['1000';'1010'], 'rows');
    s=flipud(s);    %可行状态集合
end
%================================================
============
%生成所有长度为 n 的 0，1 序列函数 binGenerator(n)
%================================================
============
function results = binGenerator(n)
    results = repmat('1', 2^n, n); %初始化，每一行为 n 个 1
    idx = 1;
    for i = 0: n
        %n choose k Binomial coefficient or all combinations.
        %nchoosek(N, K) where N and K are non-negative integers returns N! /K! (N-K)!.
        %n choose k 从 n 个元素中无顺序选出 k 个，穷尽所有可能情况
```

```
        %n choose k (1: n, i)从向量1: n 个中无顺序选出 k 个元素的所有可能情况:
        %行数为: n! /i! (n-i)!, 列数为: i
        iCns = nchoosek(1: n, i);
        for j = 1: size(iCns, 1)
            results(idx, iCns(j, : )) = '0';
            idx = idx + 1;
        end
    end
end
```

运行程序 saftytransferriver 之后, 得到的可行的状态集 s 为:

```
s =

    1111
    1110
    1101
    1100
    1011
    0100
    0011
    0010
    0001
    0000
```

每一次的渡河行为改变现有的状态。构造赋权图 $G = (V, E, W)$, 其中顶点集合 $V = \{v_1, v_2, \cdots, v_{10}\}$ 中的顶点(按照上面的顺序编号)分别表示上述 10 个可行状态, 当且仅当对应的两个可行状态之间存在一个可行转移时两顶点之间才有边连接, 并且对应的权重取 1, 当两个顶点之间不存在可行转移时, 可以把相应的权重取为 0.

因此问题变为在图 G 中寻找一条由初始状态(1, 1, 1, 1)出发, 经最小次数转移达到最终状态(0, 0, 0, 0)的转移过程, 即求从状态(1, 1, 1, 1)到状态(0, 0, 0, 0)的最短路径. 这就将问题转化成了图论中的最短路问题.

由于摆渡一次就改变现有的状态, 而且每摆渡一次, 第 1 位总改变, 第 2、3、4 位至多有 1 位改变, 所以当摆渡前后两次的状态中第 1 位发生改变、第 2、3、4 位按位异或的和为 0 或 1 时, 这两个可行状态对应的顶点之间就存在一条边. 源程序如下:

```
s=saftytransferriver; %s 的每一行是一个可行状态
sn=size(s, 1);
a=zeros(sn);
for i=1: sn/2
    for j=sn/2+1: sn %摆渡前后人的位置一定发生改变
        sij=0;
        for k=2: 4
sij=sij+xor(str2num(s(i, k)), str2num(s(j, k)));
```

```
            end
        if sij==0|sij==1%摆渡前后的状态中第 2、3、4 位按位异或的和为 0 或 1 时,
可行
                a(i, j)=1;
                a(j, i)=1;
            end
        end
    end
    a
    c=sparse(a); %构造稀疏矩阵
    [dist, path, pred]=graphshortestpath(c, 1, 10, 'Directed', 0) %该图是无向图, Directed
属性值为 0
    for i=1: sn
        NodeIDs{i}=strcat('状态', num2str(i)); %顶点标签
    end
    bg=biograph(c, NodeIDs, 'ShowArrows', 'off', 'ShowWeights', 'off'); %生成 biograph 对
象
    dolayout(bg); %计算节点位置
    nx=zeros(1, length(bg. nodes));
    lay1=[1 4 5 3 2]; %修改顶点[1 4 5 3 2]的相对位置
    lay2=[9 8 6 7 10]; %修改顶点[9 8 6 7 10]的相对位置
    x=[100 200 300 400 500];
    for k=1: length(x)
        bg. Nodes(lay1(k)). Position(1)=x(k);
        bg. Nodes(lay2(k)). Position(1)=x(k);
        bg. Nodes(lay1(k)). Position(2)=400;
        bg. Nodes(lay2(k)). Position(2)=200;
    end
    dolayout(bg, 'Pathsonly', true); %重新计算顶点位置
    view(bg); % 画出无向图
```

运行这个程序之后, 得到的邻接矩阵 a 为:

```
a =
0   0   0   0   0   0   1   0   0   0
0   0   0   0   0   1   0   1   0   0
0   0   0   0   0   1   0   0   1   0
0   0   0   0   0   1   0   0   0   1
0   0   0   0   0   0   1   1   1   0
0   1   1   1   0   0   0   0   0   0
1   0   0   0   1   0   0   0   0   0
```

0　1　0　0　1　0　0　0　0　0　0

0　0　1　0　1　0　0　0　0　0　0

0　0　0　1　0　0　0　0　0　0　0

最少的摆渡次数 dist 为：

dist = 7

状态转移顺序 path 为：

path = 1　　7　　5　　8　　2　　6　　4　　10

即经过 7 次渡河就可以把羊、狼、蔬菜运过河，第一次运羊过河，空船返回；第二次运菜过河，带羊返回；第三次运狼过河，空船返回；第四次运羊过河．

赋权图 G 之间的状态转移关系如图 23.2 所示．

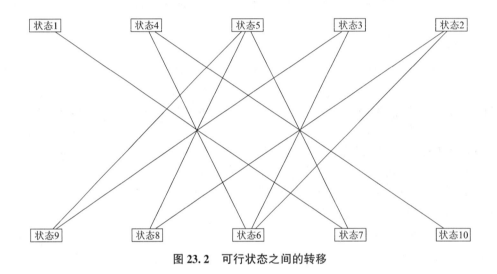

图 23.2　可行状态之间的转移

【例 23.3】　求图 23.3 所示有向图中 v_0 到 v_6 的最短路径及长度．

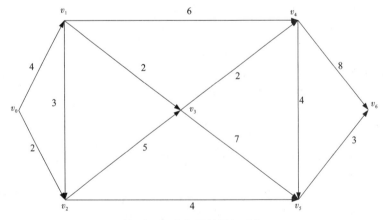

图 23.3　有向图的最短路径

图 23.3 中赋权有向图的顶点集 $V = \{v_0, v_1, \cdots, v_6\}$ 共有 7 个顶点，邻接矩阵为：

$$W = \begin{bmatrix} 0 & 4 & 2 & \infty & \infty & \infty & \infty \\ \infty & 0 & 3 & 2 & 6 & \infty & \infty \\ \infty & \infty & 0 & 5 & \infty & 4 & \infty \\ \infty & \infty & \infty & 0 & 2 & 7 & \infty \\ \infty & \infty & \infty & \infty & 0 & 4 & 8 \\ \infty & \infty & \infty & \infty & \infty & 0 & 3 \\ \infty & \infty & \infty & \infty & \infty & \infty & 0 \end{bmatrix}$$

计算图中 v_0 到 v_6 的最短路径及长度的 MATLAB 源程序为：

```
a = zeros(7);  %权
a(1, 2) = 4; a(1, 3) = 2;
a(2, 3) = 3; a(2, 4) = 2; a(2, 5) = 6;
a(3, 4) = 5; a(3, 6) = 4;
a(4, 5) = 2; a(4, 6) = 7;
a(5, 6) = 4; a(5, 7) = 8;
a(6, 7) = 3;
c = sparse(a);  %构造稀疏矩阵, 这里给出计算最短路径的另一种算法
%有向图, Directed 属性值为真或 1, 方法(Method)属性的默认值是 Dijkstra
[dis, path, pred] = graphshortestpath(c, 1, 7, 'Directed', 1, 'Method', 'Bellman-Ford')
```

程序运行之后，得到 v_0 到 v_6 的最短路径长度及路径分别为：

dist = 9

path = 0   2   5   6

【例 23.4】 设有 9 个节点 $v_i(i = 1, 2, \cdots, 9)$，坐标分别为 (x_i, y_i)，具体数据见表 23.2. 任意两个节点之间的距离为：$d_{ij} = |x_i - x_j| + |y_i - y_j|$. 问怎样连接电缆，使每个节点都连通，且所用的总电缆长度为最短？

表 23.2 点的坐标数据表

i	1	2	3	4	5	6	7	8	9
x_i	0	5	16	20	33	23	35	25	10
y_i	15	20	24	20	25	11	7	0	3

以 $V = \{v_1, v_2, \cdots, v_9\}$ 作为顶点集，构造赋权图 $G = (V, E, W)$，这里 $W = (w_{ij})_{9 \times 9}$ 为邻接矩阵，其中 $w_{ij} = d_{ij}$，$i, j = 1, 2, \cdots, 9$. 求总电缆长度最短的问题实际上就是求图 G 的最小生成树.

源程序：

```
clc, clear;  %计算图 G 的最小生成树
x = [0  5  16  20  33  23  35  25  10];
y = [15  20  24  20  25  11  7  0  3];
```

xy = [x; y];

d = mandist(xy); %求 xy 的两两列向量间的绝对值距离

b = sparse(d); %转化为稀疏矩阵

%Tree：一个代表生成树的稀疏矩阵；pred：包含最小生成的祖先顶点的向量

[Tree, pred] = graphminspantree(b, 'Method', 'Kruskal') %调用最小生成树的命令

st = full(Tree); %把最小生成树的稀疏矩阵转化成普通矩阵

TreeLength = sum(sum(st)) %求最小生成树的长度

for i = 1: 9

NodeIDs{i} = strcat('v', num2str(i)); %标签

end

view(biograph(Tree, NodeIDs, 'ShowArrows', 'off')); %画出最小生成树

程序运行之后所求得的最小生成树的各个顶点的祖先顶点的向量、总电缆长度的最小值分别为：

pred = 0　　1　　4　　2　　4　　4　　6　　6　　8

TreeLength = 110

根据 pred 向量可得到最小生成树的边集为：$\{v_2v_1, v_4v_2, v_5v_4, v_6v_4, v_7v_6, v_8v_6, v_9v_8\}$，最小生成树如图 23.4 所示。

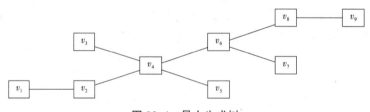

图 23.4　最小生成树

【例 23.5】　求图 23.5 中从①到⑧的最大流.

用 MATLAB 图论工具箱求解最大流的函数 graphmaxflow 编写如下的求图 23.5 中从①到⑧的最大流的源程序：

a = zeros(9); %各边流量

a(1, 2) = 6; a(1, 3) = 4; a(1, 4) = 5;

a(2, 3) = 3; a(2, 5) = 9; a(2, 6) = 9;

a(3, 4) = 5; a(3, 5) = 6; a(3, 6) = 7; a(3, 7) = 3;

a(4, 7) = 5; a(4, 9) = 2;

a(5, 8) = 12;

a(6, 5) = 8; a(6, 8) = 10;

a(7, 6) = 4; a(7, 8) = 15;

a(9, 3) = 2;

b = sparse(a);

[MaxFlow, FlowMatrix, Cut] = graphmaxflow(b, 1, 8)　　%计算图的最大流

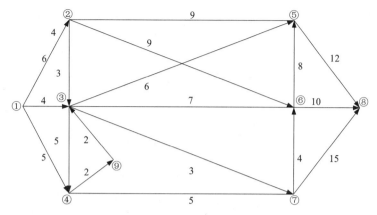

图 23.5 最大流问题的网络图

bg = biograph(FlowMatrix, [ ], 'ShowArrows', 'off');
for i = 1: length(bg. nodes)
    NodeIDs{i} = strcat('v', num2str(i));
end
%画出最大流的顶点连接图
view(biograph(FlowMatrix, NodeIDs, 'ShowArrows', 'off', 'ShowWeights', 'on'));
程序运行后求得的从①到⑧的最大流量和最大流连接图分别如下:
MaxFlow =
      15

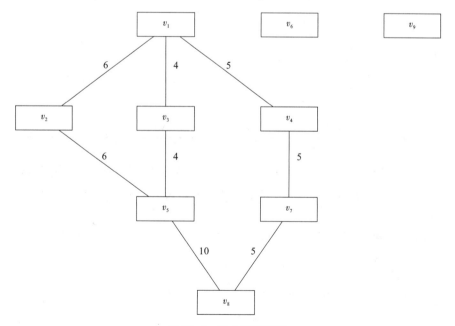

图 23.6 最大流连接图

23.4　实验作业

1. 北京(Pe)、东京(T)、纽约(N)、墨西哥城(M)、伦敦(L)、巴黎(Pa)各城市之间的航线距离如表 23.3 所列.

表 23.3　六城市之间的航线距离

	L	M	N	Pa	Pe	T
L		56	35	21	51	60
M	56		21	57	78	70
N	35	21		36	68	68
Pa	21	57	36		51	61
Pe	51	78	68	51		13
T	60	70	68	61	13	

由上述交通网络的数据确定最小生成树.

2. 某产品从仓库运往市场销售. 已知各仓库的可供量、各市场需求量及从 i 仓库至 j 市场的路径的运输能力如表 23.4 所列(表中数字 0 代表无路可通), 试求从仓库可运往市场的最大流量, 各市场需求能否满足?

表 23.4　最大流问题的相关数据

市场 j 仓库 i	1	2	3	4	可供量
A	30	10	0	40	20
B	0	0	10	50	20
C	20	10	40	5	100
需求量	20	20	60	20	

3. 某公司在六个城市 c_1, c_2, $\cdots$, c_6 中有分公司, 从 c_i 到 c_j 的直接航程票价记在下述矩阵的 (i, j) 位置上(∞ 表示无直接航路). 请帮助该公司设计一张城市 c_1 到其他城市间的票价最便宜的路线图.

$$\begin{bmatrix} 0 & 50 & \infty & 40 & 25 & 10 \\ 50 & 0 & 15 & 20 & \infty & 25 \\ \infty & 15 & 0 & 10 & 20 & \infty \\ 40 & 20 & 10 & 0 & 10 & 25 \\ 25 & \infty & 20 & 10 & 0 & 55 \\ 10 & 25 & \infty & 25 & 55 & 0 \end{bmatrix}$$

实验二十四　蒙特卡罗模型

【实验目的】

理解并掌握蒙特卡罗方法建模的基本方法与步骤. 熟悉和掌握用 MATLAB 编程实现蒙特卡罗方法.

24.1　蒙特卡罗方法简介

蒙特卡罗(Monte Carlo)方法, 也称为计算机随机模拟方法, 是一种基于"随机数"的计算方法, 它源于世界著名的赌城摩纳哥的蒙特卡罗. 它是基于对大量事件的统计结果来实现一些确定性问题的计算. 使用蒙特卡罗方法必须使用计算机生成相关分布的随机数, MATLAB 给出了生成各种随机数的命令. Monte Carlo 方法的基本思想: 所求解问题是某随机事件 A 出现的概率(或者是某随机变量 B 的期望值). 通过某种"实验"的方法, 得出 A 事件出现的频率, 以此估计出 A 事件出现的概率(或者得到随机变量 B 的某些数字特征, 得出 B 的期望值). 应用蒙特卡罗解题三个主要步骤: 第一步, 构造或描述概率过程; 第二步, 实现从已知概率分布抽样; 第三步, 建立各种估计量, 相当于对模拟实验的结果进行考察和登记, 从中得到问题的解.

24.2　实验内容

【例 24.1】　用随机投点法求圆周率 π.

如图 24.1 所示, xOy 平面上有一个圆心在原点的单位圆和其外接正方形, 可知圆的面积为 π, 正方形的面积为 4. 设相互独立的随机变量 X, Y 均服从 $[-1, 1]$ 上的均匀分布, 则 (X, Y) 服从 $\{-1 \leqslant x, y \leqslant 1\}$ 上的二元均匀分布(即图 24.1 中正方形区域上的二元均匀分布). 记事件 $A = \{x^2 + y^2 \leqslant 1\}$, 则事件 A 发生的概率等于单位圆面积除以边长为 2 的正方形的面积, 即 $P(A) = \pi/4$, 从而可得圆周率 $\pi = 4P(A)$. 而 $P(A)$ 可以通过蒙特卡罗方法求得, 在图 24-1 中正方形内随机投点(即横坐标 X 和纵坐标 Y 都是 $[-1, 1]$ 上均匀分布的随机数), 落在单位圆内的点的个数 m 与点的总数 n 的比值 m/n 可以作为事件 A 的概率 $P(A)$ 的模拟值, 随着投点总数的增加, m/n 会越来越接近于 $P(A)$, 从而可以得到逐渐接近于 π 的圆周率的模拟值. 根据这个原理编写随机投点法求圆周率 π 的 MATLAB 函数 PiMonteCarlo, 函数代码如下:

```
function    piva = PiMonteCarlo(n)
%用随机投点法模拟圆周率 pi, 作出模拟图. n 为投点次数,
%返回模拟值 piva. 若 n 为标量(向量), 则 piva 也为标量(向量).
m = length(n);    % 求变量 n 的长度
```

```
pivalue=zeros(m, 1);  % 为变量 pivalue 赋初值
for i=1: m  % 通过循环用投点法模拟圆周率 pi
    x=2*rand(n(i), 1)-1;    % 随机投点的横坐标
    y=2*rand(n(i), 1)-1;    % 随机投点的纵坐标
    d=x.^2+y.^2;
    pivalue(i)=4*sum(d<=1)/n(i); % 圆周率的模拟值
end
if nargout==0 %不输出圆周率的模拟值, 返回模拟图
    if m>1   % 如果 n 为向量, 则返回圆周率的模拟值与投点个数的散点图
        figure; %新建一个图形窗口
        plot(n, pivalue, 'k.'); %绘制散点图
        h=refline(0, pi);     % 添加参考线
        set(h, 'linewidth', 2, 'color', 'k');    %设置参考线属性
        text(1.05*n(end), pi, ' \pi', 'fontsize', 15);    %添加文本信息
        xlabel('投点个数'); ylabel(' \pi 的模拟值'); %添加坐标轴标签
    else    % 如果 n 为标量, 则返回投点法模拟圆周率的示意图
        figure;
        plot(x, y, 'k.'); % 绘制散点图
        hold on;
        h=rectangle('Position', [-1 -1 2 2], 'LineWidth', 2); %绘制边长为 2 的正方形
        t=linspace(0, 2*pi, 100);     % 定义一个角度向量
        plot(cos(t), sin(t), 'k', 'linewidth', 2); % 绘制单位圆
        xlabel('X'); ylabel('Y');    % 添加坐标轴标签
        title(['\pi 的模拟值: ' num2str(pivalue)]); % 添加标题
        axis([-1.1 1.1 -1.1 1.1]); axis equal; % 设置坐标轴属性
    end
else
    piva=pivalue;    % 输出圆周率的模拟值
end
```

在 MATLAB 命令提示符下输入如下命令, 调用 PiMonteCarlo 函数求圆周率 π 的模拟值, 并绘制模拟值与投点个数的散点图, 如图 24.2 所示.

```
>>n=5000;
>>PiMonteCarlo(n);
>>n=5000: 50: 20000;
>>PiMonteCarlo(n);
>>p=PiMonteCarlo([1000: 5000: 50000])'
```
p=3.1720 3.1307 3.1305 3.1378 3.1234 3.1392 3.1341 3.1428 3.1324 3.1472

由以上结果可以看到, 随着随机投点个数的增大, 圆周率的模拟值逐渐趋近于真实值, 从图 24.2 也能直观地看出这一趋势.

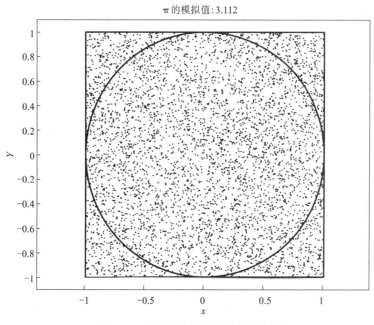

图 24.1 投点法模拟圆周率的示意图

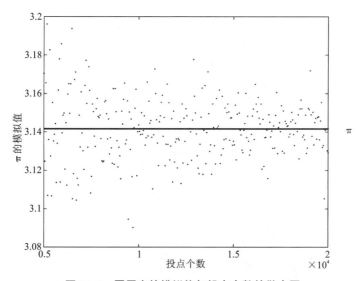

图 24.2 圆周率的模拟值与投点个数的散点图

【例 24.2】 用蒲丰(Buffon) 投针法求圆周率 π.

著名的蒲丰投针问题：如图 24.3 所示, 平面上画有间隔为 $d(d>0)$ 的等距平行线, 向平面内任意投掷一枚长为 $h(h<d)$ 的针, 求针与任一平行线相交的概率.

用 Y 表示针的中点与最近的一条线的距离, 用 X 表示针与此直线间的夹角, (X, Y) 为二维随机向量. 试验的样本空间为 $\Omega=\{0 \leqslant y \leqslant d/2, 0 \leqslant x \leqslant \pi\}$, 它是 xOy 平面上的一个矩形区域. (X, Y) 服从 Ω 上的二元均匀分布. 记事件 $A=$ "针与平行线相交", 如图 24.3 所示, 则事

件 $A = \{(x, y) \mid y \leqslant h\sin x/2\}$，如图 24.4 所示，事件 A 表示的区域为阴影区域，从而可知事件

A 的概率为 $P(A) = \dfrac{S_A}{S_\Omega} = \dfrac{\displaystyle\int_0^\pi \dfrac{h\sin(x)}{2}\mathrm{d}x}{\pi\dfrac{d}{2}} = \dfrac{2h}{\mathrm{d}\pi}$．

若 h，d 已知，代入 π 值可求得 $P(A)$，反之，由 $P(A)$ 的值可求圆周率 π 的值 $\pi = \dfrac{2h}{\mathrm{d}P(A)}$．事件 A 发生的概率 $P(A)$ 可由随机模拟试验中获得的频率 n/N（其中 n 为针与平行线相交次数，N 为投针的总次数）近似表示，从而可得圆周率的近似值 $\pi \approx \dfrac{2hN}{\mathrm{d}n}$．

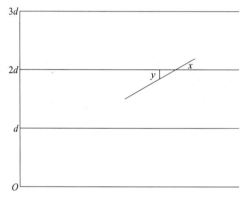

图 24.3　蒲丰投针问题示意图

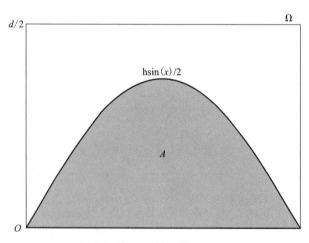

图 24.4　蒲丰投针问题的 Ω 和 A

根据以上原理编写函数 BuffonMonteCarlo，用来求蒲丰投针问题中针与任一平行线相交的理论概率、基于蒙特卡洛方法的模拟概率和圆周率．程序代码如下：

```
function  [p0, pm, pival] = BuffonMonteCarlo(d, h, N)
```

%蒲丰投针问题：求蒲丰投针问题中针与任一平行线相交的理论概率 p0，

%基于蒙特卡洛方法的模拟概率 pm, 圆周率 pi 的模拟值 pival.

%输入参数, d 为相邻两条平行线的间距, h 为针的长度, N 为模拟投针的次数.

%1.判断针的长度 h 与相邻平行线的间距 d 是否满足指定条件

```
if h>=d
    error('针的长度应小于相邻平行线的间距');
end
p0=2*h/(d*pi);    %计算针与任一平行线相交的理论概率
x=0;y=0;          %赋变量初值
m=length(N);      %求变量 N 的长度
pm=zeros(1,m);    %赋变量初值
pival=pm;         %赋变量初值
for i=1:m         %通过循环求基于蒙特卡洛方法的模拟概率 pm 和圆周率 pival
    x=pi*rand(N(i),1);    %产生[0,pi]上均匀分布随机数
    y=d*rand(N(i),1)/2;   %产生[0,d/2]上均匀分布随机数
    yb=h*sin(x)/2;
    pm(i)=sum(y<=yb)/N(i);  %求模拟概率
pival(i)=2*h*N(i)/(d*sum(y<=yb));  %求圆周率的模拟值
end
end
```

假设相邻两条平行线的间距为 30, 针的长度为 22, 调用 BuffonMonteCarlo 函数, 求针与任一平行线相交的理论概率, 并针对不同的投掷次数, 求模拟概率和圆周率的模拟值.

%求理论概率 p0, 模拟概率 pm, 圆周率的模拟值 pival

```
>>[ p0, pm, pival]=BuffonMonteCarlo( 30, 22, [ 10, 100, 1000, 10000, 10000,
1000000])
    p0 =
        0.4669
    pm =
        0.3000    0.4300    0.4600    0.4669    0.4650    0.4667
    pival =
        4.8889    3.4109    3.1884    3.1413    3.1541    3.1421
```

由以上结果可以看到, 随着投针次数的增大, 针与任一平行线相交的模拟概率逐渐趋近于理论概率 0.4669, 圆周率 π 的模拟值逐渐趋近于真实值.

【例 24.3】 用蒙特卡罗方法求定积分. 如图 24.5 所示, 求曲线 $y=\sqrt{x}$ 与直线 $y=x$ 所围成的阴影区域的面积.

记图 24.5 中阴影区域为 A, 其面积为 S_A, 则 $S_A = \int_0^1 (\sqrt{x} - x) \mathrm{d}x = \frac{1}{6}$. 在图 24.5 中,

由直线 $x=1$ 和 $y=1$ 及坐标轴围成了一个边长为 1 的正方形. 在这个正方形内随机投点, 使所投点的横坐标 x 和纵坐标 y 均服从[0,1]上的均匀分布. 所投点落到阴影区域内的概率等于阴影区域 A 的面积与正方形面积之比, 即 $S_A/1=S_A$, 当随机投点总数 n 足够大时, 用落

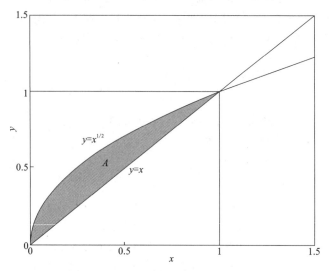

图 24.5　求阴影区域面积示意图

到阴影区域内点的频率 m/n 近似表示概率，则有 $S_A \approx m/n$，其中 m 表示落到阴影区域 A 内的点的个数。实现这个过程的 MATLAB 程序如下：

```
function [S0, Sm] = quad1montecarlo(n)
%求曲线 y = sqrt(x) 与直线 y = x 所围成的阴影区域的面积的理论值 S0
%与蒙特卡罗模拟值 Sm. 输入参数 n 是随机投点的个数, 可以是正整数标量或向量.
%S0 = int('sqrt(x)-x', 0, 1);      %面积的理论值(解析解)
S0 = quad(@(x)sqrt(x)-x, 0, 1);    %面积的理论值(数值解)
for i = 1: length(n)     %计算阴影区域的面积的蒙特卡洛模拟值
    x = rand(n(i), 1);     % 点的横坐标
    y = rand(n(i), 1);     % 点的纵坐标
    m = sum(sqrt(x) >= y & y >= x); %落到阴影区域内点的频数
    Sm(i) = m/n(i);     %落到阴影区域内点的频率, 即概率的模拟值
end
end
```

针对不同的投点个数 n，调用 quad1montecarlo 函数计算定积分 $\int_0^1 (\sqrt{x} - x) \, \mathrm{d}x$ 的近似值，相应的 MATLAB 命令及结果如下：

```
>>[v0, vm] = quad1montecarlo([10, 100, 1000, 10000, 100000, 1000000])
v0 =   %理论值
0.1667
vm = %模拟值
0.3000   0.1800   0.1620   0.1659   0.1674   0.1667
```

【例 24.4】 用蒙特卡罗方法求二重积分。求球体 $x^2+y^2+z^2 \leqslant 4$ 被圆柱面 $x^2+y^2=2x$ 所截的(含在圆柱面内的部分)立体的体积.

如图 24.6 所示，记 D 为半圆周 $y=\sqrt{2x-x^2}$ 及 x 轴所围成的闭区域，则所求的体积为：$V=4\iint\limits_{D}\sqrt{4-x^2-y^2}\,\mathrm{d}x\mathrm{d}y$. 在极坐标系中，闭区域 D 可用不等式 $0\leqslant\rho\leqslant2\cos\theta$，$0\leqslant\theta\leqslant\pi/2$ 来表示。于是，$V=4\iint\limits_{D}\sqrt{4-\rho^2}\,\rho\mathrm{d}\rho\mathrm{d}\theta=4\int_{0}^{\frac{\pi}{2}}\mathrm{d}\theta\int_{0}^{2\cos\theta}\sqrt{4-\rho^2}\,\rho\mathrm{d}\rho=\dfrac{32}{3}\left(\dfrac{\pi}{2}-\dfrac{2}{3}\right)\approx9.6440.$

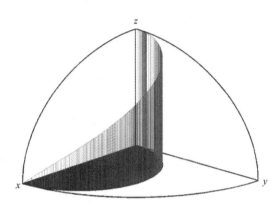

图 24.6　求体积示意图

记 $\Omega=\{(x,y,z)\mid0\leqslant x\leqslant2,0\leqslant y\leqslant1,0\leqslant z\leqslant2\}$，则 Ω 是三维空间中的一个长方体区域. 记球体 $x^2+y^2+z^2\leqslant4$ 被圆柱面 $x^2+y^2=2x$ 所截得的立体在第一卦限中的部分为 T，则 T 包含在区域 Ω 中，并且 $V=4V_T$，这里 V_T 为 T 的体积. 在 Ω 内随机投点，即所投点的坐标 x、y 和 z 分别服从 $[0,2]$、$[0,1]$ 和 $[0,2]$ 上的均匀分布. 所投点的坐标落到 T 内的概率等于 T 的体积与 Ω 的体积之比，即 $V_T/4$. 当随机投点总数 n 足够大时，用落到 T 内点的频率 m/n 近似表示概率，则有 $V_T/4\approx m/n$，其中 m 表示落到 T 内的点的个数，从而可得 $V=4V_T\approx16m/n$.
MATLAB 源程序如下：

```
function [V0,Vm]=quad2montecarlo(n)
%求球面 x^2+y^2+z^2 =4 被圆柱面 x^2+y^2=2*x 所截得的(含在圆柱面内的部分)
%立体的体积的理论值 V0 与蒙特卡罗模拟值 Vm.
%输入参数 n 是随机投点的个数,可以是正整数、标量或向量.
%V0 = 32 * (pi/2-2/3)/3;   %体积的理论值
%V0 = 4 * quadl(@(x)arrayfun(@(xx)quadl(@(y)sqrt(4-xx.^2-y.^2),
%0,sqrt(1-(1-xx).^2)),x),0,2);   %体积的理论值(数值解)
%调用 quad2d 函数求体积的理论值(解析解)
V0 = 4 * quad2d(@(x,y)sqrt(4-x.^2-y.^2),0,2,0,@(x)sqrt(1-(1-x).^2));
for i=1:length(n)        %求体积的蒙特卡罗模拟值
    x=2 * rand(n(i),1);%点的 x 坐标
    y=rand(n(i),1);%点的 y 坐标
    z=2 * rand(n(i),1);%点的 z 坐标
%落到区域 T 内的点的频数
```

```
    m = sum((( x. ^2+y. ^2+z. ^2<=4) & ( (x-1). ^2+y. ^2<= 1)));
    Vm(i) = 16 * m/n(i);    %落到所求立体内的点的频率, 即概率的模拟值
  end
end
```

针对不同的投点个数 n, 调用 quad2montecarlo 函数计算二重积分 $4\iint\limits_{D}\sqrt{4-x^2-y^2}\,\mathrm{d}x\mathrm{d}y$ 的近似值, 相应的 MATLAB 命令及结果如下:

```
>>[ V0, Vm] = quad2montecarlo([10, 100, 1000, 10000, 100000, 1000000])
V0 =    %理论值
9. 6440
Vm =    %蒙特卡罗投点模拟值
11. 2000   7. 8400   9. 6000   9. 6736   9. 6674   9. 6441
```

【例 24. 5】 用蒙特卡罗方法求解非线性整数规划问题. 已知非线性整数规划为:

$$\max_{x} z = x_1^2 + x_2^2 + 3x_3^2 + 4x_4^2 + 2x_5^2 - 8x_1 - 2x_2 - 3x_3 - x_4 - 2x_5$$

$$\text{s. t.} \begin{cases} 0 \leqslant x_i \leqslant 99, \ i = 1, 2, \cdots, 5, \\ \sum\limits_{i=1}^{5} x_i \leqslant 400, \\ x_1 + 2x_2 + 2x_3 + x_4 + 6x_5 \leqslant 800, \\ 2x_1 + x_2 + 6x_3 \leqslant 200, \\ x_3 + x_4 + 5x_5 \leqslant 200, \end{cases}$$

随机取样 n 个点计算时, 不失一般性, 假定一个整数规划的最优点不是孤立的奇点, 假设目标函数的值落在高值区的概率分别为 0.1、0.00001, 则当计算 n 个点后, 有任一点落在高值区的概率分别为: $1 - 0.99^n$、$1 - 0.99999^n$. 如取 $n = 10^6$, 则 $1 - 0.99^n \approx 0.\overbrace{99\cdots9}^{约100位}$, $1 - 0.99999^n \approx 0.999954602$. 因此, 根据这个理论编写用蒙特卡罗方法求解非线性整数规划问题的 MATLAB 源程序如下:

%(1)编写如下 MATLAB 程序求问题的解

```
function   [x0, p0] = intLinprogMonteCarlo(n)
%返回 x0: 函数的近似最大值解向量, p0: 函数的近似最大值; 输入 n: 样本点数
    rand('state', sum(clock));    %初始化随机数发生器
    p0 = zeros(1, length(n));
    for i = 1: length(n)
        for j = 1: n(i)
            x = randi([0, 99], 1, 5);
            [f, g] = goalAndConstrain(x);
            if all(g<=0)
                if p0(i)<f
                    x0(i, 1: length(x)) = x; p0(i) = f;  %使用枚举法记录下当前较好的解
                end
```

```
                end
            end
        end
end
```

%（2）编写函数 goalAndConstrain(x)定义目标函数 f 和约束向量函数 g

function [f, g] = goalAndConstrain(x)

f=x(1)^2+x(2)^2+3*x(3)^2+4*x(4)^2+2*x(5)-8*x(1)-2*x(2)-3*x(3)-x(4)-2*x(5);

g=[sum(x)-400

x(1)+2*x(2)+2*x(3)+x(4)+6*x(5)-800

2*x(1)+x(2)+6*x(3)-200

x(3)+x(4)+5*x(5)-200];

end

针对不同的取样点个数 n，调 intLinprogMonteCarlo 函数求解非线性整数规划问题，所得到的 x 值及目标函数的近似最大值的 MATLAB 命令及结果如下：

```
>>[x0, p0]=example27_05([10000, 100000, 1000000])
x0 =
29   90    3   96    1
44   94    2   97   10
 0   99   12   99    9
p0 =
     4531547777    49104
```

24.3 实验作业

1. 一袋子中有 n 个球，从中有放回地随机抽取 $m(n \leq m)$ 次，计算袋子中每个球都能被抽到的理论概率和用蒙特卡罗方法计算的模拟概率.

2. 用蒙特卡罗方法计算定积分 $\int_0^1 \sqrt{4-x^2}\, dx$ 的近似值.

3. 用蒙特卡罗方法计算由椭球面 $\dfrac{x^2}{2^2}+\dfrac{y^2}{3^2}+\dfrac{z^2}{4^2}=1$ 所围立体（椭球）的体积的近似值.

4. 用蒙特卡罗方法求解非线性规划问题. 已知非线性规划为：

$\min\limits_{x} z = x_1^2 + x_2^2 + x_3^2 + 8$

$$\text{s. t.} \begin{cases} x_1^2 - x_2 + x_3^2 \geq 0, \\ x_1 + x_2^2 + x_3^2 \leq 0, \\ -x_1 - x_2^2 + 2 = 0, \\ x_2 + 2x_3^2 = 3, \\ 0 \leq x_i \leq 2, \ i = 1, 2, 3. \end{cases}$$

实验二十五   聚类分析模型

【实验目的】

理解并掌握系统聚类分析的基本方法与步骤. 掌握 MATLAB 系统聚类的程序设计方法.

25.1   聚类分析简介

聚类分析指将物理或抽象对象的集合分组为由类似的对象组成的多个类的分析过程. 它是一种重要的人类行为. 聚类分析的目标就是在相似的基础上收集数据来分类, 将性质相近事物归入一类. 聚类源于很多领域, 包括数学, 计算机科学, 统计学, 生物学和经济学. 在不同的应用领域, 很多聚类技术都得到了发展, 这些技术方法被用作描述数据, 衡量不同数据源间的相似性, 以及把数据源分类到不同的簇中.

聚类分析的基本步骤:

step1: 调用 zscore 函数将待分类数据进行标准化;

step2: 调用 pdist 函数计算变量之间的相似矩阵;

step3: 调用 linkage 函数定义变量之间的连接;

step4: 调用 cophenet 函数评价聚类效果的好坏;

step5: 调用 dendrogram 函数创建聚类树形图;

step6: 调用 cluster 函数创建聚类并输出聚类结果.

25.2   MATLAB 命令

25.2.1   系统聚类法的 MATLAB 函数

系统聚类法的 MATLAB 函数如表 25.1 所示.

表 25.1   系统聚类法的 MATLAB 函数

函数名	说明
pdist	用指定的距离计算方法计算数据矩阵中各对象之间的距离
squareform	将距离矩阵从上三角形式转化为方阵形式, 或从方阵形式转化为上三角形式
linkage	用指定的算法计算系统聚类树
dendrogram	作聚类树形图
cophenet	利用 pdist 函数生成的 Y 和 linkage 函数生成的 Z 计算 cophenet 相关系数

续表25.1

函数名	说明
cluster	根据 linkage 函数的输出系统聚类树矩阵创建分类
clusterdata	根据数据创建分类

pdist 函数支持的各种距离如表 25.2.

表 25.2　pdist 函数支持的各种距离

Metric 参数值	含义	Metric 参数值	含义
'euclidean'	欧氏距离(默认)	'cosine'	1 减去样品对向量的夹角的余弦
'seuclidean'	标准化欧氏距离	'correlation'	1 减去样品对的相关系数
'mahalanobis'	马氏距离	'hamming'	不一致的百分比
'cityblock'	布洛克距离	'jaccard'	不一致的非零坐标的百分比
'minkowski'	明可夫斯基	'chebychev'	Chebychev 距离

linkage 函数支持的系统聚类方法如表 25.3.

表 25.3　linkage 函数支持的系统聚类方法

Method 参数值	含义	Method 参数值	含义
'single'	最短距离(缺省)	'centroid'	重心距离
'complete'	最大距离	'ward'	离差平方和方法
'average'	平均距离	'median'	赋权重心距离
'weighted'	赋权平均距离		

dendrogram 函数支持的 orientation 参数值如表 25.4.

表 25.4　dendrogram 函数支持的 orientation 参数值列表

参数值	含义	参数值	含义
'top'	从上至下,叶节点标签在下方(默认)	'left'	从左至右,叶节点标签在右边
'bottom'	从下至上,叶节点标签在上方	'right'	从右至左,叶节点标签在左边

cophenet 函数用来计算系统聚类树的 cophenetic 相关系数。给定样本观测数据矩阵

$$X = \begin{bmatrix} \boldsymbol{x}_1 \\ \boldsymbol{x}_2 \\ \vdots \\ \boldsymbol{x}_n \end{bmatrix} = \begin{bmatrix} x_{11} & x_{12} & \cdots & x_{1p} \\ x_{21} & x_{22} & \cdots & x_{2p} \\ \vdots & \vdots & & \vdots \\ x_{n1} & x_{n2} & \cdots & x_{np} \end{bmatrix} \tag{25.1}$$

其中 $\boldsymbol{X}$ 的每一行为一个样品(或观测)，每一列为一个变量的 n 个观测值，即 $\boldsymbol{X}$ 是由 n 个样品($\boldsymbol{x}_1$，$\boldsymbol{x}_2$，$\cdots$，$\boldsymbol{x}_n$)的 p 个变量的观测值构成的矩阵. 对式(25.1)所给的样本观测矩阵 $\boldsymbol{X}$，用 $\boldsymbol{y} = (y_1$，y_2，$\cdots$，$y_{n(n-1)/2})$ 表示由 pdist 函数输出的样品对距离向量，用 (i,j) 表示由第 i 个样品和第 j 个样品构成的样品对，则 y 中的元素依次是样品对 $(2,1)$，$(3,1)$，$\cdots$，$(n,1)$，$(3,2)$，$\cdots$，$(n,2)$，$\cdots$，$(n,n-1)$ 的距离. 设 $d = (d_1$，d_2，$\cdots$，$d_{n(n-1)/2})$，其中 d_1 为第 2 个样品和第 1 个样品初次并为一类时的并类距离，d_2 为第 3 个样品和第 1 个样品初次并为一类时的并类距离，其余类似，$d_{n(n-1)/2}$ 为第 n 个样品和第 $n-1$ 个样品初次并为一类时的并类距离，即 d 中元素依次是样品对 $(2,1)$，$(3,1)$，$\cdots$，$(n,1)$，$(3,2)$，$\cdots$，$(n,n-1)$ 中两样品初次并类时的并类距离，称为 cophenetic 距离. cophenetic 相关系数是指 y 和 d 之间的线性相关系数，即，

$$\boldsymbol{X} = \begin{bmatrix} \boldsymbol{x}_1 \\ \boldsymbol{x}_2 \\ \vdots \\ \boldsymbol{x}_n \end{bmatrix} = \begin{bmatrix} x_{11} & x_{12} & \cdots & x_{1p} \\ x_{21} & x_{22} & \cdots & x_{2p} \\ \vdots & \vdots & & \vdots \\ x_{n1} & x_{n2} & \cdots & x_{np} \end{bmatrix} \tag{25.2}$$

cophenetic 相关系数反映了聚类效果的好坏，cophenetic 相关系数越接近于 1，说明聚类效果越好. 可通过 cophenetic 相关系数对比各种不同的距离计算方法和不同的系统聚类法的聚类效果.

cophenet 函数的调用格式如下：

c = cophenet(Z, Y)

[c, d] = cophenet(Z, Y)

输入参数 Z 是 linkage 函数输出的系统聚类树矩阵，Y 是 pdist 函数输出的样品间距离向量，输出参数 c 为 cophenetic 相关系数，d 为 cophenetic 距离向址，d 与 Y 等长，c 是 d 与 Y 之间的线性相关系数.

cluster 函数在 linkage 函数的输出结果的基础上创建聚类，并输出聚类结果，其调用格式如下：

(1) T = cluster(Z, 'cutoff', c)

由系统聚类树矩阵创建聚类. 输入参数 Z 是由 linkage 函数创建的系统聚类树矩阵，它是 $(n-1) \times 3$ 的矩阵，这里 n 是原始数据中观测(即样品)的个数. c 用来设定聚类的阈值，当一个节点和它的所有子节点的不一致系数小于 c 时，该节点及其下面的所有节点被聚为一类. 输出参数 T 是一个包含 n 个元素的列向量，其元素为相应观测所属类的类序号. 特别地，若输入参数 c 为一个向量，则输出 T 为一个 n 行多列的矩阵，c 的每个元素对应 T 的一列.

(2) T = cluster(Z, 'cutoff', c, 'depth', d)

设置计算的深度为 d，默认情况下，计算深度为 2.

(3) T = cluster(Z, 'cutoff', c, 'criterion', criterion)

设置聚类的标准. 最后一个输入参数 criterion 为字符串，可能的取值为 'inconsistent'(默认情况)或 'distance'. 若为 'distance'，则用距离作为标准，把并类距离小于 c 的节点及其下方的所有子节点聚为一类；若为 'inconsistent'，则等同于第 1 种调用.

(4) T = cluster(Z, 'maxclust', n)

用距离作为标准，创建一个最大类数为 n 的聚类. 此时会找到一个最小距离，在该距离

处断开聚类树形图, 将样品聚为 n 个(或少于 n 个)类.

25.2.2 k 均值聚类法

k 均值聚类法又称为快速聚类法, 其基本步骤为:

step1: 选择 k 个样品作为初始凝聚点(聚类种子), 或者将所有样品分成 k 个初始类, 然后将类的重心(均值)作为初始凝聚点.

step2: 对除凝聚点之外的所有样品逐个归类, 将每个样品归入离它最近的凝聚点所在的类, 该类的凝聚点更新为这一类目前的均值, 直至所有样品都归了类.

step3: 重复步骤 step2, 直至所有样品都不能再分配为止.

注: k 均值聚类的最终聚类结果在一定程度上依赖于初始凝聚点或初始分类的选择.

MATLAB 中的函数 kmeans 用来作 k 均值聚类, 将 n 个点(或观测)分为 k 个类, kmeans 函数的调用格式如表 25.5.

表 25.5 kmeans 函数的调用格式

调用格式	功能
IDX = kmeans(X, k)	将 n 个点(或观测)分为 k 个类, 输入参数 X 为 n×p 的矩阵, 矩阵的每一行对应一个点, 每一列对应一个变量, 输出参数 IDX 是一个 n×1 的向量, 其元素为每个点所属类的类序号
[IDX, C] = kmeans(X, k)	返回 k 个类的类重心坐标矩阵 C, C 是一个 k×p 的矩阵, 第 i 行元素为第 i 类的类重心坐标
[lDX, C, sumd] = kmeans(X, k)	返回类内距离和(即类内各点与类重心距离之和)向量 sumd, sumd 是一个 1×k 的向量, 第 i 个元素为第 i 类的类内距离之和
[IDX, C, sumd, D] = kmeans(X, k)	返回每个点与每个类重心之间的距离矩阵 D, D 是一个 n×k 的矩阵, 第 i 行第 j 列的元素是第 i 个点与第 j 类的类重心之间的距离
[⋯] = kmeans(⋯, paraml, vall, paran2, val2, ⋯)	允许用户设置更多的参数及参数值, 用来控制 kmeans 函数所用的迭代算法. paraml, param2, ⋯为参数名, val1, val2, ⋯为相应的参数值

silhouette 函数用来根据 cluster, clusterdata 或 kmeans 函数的聚类结果绘制轮廓图, 从轮廓图上能看出每个点的分类是否合理. 轮廓图上第 i 个点的轮廓值定义为

$$S(i) = \frac{\min(b) - a}{\max([a, \min(b)])}, \ i = 1, 2, \cdots, n \tag{25.3}$$

其中, a 是第 i 个点与同类的其他点之间的平均距离, b 为一个向量, 其元素是第 i 个点与不同类的类内各点之间的平均距离, 例如 b 的第 k 个元素是第 i 个点与第 k 类各点之间的平均距离. 轮廓值 $S(i)$ 的取值范围为 $[-1, 1]$, $S(i)$ 值越大, 说明第 i 个点的分类越合理, 当 $S(i)$ <0 时, 说明第 i 个点的分类不合理, 还有比目前分类更合理的方案. silhouette 函数的调用格式如表 25.6.

表 25.6   silhouette 函数的调用格式

调用格式	功能
silhouette(X, clust)	根据样本观测矩阵 X 和聚类结果 clust 绘制轮廓图
s = silhouette (X, clust)	返回轮廓值向量 s, 不绘制轮廓图
[s, h] = silhouette(X, clust)	绘制轮廓图, 并返回轮廓值向量 s, 图形句柄 h
[⋯] = silhouette(X, clust, metric)	metric 指定距离的计算方法, 绘制轮廓图
[⋯] = silhouette(X, clust, distfun)	distfun 为自定义的距离计算函数句柄, 绘制轮廓图

25.3   实验内容

【例 25.1】   生成有 5 个中心的二维正态分布随机数据, 然后对这些数据进行样品聚类.
源程序:

s = rng(5, 'multFibonacci'); %随机数种子

rng('shuffle'); %根据当前时间为随机数生成器提供种子

mu = round((rand(5, 2)−0.5) * 49)+1;

sigma = round(rand(5, 2) * 20)/10+1;

%生成有 5 个中心以及标准差的二维正态分布随机数据

X = [mvnrnd(mu(1, :), sigma(1, :), 200); mvnrnd(mu(2, :), sigma(2, :), 300);

...

    mvnrnd(mu(3, :), sigma(3, :), 200); mvnrnd(mu(4, :), sigma(4, :), 300);

...

    mvnrnd(mu(5, :), sigma(5, :), 400)];

figure(1); scatter(X(:, 1), X(:, 2), 10, 'ro'); %作图

title('研究样本散点分布图');

%1.分层聚类

X = zscore(X); %数据标准化

eucD = pdist(X, 'euclidean'); %用 euclidean 距离计算样品对之间的距离

clustTreeEuc = linkage(eucD, 'average'); %根据类平均法用 linkage 函数创建系统聚类树

c = cophenet(clustTreeEuc, eucD)   %计算系统聚类树的 cophenetic 相关系数

figure(2); clf; %作聚类树形图, 叶节点数为 30, 叶节点标签在左边

%可以选择 dendrogram 显示的结点数目, 这里选择 30, 结果显示可能可以分成 5 类

[h, nodes] = dendrogram(clustTreeEuc, 30, 'orientation', 'right');

title('聚类树形图');

ci*dx*1 = cluster(clustTreeEuc, 'maxclust', 5); %创建聚类, 聚为 5 类, 并输出聚类结果

figure(3); clf   %将 cluster 分类的结果展示出来

ptsymb = {'b * ', 'rd', 'gs', 'ko', 'c+'};

MarkFace = {[0 0 1], [0.9 0 0], [0 0.9 0], [0.2 0 0], [0.9 0.9 0]};

hold on

for i = 1: 5

```
        clust = find(cidx1 = = i);
        plot(X(clust, 1), X(clust, 2), ptsymb{i}, 'MarkerSize', 3, 'MarkerFace', …
                MarkFace{i}, 'MarkerEdgeColor', 'black');
end
hold off;
title('cluster 函数聚类结果');
%2. K 均值聚类，距离用传统欧式距离，分成 5 类
[cidx2, cmeans2, sumd2, D2] = kmeans(X, 5, 'dist', 'sqEuclidean');
figure(4); clf    %将 kmeans 分类的结果展示出来
hold on;
for i = 1: 5
        clust = find(cidx2 = = i);
        plot(X(clust, 1), X(clust, 2), ptsymb{i}, 'MarkerSize', 3, 'MarkerFace', …
                MarkFace{i}, 'MarkerEdgeColor', 'black');
end
hold off;
title('kmeans 函数聚类结果');
P5 = figure(5); clf;
[silh2, h2] = silhouette(X, cidx2, 'sqeuclidean');    %根据聚类结果绘制轮廓图
title('kmeans 函数聚类结果的轮廓图');
```

程序运行后输出用类平均法聚类的 cophenetic 相关系数为：

c = 0.9073

cophenetic 相关系数接近 1，说明聚类效果好. 绘制的样本散点图、聚类树形图、cluster 函数聚类结果、kmeans 函数聚类结果、cluster 函数聚类结果的轮廓图、kmeans 函数聚类结果的轮廓图分别如图 25.1 至图 25.6 所示. 各样本的轮廓值大于 0.8，说明对各样本的聚类合理.

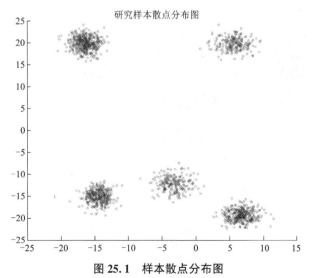

图 25.1　样本散点分布图

聚类树形图

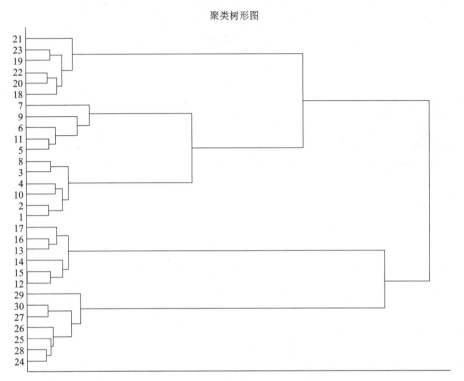

图 25.2　聚类树形图

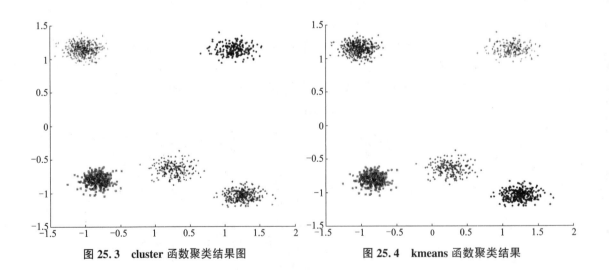

图 25.3　cluster 函数聚类结果图　　　　图 25.4　kmeans 函数聚类结果

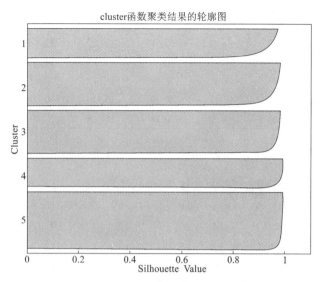

图 25.5 **cluster** 函数聚类结果的轮廓图

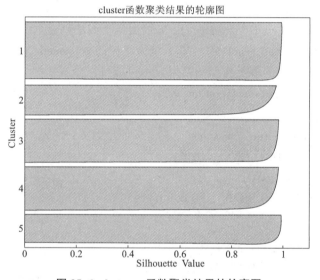

图 25.6 **kmeans** 函数聚类结果的轮廓图

【例 25.2】 反映城镇居民生活消费规律的指标变量主要有 8 个, 即, x1: 人均粮食支出, x2: 人均副食支出; x3: 人均烟酒茶支出, x4: 人均其他副食支出, x5: 人均衣着商品支出, x6: 人均日用品支出, x7: 人均燃料支出, x8 人均非商品支出. 某年辽宁、浙江、河南、甘肃、青海 5 省的城镇居民生活月均消费如表 25.7, 试对这 8 个变量进行聚类分析.

表 25.7　某年五省城镇居民生活月均消费(元/月)

	x_1	x_2	x_3	x_4	x_5	x_6	x_7	x_8
辽宁	7.9	39.77	8.49	12.94	19.27	11.05	2.04	13.29
浙江	7.68	50.37	11.35	13.3	19.25	14.59	2.75	14.87
河南	9.42	27.93	8.2	8.14	16.17	9.42	1.55	9.76
甘肃	9.16	27.98	9.01	9.32	15.99	9.1	1.82	11.35
青海	10.06	28.64	10.52	10.05	16.18	8.39	1.96	10.81

源程序:

```
X = [7.9     39.77    8.49    12.94    19.27    11.05    2.04    13.29
     7.68    50.37    11.35   13.3     19.25    14.59    2.75    14.87
     9.42    27.93    8.2     8.14     16.17    9.42     1.55    9.76
     9.16    27.98    9.01    9.32     15.99    9.1      1.82    11.35
     10.06   28.64    10.52   10.05    16.18    8.39     1.96    10.81];
X = X';  %把每个变量所在的列看作一个样品,
%1.分层聚类
eucD = pdist(X, 'correlation');  %距离为相关系数距离
clustTreeEuc = linkage(eucD, 'average');  %根据类平均法创建系统聚类树
c = cophenet(clustTreeEuc, eucD)  %计算系统聚类树的 cophenetic 相关系数
figure(1); clf;  %作出的聚类树形图结果显示可能可以分成3类
[h, nodes] = dendrogram(clustTreeEuc, 8);
title('聚类树形图');
cidx1 = cluster(clustTreeEuc, 'maxclust', 3);  %创建聚类,聚为3类
figure(2); clf%将分类的结果展示出来
ptsymb = {'ro', 'rd', 'gs'};
MarkFace = {[0 0 1], [0.9 0 0], [0 0.9 0]};
hold on
for i = 1: 3
    clust = find(cidx1 == i);
    plot(i, clust, ptsymb{i}, 'MarkerSize', 8, 'MarkerFace', MarkFace{i}, …
        'MarkerEdgeColor', 'black');
end
hold off; axis([0.8, 3.1, 1, 8]);
set(gca, 'xtick', [1: 3]);  %在 x 轴的指定刻度处显示刻度数据
title('cluster 函数聚类结果');
%2.K 均值聚类,距离用传统欧式距离,分成3类
[cidx2, cmeans2, sumd2, D2] = kmeans(X, 3, 'dist', 'sqEuclidean');
figure(3); clf; hold on;
for i = 1: 3
```

```
        clust = find( cidx2 = = i) ;
        plot( i, clust, ptsymb{i}, 'MarkerSize', 8, 'MarkerFace', MarkFace{i}, …
            'MarkerEdgeColor', 'black') ;
end
axis([0.8, 3.1, 1, 8]) ;
set( gca, 'xtick', [1:3]) ; %在 x 轴的指定刻度处显示刻度数据
hold off;
title('kmeans 函数聚类结果') ;
%3. 绘制轮廓图, 从轮廓图上面看, 分 3 类时, kmeans 分类结果表现佳,
%基本上每点的轮廓值都在 0.5 以上
figure(4) ; clf;
[silh1, h1] = silhouette( X, cidx1, 'sqeuclidean') ;
title(' cluster 函数聚类结果的轮廓图') ;
figure(5) ; clf;
[silh2, h2] = silhouette( X, cidx2, 'sqeuclidean') ;
title('kmeans 函数聚类结果的轮廓图') ;
```

程序运行后输出用类平均法聚类的 cophenetic 相关系数为:

$c = 0.9765$

cophenetic 相关系数接近 1, 说明聚类效果好. 绘制的聚类树形图、cluster 函数聚类结果、kmeans 函数聚类结果、cluster 函数聚类结果的轮廓图、kmeans 函数聚类结果的轮廓图分别如图 25.7 至图 25.11 所示. cluster 函数聚类结果中的第 2 类各样本的轮廓值小于 0, 说明对各样本的聚类不合理, kmeans 函数聚类结果中各样本的轮廓值大于 0.5, 说明对各样本的聚类比较合理, 3 个分类结果分别是 {7}、{1, 3, 4, 5, 6, 8}、{2}.

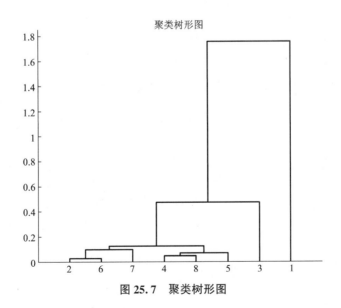

图 25.7 聚类树形图

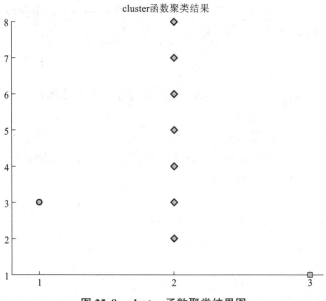

图 25.8   cluster 函数聚类结果图

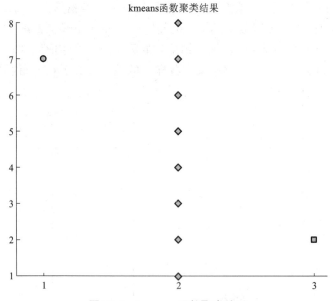

图 25.9   kmeans 函数聚类结果

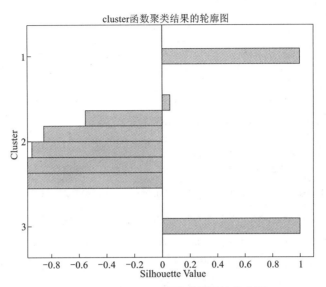

图 25.10　cluster 函数聚类结果的轮廓图

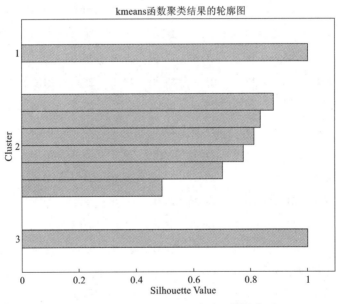

图 25.11　kmeans 函数聚类结果的轮廓图

25.4　实验作业

1. 表 25.8 列出了 2006 年我国 31 个省、市、自治区和直辖市的 12 个月的月平均气温数据。数据来源：中华人民共和国国家统计局网站，2007 年《中国统计年鉴》. 根据这些观测数据，利用分层聚类法，分别对各地区及月份进行聚类分析.

表 25.8 2006 年我国 31 个主要城市的平均气温 (单位：摄氏度)

城市	1 月	2 月	3 月	4 月	5 月	6 月	7 月	8 月	9 月	10 月	11 月	12 月
北京	-1.9	-0.9	8.0	13.5	20.4	25.9	25.9	26.4	21.8	16.1	6.7	-1.0
天津	-2.7	-1.4	7.5	13.2	20.3	26.4	25.9	26.4	21.3	16.2	6.5	-1.7
石家庄	-0.9	1.6	10.3	15.1	21.3	27.4	27.0	25.9	21.8	17.8	8.0	0.4
太原	-3.6	-0.4	6.8	14.5	19.1	23.2	25.7	23.1	17.4	13.4	4.4	-2.5
呼和浩特	-9.2	-7.0	2.2	10.3	17.4	21.8	24.5	22.0	16.3	11.5	1.3	-7.7
沈阳	-12.7	-8.1	0.5	8.0	18.3	21.6	24.2	24.3	17.5	11.6	0.8	-6.7
长春	-14.5	-10.6	-1.3	6.1	17.0	20.2	23.5	23.3	17.1	9.6	-2.3	-9.3
哈尔滨	-17.7	-12.6	-2.8	5.9	17.1	19.9	23.4	23.1	16.2	7.4	-4.5	-12.1
上海	5.7	5.6	11.1	16.6	20.8	25.6	29.4	30.2	23.9	22.1	15.7	8.2
南京	3.9	4.3	11.3	17.1	21.2	26.5	28.7	29.5	22.5	20.3	12.8	5.2
杭州	5.8	6.1	12.4	18.3	21.5	25.9	30.1	30.6	23.3	21.9	15.1	7.7
合肥	3.4	4.5	11.7	17.2	21.7	26.7	28.8	29.0	22.2	20.4	12.8	5.0
福州	12.5	12.5	14.0	19.4	22.3	26.5	29.4	29.0	25.9	24.4	19.8	14.1
南昌	6.6	6.5	12.7	19.3	22.7	26.0	30.0	30.0	24.3	22.1	15.0	8.1
济南	0.0	2.1	10.2	16.5	21.5	26.9	27.4	26.0	21.4	19.5	10.0	1.6
郑州	0.3	3.9	11.5	17.1	21.8	27.8	27.1	26.1	21.2	19.0	10.8	3.0
武汉	4.2	5.8	12.8	19.0	23.9	28.4	30.2	29.7	24.0	21.0	14.0	6.8
长沙	5.3	6.2	12.5	19.9	23.6	27.0	30.1	29.5	24.0	21.3	14.7	7.8
广州	15.8	17.3	17.9	23.6	25.3	27.8	29.6	29.4	27.0	26.4	21.9	16.0
南宁	14.3	14.3	17.5	23.9	25.2	27.6	28.0	27.2	25.7	25.6	20.4	14.0
海口	18.5	20.5	21.8	26.7	28.3	29.4	30.0	28.5	27.4	27.1	25.3	20.8
重庆	7.8	9.0	13.3	19.2	22.9	25.4	31.0	32.4	24.8	20.6	14.6	9.4
温州	5.8	7.5	12.1	17.9	21.6	24.0	26.9	26.6	20.9	19.0	13.3	6.9
贵阳	4.3	5.4	10.2	17.0	18.9	21.1	23.8	23.2	20.5	16.7	11.2	5.8
昆明	10.8	13.2	15.9	18.0	18.0	20.4	21.3	20.6	18.3	16.9	13.2	9.8
拉萨	2.7	5.0	6.2	8.3	12.8	17.8	18.3	17.1	14.7	8.6	3.7	1.2
西安	-0.2	4.3	10.8	16.8	21.4	26.5	28.2	26.0	19.5	16.8	9.4	2.3
兰州	-6.9	-2.6	3.2	10.3	15.6	20.0	22.2	21.9	13.8	10.2	1.5	-7.4
西宁	-6.5	-3.0	1.4	7.1	12.0	15.5	18.7	18.2	11.7	7.6	0.3	-6.4
银川	-7.4	-2.2	4.9	13.6	18.8	23.7	24.8	23.8	16.5	13.7	4.4	-4.3
乌鲁木齐	-14.2	-6.7	1.2	12.0	16.8	23.2	24.5	24.1	17.6	11.4	1.9	-8.8

实验二十六　微分方程模型

【实验目的】

熟悉几个微分方程模型，学习和掌握用 MATLAB 编程进行以用图解法求解微分方程模型.

26.1　微分方程稳定性理论简介

这里仅简单介绍形如式(26.1)的一阶自治常微分方程组的稳定性理论。代数方程组(26.2)的实根称为方程组(26.1)的平衡点，记作 $P_0(x_1^0, x_2^0)$。

$$\begin{cases} \dot{x}_1(t) = f(x_1, x_2) \\ \dot{x}_2(t) = g(x_1, x_2) \end{cases} \tag{26.1}$$

$$\begin{cases} f(x_1, x_2) = 0 \\ g(x_1, x_2) = 0 \end{cases} \tag{26.2}$$

如果存在某个邻域，使方程组(26.1)的解 $x_1(t)$，$x_2(t)$ 从这个邻域内的某个 $(x_1(0), x_2(0))$ 出发，满足

$$\lim_{t \to \infty} x_1(t) = x_1^0, \ \lim_{t \to \infty} x_2(t) = x_2^0 \tag{26.3}$$

则称平衡点 P_0 是稳定的(渐近稳定)；否则，称 P_0 是不稳定的(不渐近稳定).

为了讨论(26.1)的平衡点的稳定性，先看线性常系数方程

$$\begin{cases} \dot{x}_1(t) = a_1 x_1 + a_2 x_2 \\ \dot{x}_2(t) = b_1 x_1 + b_2 x_2 \end{cases} \tag{26.4}$$

系数矩阵记作

$$A = \begin{bmatrix} a_1 & a_2 \\ b_1 & b_2 \end{bmatrix} \tag{26.5}$$

为研究方程(26.4)的唯一平衡点 $P_0(0, 0)$ 的稳定性，假定 A 的行列式 $\det A \neq 0$，$P_0(0, 0)$ 的稳定性由(26.4)的特征方程

$$\det(A - \lambda E) = 0 \tag{26.6}$$

的根 λ(特征根)决定。方程(26.6)即为

$$\begin{cases} \lambda^2 + p\lambda + q = 0 \\ p = -(a_1 + b_2) \\ q = \det A \end{cases} \tag{26.7}$$

将特征根记作 λ_1，λ_2，则

$$\lambda_1,\ \lambda_2 = \frac{1}{2}(-p \pm \sqrt{p^2 - 4q}) \tag{26.8}$$

方程(26.4)的一般解具有形式 $c_1 e^{\lambda_1 t} + c_2 e^{\lambda_2 t}(\lambda_1 \neq \lambda_2)$ 或 $c_1 e^{\lambda_1 t} + c_2 t e^{\lambda_1 t}(\lambda_1 = \lambda_2)$, c_1, c_2 为任意常数. 按照稳定性的定义(26.3)式可知,当 λ_1, λ_2 为负数或有负实部时, $P_0(0,0)$ 是稳定平衡点;而 λ_1, λ_2 当有一个为正数或有正实部时, $P_0(0,0)$ 不是稳定平衡点. 在条件 $\det A \neq 0$ 下 λ_1, λ_2 不可能为 0.

微分方程稳定性理论将平衡点分为结点、焦点、鞍点、中心等类型,完全由特征根 λ_1, λ_2 或相应的 p, q 取值决定. 表 26.1 简明地给出了这些结果,表中最后一列指按定义(26.3)式得到的关于稳定性的结论.

表 26.1　由特征方程决定的平衡点的类型和稳定性

$\lambda_1,\ \lambda_2$	$p,\ q$	平衡点类型	稳定性
$\lambda_1 < \lambda_2 < 0$	$p>0,\ q>0,\ p^2>4q$	稳定结点	稳定
$\lambda_1 > \lambda_2 > 0$	$p<0,\ q>0,\ p^2>4q$	不稳定结点	不稳定
$\lambda_1 < 0 < \lambda_2$	$q<0$	鞍点	不稳定
$\lambda_1 = \lambda_2 < 0$	$p>0,\ q>0,\ p^2=4q$	稳定退化结点	稳定
$\lambda_1 = \lambda_2 > 0$	$p<0,\ q>0,\ p^2=4q$	不稳定退化点	不稳定
$\lambda_{1,2} = \alpha \pm \beta\mathrm{i},\ \alpha<0$	$p>0,\ q>0,\ p^2<4q$	稳定焦点	稳定
$\lambda_{1,2} = \alpha \pm \beta\mathrm{i},\ \alpha>0$	$p<0,\ q>0,\ p^2<4q$	不稳定焦点	不稳定
$\lambda_{1,2} = \alpha \pm \beta\mathrm{i},\ \alpha=0$	$p=0,\ q>0$	中心	不稳定

由表 26.1 可以看出,根据特征方程的系数 p, q 的正负很容易判断平衡点的稳定性,准则如下:若

$$p>0,\ q>0 \tag{26.9}$$

则平衡点稳定;若

$$p<0 \ 或 \ q<0 \tag{26.10}$$

则平衡点不稳定.

对于一般的非线性方程(26.1),可以用近似线性方法判断其平衡点 $P_0(x_1^0, x_2^0)$ 的稳定性. 在 P_0 点将 $f(x_1, x_2)$ 和 $g(x_1, x_2)$ 作 Taylor 展开,只取一次项,得(26.1)的近似线性方程

$$\begin{cases} \dot{x}_1(t) = f_{x_1}(x_1^0, x_2^0)(x_1 - x_1^0) + f_{x_2}(x_1^0, x_2^0)(x_2 - x_2^0) \\ \dot{x}_2(t) = g_{x_1}(x_1^0, x_2^0)(x_1 - x_1^0) + g_{x_2}(x_1^0, x_2^0)(x_2 - x_2^0) \end{cases} \tag{26.11}$$

系数矩阵记作

$$A = \begin{bmatrix} f_{x_1} & f_{x_2} \\ g_{x_1} & g_{x_2} \end{bmatrix} \Bigg|_{P_0(x_1^0, x_2^0)} \tag{26.12}$$

特征方程系数为

$$p = -(f_{x_1} + g_{x_2})\big|_{p_0}, \quad q = \det A \tag{26.13}$$

显然，P_0 点对于方程(26.11)的稳定性由表 26.1 或准则(26.9)，(26.10)决定，而且已经证明了如下结论：

若方程的特征根不为 0 或实部不为 0，则 P_0 点对于方程(26.1)的稳定性与对于近似方程(26.11)的稳定性相同，即由准则(26.9)，(26.10)决定.

26.2 MATLAB 命令

求解常微分方程与偏微分方程的 MATLAB 函数见实验十一与实验十二.

26.3 实验内容

【例 26.1】 分析捕鱼业鱼量稳定的条件模型. 记时刻 t 渔场中鱼量 $x(t)$，关于 $x(t)$ 的自然增长和人工捕捞作如下假设：

1. 在无捕捞条件下 $x(t)$ 的增长服从 logistic 模型（阻滞增长模型），即

$$\dot{x}(t) = f(x) = rx\left(1 - \frac{x}{N}\right) \tag{26.14}$$

r 是固有增长率，N 是环境容许的最大鱼量，用 $f(x)$ 表示单位时间的增长量.

2. 单位时间的捕捞量（即产量）与渔场鱼量 $x(t)$ 成正比，比例常数 E 表示单位时间捕捞率，又称为捕捞强度，可以用比如捕鱼网眼的大小或出海渔船数量来控制其大小. 于是单位时间的捕捞量为

$$h(x) = Ex \tag{26.15}$$

根据以上假设并记 $F(x) = f(x) - h(x)$，得到捕捞情况下渔场鱼量满足的方程

$$\dot{x}(t) = F(x) = rx\left(1 - \frac{x}{N}\right) - Ex \tag{26.16}$$

令 $F(x) = rx\left(1 - \frac{x}{N}\right) - Ex = 0$，得到两个平衡点

$$x_0 = N\left(1 - \frac{x}{N}\right), \quad x_1 = 0 \tag{26.17}$$

不难算出 $F'(x_0) = E - r$，$F'(x_1) = r - E$，所以若

$$E < r \tag{26.18}$$

有 $F'(x_0) < 0$，$F'(x_1) > 0$，所以根据式(26.3)可知，故 x_0 点稳定，x_1 点不稳定；若 $E > r$，则结果正好相反.

上述分析表明，只要捕捞适度 $(E < r)$，就可使渔场鱼量稳定在 x_0，从而获得持续产量 $h(x_0) = Ex_0$；而当捕捞过度时 $(E > r)$，渔场鱼量将趋向 $x_1 = 0$，当然谈不上获得持续产量了.

进一步讨论渔场鱼量稳定在 x_0 的前提下，如何控制捕捞强度 E 使持续产量最大的问题. 用图解法可以非常简单地得到结果.

根据(26.14)，(26.15)式作抛物线 $y = f(x)$ 和直线 $y = h(x) = Ex$，如图 26.1，注意到 $y =$

$f(x)$ 在原点的切线为 $y=rx$，所以在条件(26.18)下 $y=Ex$ 必与 $y=f(x)$ 有交点 P，P 的横坐标就是稳定平衡点 x_0.

根据假设(2)，P 点的纵坐标 h 为稳定条件下单位时间的持续产量. 由图 26.1 立刻知道，当 $y=Ex$ 与 $y=f(x)$ 在抛物线顶点 P^* 相交时可获得最大的持续产量，此时的稳定平衡点为 $x_0^* = \dfrac{N}{2}$，且单位时间的最大持续产量为 $h_m = \dfrac{rN}{4}$，而由(26.17)式不难算出保持渔场鱼量稳定在 x_0^* 的捕捞率为 $E^* = \dfrac{r}{2}$.

综上所述，产量模型的结论是将捕捞率控制在固有增长率 r 的一半，更简单些，可以说使渔场鱼量保持在最大鱼量 N 的一半时，能够获得最大的持续产量.

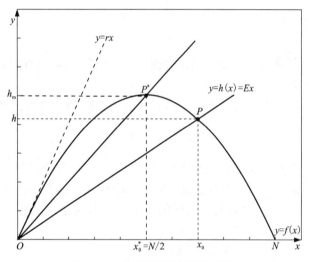

图 26.1　最大持续产量的图解法

最大持续产量的图解法程序如下:

```
r=1；E=0.3；N=100；%初始鱼量等参数
x=0：1：N；
y=r*x.*(1-x/N)；%y=f(x)
x0=N*(1-E/r)；%稳定点
h=r*x0*(1-x0/N)；%在稳定点 x0 的持续产量
x0x=N/2；%最大持续产量的稳定平衡点
hm=r*N/4；%在稳定平衡点 x0x 的最大持续产量
figure(1)；hold on；%画 y=f(x)=r*x.*(1-x/N)；
plot(x,y,'LineWidth',2)；
y1=r*x(1：35)；
plot(x(1：35),y1,'r--')；%画直线 y=rx
y2=hm/x0x *x(1：70)；
plot(x(1：70),y2,'LineWidth',2)；%画直线 OP*
```

```
y3 = h/x0 * x(1: 85);
plot(x(1: 85), y3, 'LineWidth', 2); %画直线 OP
scatter([x0x, x0], [hm, h], 'filled');
plot([x0x, x0x], [0, hm+0.1], 'r--'); %画直线 x=x0x
plot([x0, x0], [0, h+0.1], 'r--'); %画直线 x=x0
plot([0, x0], [h, h], 'r--'); %画直线 y=h
plot([0, x0x], [hm, hm], 'r--'); %画直线 y=hm
```

【例 26.2】 Volterra 食饵–捕食者模型。自然界中不同种群之间还存在着一种非常有趣的既有依存、又有制约的生存方式：种群甲靠丰富的自然资源生长，而种群乙靠捕食种群甲为生，食用鱼和鲨鱼、美洲兔和山猫、落叶松和蚜虫等都是这种生存方式的典型。生态学上称种群甲为食饵(Prey)，种群乙为捕食者(Predator)，二者共处组成食饵–捕食者系统(简称 P-P 系统)。设食饵和捕食者在时刻 t 的数量分别记作 $x(t)$，$y(t)$，假设当食饵独立生存时以指数规律增长，(相对)增长率为 r，即 $\dot{x}=rx$，而捕食者的存在使食饵的增长率减小，设减小的程度与捕食者数量成正比，于是 $x(t)$ 满足方程

$$\dot{x}(t) = x(r-ay) = rx - axy \tag{26.19}$$

比例系数 a 反映捕食者掠取食饵的能力。

捕食者离开食饵无法生存，设它独自存在时死亡率为 d，即 $\dot{y}=-dy$，而食饵的存在为捕食者提供了食物，相当于使捕食者的死亡率降低，且促使其增长。设这种作用与食饵数量成正比，于是 $y(t)$ 满足

$$\dot{y}(t) = y(-d+bx) = -dy + bxy \tag{26.20}$$

比例系数 b 反映食饵对捕食者的供养能力。

方程(26.19)，(26.20)是在自然环境中食饵和捕食者之间依存和制约的关系，这里没有考虑种群自身的阻滞增长作用，是 Volterra 提出的最简单的模型。

模型分析方程(26.19)，(26.20)没有解析解，可以分两步对这个模型所描述的现象进行分析。首先，利用 MATLAB 求微分方程的数值解，通过对数值结果和图形的观察，猜测它的解析解的构造；然后，从理论上研究其平衡点及相轨线的形状，验证前面的猜测。

1. 数值解

记食饵和捕食者的初始数量分别为

$$x(0) = x_0, \ y(0) = y_0 \tag{26.21}$$

为求微分方程(26.19)，(26.20)及初始条件(26.21)的数值解 $x(t)$，$y(t)$(并作图)及相轨线 $y(x)$，设 $r=1$，$d=0.5$，$a=0.1$，$b=0.02$，$x_0=25$，$y_0=2$，编写源程序如下：

```
function example26_2
    ts = 0: 0.1: 15;
    x0 = [25, 2];
    [t, x] = ode45(@ shier, ts, x0);
    figure(1); plot(t, x, 'LineWidth', 2); grid on;
    legend('x(t)', 'y(t)', 0);
    figure(2); plot(x(:, 1), x(:, 2), 'LineWidth', 2); grid on;
```

end

function xdot = shier(t, x)

　　r=1; d=0.5; a=0.1; b=0.02;

　　xdot=[(r-a*x(2)).*x(1); (-d+b*x(1)).*x(2)];

end

　　运行程序 example26_2 之后可得 $x(t)$，$y(t)$ 及相轨线 $y(x)$ 的图形如图 26.2、图 26.3 所示(数值结果从略).可以猜测 $x(t)$，$y(t)$ 是周期函数,与此相应地,相轨线 $y(x)$ 是封闭曲线.从数值解近似地定出周期为 10.7，x 的最大、最小值分别为 99.3 和 2.0，y 的最大、最小值分别为 28.4 和 2.0，并且用数值积分容易算出 $x(t)$，$y(t)$ 在一个周期的平均值为 $\bar{x}=25$，$\bar{y}=10$.

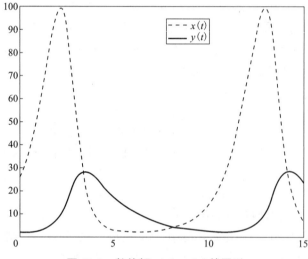

图 26.2　数值解 $x(t)$，$y(t)$ 的图形

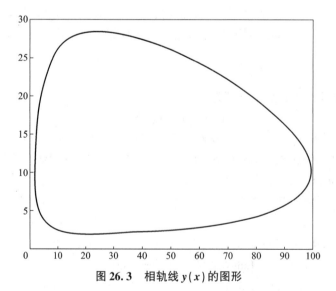

图 26.3　相轨线 $y(x)$ 的图形

2. 平衡点及相轨线

首先求得方程(26.19),(26.20)的两个平衡点为$P_0(\dfrac{d}{b}, \dfrac{r}{a})$,$P_1(0, 0)$,计算它们的$p$,$q$发现,对于$P_1$,$q<0$,$P_1$不稳定;对于$P_0$,$p=0$,$q>0$,$P_0$处于临界状态,不能用判断线性方程平衡点稳定性的准则研究非线性方程(26.19),(26.20)的平衡点P_0的情况.下面用分析相轨线的方法解决这个问题.

从方程(26.19),(26.20)消去$\mathrm{d}t$后得到

$$\frac{\mathrm{d}x}{\mathrm{d}y}=\frac{x(r-ay)}{y(-d+bx)} \tag{26.22}$$

这是可分离变量方程,写作$\dfrac{-d+bx}{x}\mathrm{d}x=\dfrac{r-ay}{y}\mathrm{d}y$,两边积分得到方程(26.22)的解,即方程(26.19),(26.20)的相轨线为

$$(x^d\mathrm{e}^{-bx})(y^r\mathrm{e}^{-ay})=c \tag{26.23}$$

其中常数c由初始条件确定.

为了从理论上证明相轨线(26.23)是封闭曲线,记

$$f(x)=x^d\mathrm{e}^{-bx}, \; g(y)=y^r\mathrm{e}^{-ay} \tag{26.24}$$

作出它们的图形如图26.4(a)~(b)所示,将它们的极值点记为(x_0, y_0),极大值记为f_m,g_m,则不难知道x_0,y_0满足

$$f(x_0)=f_m, \; x_0=\frac{d}{b}; \; g(y_0)=g_m, \; y_0=\frac{r}{a} \tag{26.25}$$

即x_0,y_0恰好是平衡点P_0.

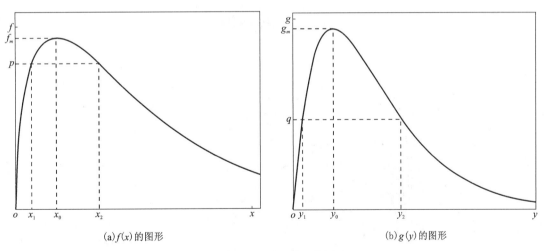

(a)$f(x)$的图形   (b)$g(y)$的图形

图26.4 $f(x)$与$g(y)$的图形

对于给定的c值考察相轨线(26.23)的形状.

当$c=f_m g_m$时,$x=x_0$,$y=y_0$,相轨线在图26.5中退化为平衡点P_0.

当 $0<c<f_m g_m$ 时，设 $c=pg_m(0<p<f_m)$. 若令 $y=y_0$，则由 (26.24)，(26.25) 可得 $f(x)=p$，而从图 $26.4(a)$ 知道，必存在 x_1，x_2，使 $f(x_1)=f(x_2)=p$，且 $x_1<x_0<x_2$. 于是相轨线应通过图 26.5 中的 $Q_1(x_1,y_0)$，$Q_2(x_2,y_0)$ 两点.

接着分析区间 (x_1,x_2) 内的任一点 x，因为 $f(x)>p$，由 $f(x)g(y)=pg_m$ 可知，$g(y)<g_m$. 记 $g(y)=q$，从图 $26.4(b)$ 知道，存在 y_1，y_2，使 $g(y_1)=g(y_2)=q$，且 $y_1<y_0<y_2$，于是这条轨线又通过图 26.5 中的 $Q_3(x,y_1)$，$Q_4(x,y_2)$ 两点. 而因为 x 是区间 (x_1,x_2) 内的任意点，所以轨线在 Q_1，Q_2 之间对于每个 x 总要通过纵坐标为 y_1，y_2（且 $y_1<y_0<y_2$）的两点，这就证明了图 26.5 中的相轨线是一条封闭曲线.

这样，当 c 由最大值 $f_m g_m$ 变小时，相轨线是一族从 P_0 点向外扩展的封闭曲线（图 26.6）. P_0 点称为中心.

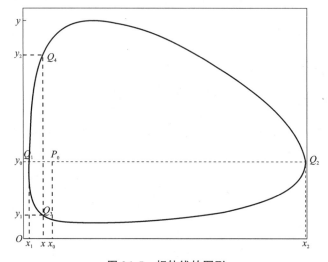

图 26.5　相轨线的图形

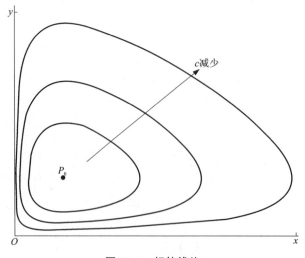

图 26.6　相轨线族

为确定相轨线的方向，考察相平面上被 $x=x_0$，$y=y_0$ 两条直线分成的 4 个区域内 $\dot{x}$，$\dot{y}$ 的正负号，由此就决定了相轨线是逆时针方向运动的，如图 26.7.

相轨线是封闭曲线等价于 $x(t)$，$y(t)$ 是周期函数(图 26.8)，记周期为 T，在图 26.8 中周期 T 分为 4 段：$T_1 \sim T_4$，它们恰好与图 26.7 中 4 个区域内的 4 段轨线相对应. 结合图 26.7、图 26.8 可以看出，$x(t)$，$y(t)$ 的周期变化存在着相位差，$x(t)$ 领先于 $y(t)$，如 $x(t)$ 领先 T_2 达到最大值.

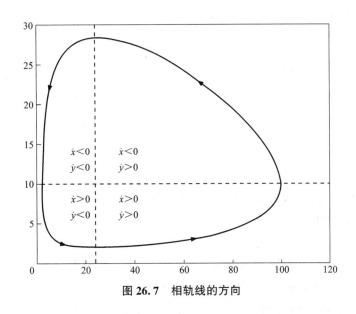

图 26.7　相轨线的方向

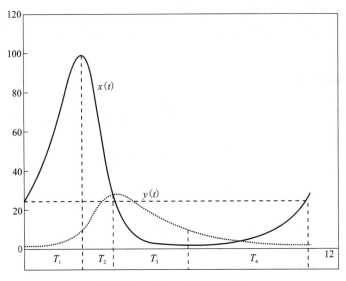

图 26.8　$x(t)$，$y(t)$ 的相位差

3. $x(t)$, $y(t)$ 在一个周期内的平均值

在数值解中我们看到, $x(t)$, $y(t)$ 一个周期的平均值为 $\bar{x} = 25$, $\bar{y} = 10$, 这个数值与平衡点 $x_0 = \dfrac{d}{b} = \dfrac{0.5}{0.02}$, $y_0 = \dfrac{r}{a} = \dfrac{1}{0.1}$ 刚好相等. 实际上, 可以用解析的办法求出它们在一个周期的平均值 $\bar{x}$, $\bar{y}$.

将方程 (26.20) 改写为

$$x(t) = \frac{1}{b}\left(\frac{\dot{y}(t)}{y} + d\right) \tag{26.26}$$

(26.26) 式两边在一个周期内积分, 注意到 $y(T) = y(0)$, 容易算出平均值为

$$\bar{x} = \frac{1}{T}\int_0^T x(t)\,\mathrm{d}t = \frac{1}{T}\left[\frac{\ln y(T) - \ln y(0)}{b} + \frac{dT}{b}\right] = \frac{d}{b} \tag{26.27}$$

类似地可得

$$\bar{y} = \frac{r}{a} \tag{26.28}$$

将式 (26.27)、式 (26.28) 与式 (26.25) 比较可知 $\bar{x} = x_0$, $\bar{y} = y_0$, 即 $x(t)$, $y(t)$ 的平均值正是相轨线中心 P_0 点的坐标.

模型解释

注意到 r, d, a, b 在生态学上的意义, 上述结果表明, 捕食者的数量(用一个周期的平均值 $\bar{y}$ 代表)与食饵增长率 r 成正比, 与它掠夺食饵的能力 a 成反比; 食饵的数量(用一个周期的平均值 $\bar{x}$ 代表)与捕食者死亡率 d 成正比, 与它供养捕食者的能力 b 成反比. 这就是说: 在弱肉强食情况下降低食饵的繁殖率, 可使捕食者减少, 降低捕食者的掠取能力却会使之增加; 捕食者的死亡率上升导致食饵增加, 食饵供养捕食者的能力增强会使食饵减少.

26.4 实验作业

1. 将例 26.2 中的 Volterra 模型加入自身阻滞作用的 logistic 项的模型为

$$\begin{cases} \dot{x}_1(t) = r_1 x_1\left(1 - \dfrac{x_1}{N_1} - \sigma_1 \dfrac{x_2}{N_2}\right), \\[2mm] \dot{x}_2(t) = r_2 x_2\left(-1 + \sigma_2 \dfrac{x_1}{N_1} - \dfrac{x_2}{N_2}\right), \end{cases}$$

通过对数值结果和图形的观察, 讨论这个模型的平衡点及稳定性.

2. 通过对数值结果和图形的观察, 讨论种群的相互竞争模型

$$\begin{cases} \dot{x}_1(t) = r_1 x_1\left(1 - \dfrac{x_1}{N_1} - \sigma_1 \dfrac{x_2}{N_2}\right), \\[2mm] \dot{x}_2(t) = r_2 x_2\left(1 - \sigma_2 \dfrac{x_1}{N_1} - \dfrac{x_2}{N_2}\right), \end{cases}$$

的平衡点及稳定性.

3. 通过对数值结果和图形的观察，讨论种群的相互依存模型

$$\begin{cases} \dot{x}_1(t) = r_1 x_1 \left(1 - \dfrac{x_1}{N_1} + \sigma_1 \dfrac{x_2}{N_2} \right), \\ \dot{x}_2(t) = r_2 x_2 \left(-1 + \sigma_2 \dfrac{x_1}{N_1} - \dfrac{x_2}{N_2} \right) \end{cases}$$

的平衡点及稳定性.

4. (SIS 模型) 通过图形分析 SIS 模型 $\dfrac{\mathrm{d}i}{\mathrm{d}t} = \lambda i(1-i) - \mu i$, $i(0) = i_0$ (其中 λ 为日接触率, μ 为日治愈率) 中 $i(t)$ 的变化规律.

5. 交通十字路口都会设置红绿灯. 为了让那些正行驶在交叉路口或离交叉路口太近而无法停下的车辆通过路口, 红绿灯转换中间还要亮起一段时间的黄灯. 对于一位驶近交叉路口的驾驶员来说, 万万不可处于这样的进退两难的境地——要安全停车则离路口太近, 要想在红灯亮之前通过路口又觉太远. 那么, 黄灯应亮多长时间才最为合理呢?

6. 美国原子能委员会以往处理浓缩的放射性废料的方法, 一直是把它们装入密封的圆桶里, 然后扔到水深为 90 多米的海底. 生态学家和科学家们担心圆桶下沉到海底时与海底碰撞而发生破裂, 从而造成核污染. 美国原子能委员会分辩说这是不可能的. 为此工程师们进行了碰撞实验, 发现当圆桶下沉速度超过 12.2 m/s 与海底相撞时, 圆桶就可能发生碰裂. 这样为避免圆桶碰裂, 需要计算一下圆桶沉到海底时速度是多少? 已知圆桶质量 $m = 239.46$ kg, 体积 $V = 0.2058$ m^3, 海水密度 $\rho = 1035.71$ kg/m^3, 若圆桶速度小于 12.2 m/s 就说明这种方法是安全可靠的, 否则就要禁止使用这种方法来处理放射性废料. 假设水的阻力与速度大小成正比, 其正比例常数 $k = 0.6$. 现要求建立合理的数学模型, 解决如下实际问题:

(1) 判断这种处理废料的方法是否合理.

(2) 一般情况下, v 大, k 也大; v 小, k 也小. 当 v 很大时, 常用 kv 来代替 k, 那么这时速度与时间关系如何? 并求出当速度不超过 12.2 m/s 时, 圆桶的运动时间 t 和位移 s 应不超过多少 (k 值仍设为 0.6)?

实验二十七　非线性规划模型

【实验目的】

熟悉非线性规划模型，学习和掌握用 MATLAB 中的 fmincon 函数求解非线性规划模型.

27.1　非线性规划的数学模型

非线性规划问题广泛应用于最优化设计、管理科学及系统控制等领域. 在数学规划问题中，若目标 函数或约束条件中至少有一个是非线性函数，则这类问题称为非线性规划问题. 非线性规划问题的数学模型可以具有不同的形式，但不同形式之间往往可以转换，因此非线性规划问题的一般形式可以表示为：

$$\min_{x \in E^n} f(\boldsymbol{x})$$

$$\text{s.t.} \begin{cases} h_i(\boldsymbol{x}) = 0, \ i = 1, 2, \cdots, m \\ g_j(\boldsymbol{x}) \leqslant 0, \ j = 1, 2, \cdots, l \end{cases} \tag{27.1}$$

其中，$\boldsymbol{x} = [x_1, x_2, \cdots, x_n]^T$ 称为模型的决策变量，$f(\boldsymbol{x})$ 称为目标函数，$h_i(\boldsymbol{x})$，$i = 1, 2, \cdots, m$ 和 $g_j(\boldsymbol{x})$，$j = 1, 2, \cdots, l$ 称为约束函数，$h_i(x) = 0 (i = 1, 2, \cdots, m)$ 称为等式约束，$g_j(\boldsymbol{x}) \leqslant 0$ $(j = 1, 2, \cdots, l)$ 称为不等式约束.

把一个实际问题归结成非线性规划问题时，一般要注意如下 4 点：

（1）确定供选择方案. 首先要收集同问题有关的资料和数据，在全面熟悉问题的基础上，确认什么是问题的可供选择方案，并用一组变量来表示它们.

（2）提出追求的目标. 经过资料分析，根据实际需要和可能，提出要追求极小化或极大化的目标，并且运用各种科学和技术原理，把它表示成数学关系式.

（3）给出价值标准. 在提出要追求的目标之后，确立所考虑目标的"好"或"坏"的价值标准，并用某种数量形式来描述它.

（4）寻求限制条件. 由于所追求的目标一般都要在一定的条件下取得极小化或极大化效果，因此还需要寻找出问题的所有限制条件，这些条件通常用变量之间的一些不等式或等式来表示.

27.2　MATLAB 命令

在 MATLAB 中主要提供了 fmincon 函数用于求解多变量有约束非线性函数最小化，其数学模型为：

$$\min f(x)$$

$$\text{s. t.}\begin{cases} Ax \leqslant b, （线性不等式约束） \\ Aeq\ x = beq, （线性等式约束） \\ C(x) \leqslant 0, （非线性不等式约束） \\ Ceq(x) = 0, （非线性等式约束） \\ lb \leqslant x \leqslant ub, （有界约束） \end{cases}$$

fmincon 函数的调用格式如表 27.1.

表 27.1　fmincon 函数的调用格式

调用格式	功能
x = fmincon(@ fun, x0, A, b)	给定初值 x0, 求解目标函数 fun 的最小值, 约束条件 $Ax \leqslant b$
x = fmincon(@ fun, x0, A, b, Aeq, beq)	约束条件 $Aeqx = beq$, 若没有不等式约束, 则 A = [ ], b = [ ]
x = fmincon(@ fun, x0, A, b, Aeq, beq, lb, ub)	定义变量 x 的下界 lb 与上界 ub
x = fmincon(@ fun, x0, A, b, Aeq, beq, lb, ub, nonlcon)	在 nonlcon 参数中提供非线性不等式约束 $C(x) \leqslant 0$ 和非线性等式约束 $Ceq(x) = 0$
x = fmincon(@ fun, x0, A, b, Aeq, beq, lb, ub, nonlcon, options)	用 options 参数指定优化参数进行最小化
[x, fval] = fmincon(…)	同时返回使目标函数取最小值的 x 与目标函数的最小值
[x, fval, exitflag] = fmincon(…)	exitflag 是终止迭代条件
[x, fval, exitflag, output] = fmincon(…)	output 输出优化信息
[x, fval, exitflag, output, lambda] = fmincon(…)	lambda 是 Lagrange 乘子, 它体现哪一个约束有效
[x, fval, exitflag, output, lambda, grad] = fmincon(…)	grad 表示目标函数在 x 处的梯度

27.3　实验内容

【例 27.1】　求优化问题的最优解, 并求出相应的梯度、Hessian 矩阵、Lagrange 乘子.

$$\min f(x) = x_1^2 + x_2^2 + x_3^2 + 8$$

$$\text{s. t.}\begin{cases} x_1^2 - x_2 + x_3^2 \geqslant 0, \\ x_1 + x_2^2 + x_3^3 \leqslant 20, \\ -x_1 - x_2^2 + 2 = 0, \\ x_2 + 2x_3^2 = 3, \\ x_1, \ x_2, \ x_3 \geqslant 0. \end{cases}$$

(1)编写 m 函数 fun1. m 定义目标函数:

```
function f=fun1(x)
    f=sum(x.^2)+8;
end
```

(2)编写 m 函数 fun2.m 定义非线性约束条件:

```
function [c, ceq]=fun2(x)
c=[-x(1)^2+x(2)-x(3)^2
    x(1)+x(2)^2+x(3)^3-20]; %非线性不等式约束
ceq=[-x(1)-x(2)^2+2
    x(2)+2*x(3)^2-3]; %非线性等式约束
end
```

(3)编写主程序文件:

```
[x, fval, exitflag, output, lambda, grad]=fmincon(@fun1, rand(1, 3), [], [], [], [],
...
zeros(1, 3), [], @fun2)
```

程序运行后输出:

```
x =
    0.5522    1.2033    0.9478
fval =
    10.6511
exitflag =
    1
output =
        iterations: 6
        funcCount: 29
        lssteplength: 1
        stepsize: 3.1010e-04
        algorithm: [1x44 char]
        firstorderopt: 5.7044e-07
        constrviolation: 9.8644e-09
        message: [1x783 char]
lambda =
        lower: [3x1 double]
        upper: [3x1 double]
        eqlin: [0x1 double]
        eqnonlin: [2x1 double]
        ineqlin: [0x1 double]
        ineqnonlin: [2x1 double]
grad =
    1.1043
```

2.4065

1.8956

【例27.2】 （经营方式安排问题）某公司经营两种设备，第一种设备每件售价32元，第二种设备每件售价455元. 根据统计，售出一件第一种设备所需的营业时间平均为0.5小时，第二种设备为$(2+0.5x_2)$小时，其中x_2是第二种设备的售出数量. 已知该公司在这段时间内的总营业时间为820小时，试确定使营业额最大的营业安排.

设该公司计划经营的第一种设备x_1件，第二种设备x_2件，根据题意，可建立如下数学模型：

$$\max f(x) = 32x_1 + 455x_2$$

$$\text{s. t.} \begin{cases} 0.5x_1 + (2+0.5x_2)x_2 = 820, \\ x_1,\ x_2 \geq 0 \end{cases}$$

将其化为标准的模型为：

$$\min f(x) = -32x_1 - 455x_2$$

$$\text{s. t.} \begin{cases} 0.5x_1 + (2+0.5x_2)x_2 = 820, \\ x_1,\ x_2 \geq 0 \end{cases}$$

(1)编写目标函数的 m 文件，代码如下：

```
function    f = ex27_2fun(x)
f = -32 * x(1) - 455 * x(2);
end
```

(2)由于约束条件为非线性不等式约束，因此，编写一个约束条件的 m 文件如下：

```
function [c, ceq] = ex27_2non (x)
c = [ ]; %没有非线性不等式约束
ceq = 0.5 * x(1) + 2 * x(2) + 0.5 * x(2)^2 - 820; %非线性等式约束
end
```

(3)编写主程序文件：

```
function example27_02
[x, fval, exitflag] = fmincon(@ ex27_2fun, zeros(1, 2), [ ], [ ], [ ], [ ], …
zeros(1, 2), [ ], @ ex27_2non)
end
```

程序运行后输出：

```
x =
    1.0e+03 *
      1.5935    0.0051
fval =
    -5.3315e+04
exitflag =
    1
```

即公司经营第一种设备1594件，第二种设备5件时，可使总营业额最大，为5331.5元.

【例27.3】 某公司欲以每件2元的价格购进一批商品. 一般来说，随着商品售价的提高，预期销售量将减少，并对此进行了估算，结果如表 27.2 的一、二栏所示. 为了尽快回收资金并获得较多的盈利，公司打算做广告，投入一定的广告费后，销售量将有一个增长，可由销售增长因子来表示. 据统计，广告费与销售增长因子关系如表 27.2 的三、四栏所示. 问公司采取怎样的营销策略能使预期的利润最大？

表 27.2　售价与预期销售量、广告费与销售增长因子

售价/元	2.00	2.50	3.00	3.50	4.00	4.50	5.00	5.50	6.00
预期销售量/万元	4.10	3.80	3.40	3.20	2.90	2.80	2.50	2.20	2.00
广告费/万元	0	1	2	3	4	5	6	7	
销售增长因子	1.00	1.40	1.70	1.85	1.95	2.00	1.95	1.80	

设 x 表示售价（单位：元），y 表示预期销售量（单位：万元），z 表示广告费（单位：万元），k 表示销售增长因子. 投入广告费后，实际销售量记为 s（万元），获得的利润记 p（单位：万元）. 由表 27.2 易见预期销售量 y 随着售价 x 的增加而单调下降，而销售因子 k 在开始时随着广告费 z 的增加而增加，在广告费 z 等于 5 万元时达到最大值，然后在广告费增加时反而有所回落，为此先画出散点图.

其实现的 MATLAB 程序代码为：

```
x＝[2.0  2.5  3.0  3.5  4.0  4.5  5.0  5.5  6.0];
y＝[4.1  3.8  3.4  3.2  2.9  2.8  2.5  2.2  2.0];
figure（1）；plot(x, y, '-*'); %画售价与预期销售量散点图（见图 27.1(a)）
set(gca, 'xtick', [2 3 4 5 6], 'ytick', [2 2.5 3 3.5 4 4.5]);
title('售价与预期销售量散点图');
z＝[0, 1, 2, 3, 4, 5, 6, 7]; %广告费
k＝[1.00 1.40 1.70 1.85 1.95 2.00 1.95 1.80]; %销售增长因子
figure（2）；plot(z, k, '-*'); %画出广告费与销售增长因子散点图（见图 27.1(b)）
set(gca, 'xtick', [0 2 4 6 8], 'ytick', [1 1.2 1.4 1.6 1.8 2]);
title('广告费与销售增长因子散点图');
```

从图 27.1 易见，售价与预期销售量近似于一条直线，广告费与销售因子近似于一条二次曲线，为此建立拟合函数模型，令

$$\begin{cases} y = ax + b \\ k = cz^2 + dz + e \end{cases}$$

其中，系数 a、b、c、d、e 是待定的参数.

拟合这些参数后再建立优化模型：

$$\max_{x, z} p = (cz^2 + dz + e)(ax + b)(x - 2) - z$$

$$s.t. \begin{cases} x > 0, \\ z > 0. \end{cases}$$

模型求解：

(1)拟合系数、画出散点图与拟合曲线图的 m 文件：

```
function [a1, a2] = polyfit12
    x = [2.0  2.5  3.0  3.5  4.0  4.5  5.0  5.5  6.0];
    y = [4.1  3.8  3.4  3.2  2.9  2.8  2.5  2.2  2.0];
    z = [0, 1, 2, 3, 4, 5, 6, 7]; %广告费
    k = [1.00  1.40  1.70  1.85  1.95  2.00  1.95  1.80]; %销售增长因子
    a1 = polyfit(x, y, 1)
    y1 = a1(1) * x+a1(2);
%画售价与预期销售量散点图及拟合直线(见图 27.2(a))
    figure(1); plot(x, y, '-*', x, y1, 'k-o', 'LineWidth', 2);
    set(gca, 'xtick', [2  3  4  5  6], 'ytick', [2  2.5  3  3.5  4  4.5]);
    legend('散点图', '拟合直线');
    a2 = polyfit(z, k, 2)
    k1 = a2(3)+a2(2) * z+a2(1) * z.^2;
    %画出广告费与销售增长因子散点图及拟合曲线(见图 27.2(b))
    figure(2); plot(z, k, '-*', z, k1, 'k-o', 'LineWidth', 2);
    set(gca, 'xtick', [0  2  4  6  8], 'ytick', [1  1.2  1.4  1.6  1.8  2]);
    legend('散点图', '拟合曲线');
end
```

(2)目标函数 m 文件:

```
function   f = ex27_3fun(x, a1, a2)
    f = x(2)-(a2(3)+a2(2) * x(2)+a2(1) * x(2)^2) * (a1(2)+a1(1) * x(1)) * (x(1)-2);
end
```

(3)在命令窗口中输入:

```
>>[a1, a2] = polyfit12;
>>[x, fval] = fmincon(@ (x)ex27_3fun(x, a1, a2), [5 3], [], [], [], [], zeros(1, 2))
```

运行后输出:

```
a1 =
        -0.5133     5.0422
a2 =
        -0.0426     0.4092     1.0188
x =
        5.9113      3.3117
fval =
        -11.6656
```

即当销售价格 $x = 5.9113$ 元,广告费 $z = 3.3117$ 万元时,公司预期的利润最大,为 11.6656 万元.

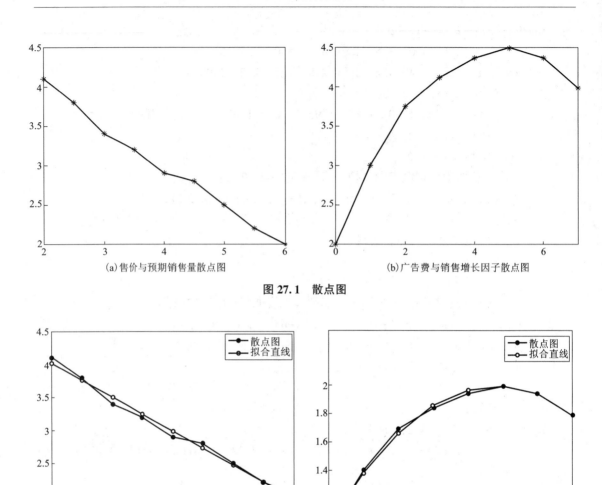

图 27.1　散点图

图 27.2　散点图与拟合图

【例 27.4】　在约 10000 m 高空的某边长 160 km 的正方形区域内, 经常有若干架飞机作水平飞行. 区域内每架飞机的位置和速度向量均由计算机记录其数据, 以便进行飞行管理. 当一架欲进入该区域的飞机到达区域边缘时, 记录其数据后, 要立即计算并判断是否会与区域内的飞机发生碰撞. 如果会碰撞, 则应计算如何调整各架(包括新进入的)飞机飞行的方向角, 以避免碰撞. 现假定条件如下:

(1)不碰撞的标准为任意两架飞机的距离大于 8 km.

(2)飞机飞行方向角调整的幅度不应超过 30.

(3)所有飞机飞行速度均为 800 km/h.

(4)进入该区域的飞机在到达区域边缘时, 与区域内飞机的距离应在 60 km 以上.

(5)最多需考虑 6 架飞机.

(6)不必考虑飞机离开此区域后的状况.

请对这个避免碰撞的飞行管理问题建立数学模型,列出计算步骤,对以下数据进行计算(方向角误差不超过 0.01 度),要求飞机飞行方向角调整的幅度尽量小.

设该区域 4 个顶点为 $(0, 0)$,$(160, 0)$,$(160, 160)$,$(0, 160)$.记录数据见表 27.3.

表 27.3　飞行记录数据

飞机编号	横坐标 x	纵坐标 y	方向角/°
1	150	140	243
2	85	85	236
3	150	155	220.5
4	145	50	159
5	130	150	230
新进入	0	0	52

注:方向角指飞行方向与 x 轴正向的夹角.

为方便以后的讨论,引进如下记号:

D:飞行管理区域的边长;

Ω:飞行管理区域,取直角坐标系使其为 $[0, D] \times [0, D]$;

a:飞机飞行速度,$a = 800$ km/h;

(x_i^0, y_i^0):第 i 架飞机的初始位置,$i = 1, \cdots, 6$,$i = 6$ 对应新进入的飞机;

$(x_i(t), y_i(t))$:第 i 架飞机在 t 时刻的位置;

θ_i^0:第 i 架飞机的原飞行方向角,即飞行方向与 x 轴夹角,$0 \leqslant \theta_i^0 \leqslant 2\pi$;

$\Delta\theta_i$:第 i 架飞机的方向角调整量,$-\dfrac{\pi}{6} \leqslant \Delta\theta_i \leqslant \dfrac{\pi}{6}$;

$\theta_i = \theta_i^0 + \Delta\theta_i$:第 i 架飞机调整后的飞行方向角.

模型一:

根据相对运动的观点在考察两架飞机 i 和 j 的飞行时,可以将飞机 i 视为不动,而飞机 j 以相对速度

$$v_{ij} = v_j - v_i = (a\cos\theta_j - a\cos\theta_i, \ a\sin\theta_j - a\sin\theta_i) \tag{27.2}$$

相对于飞机 i 运动,对式(27.2)进行适当的计算,得

$$
\begin{aligned}
v_{ij} &= 2a\sin\frac{\theta_j - \theta_i}{2}\left(-\sin\frac{\theta_j + \theta_i}{2}, \ \cos\frac{\theta_j + \theta_i}{2}\right) \\
&= 2a\sin\frac{\theta_j - \theta_i}{2}\left[\cos\left(\frac{\pi}{2} + \frac{\theta_j + \theta_i}{2}\right), \ \sin\left(\frac{\pi}{2} + \frac{\theta_j + \theta_i}{2}\right)\right]
\end{aligned}
\tag{27.3}
$$

不妨设 $\theta_j \geqslant \theta_i$,此时相对飞行方向角为 $\beta_{ij} = \dfrac{\pi}{2} + \dfrac{\theta_j + \theta_i}{2}$,如图 27.3 所示.

由于两架飞机的初始距离为

$$r_{ij}(0) = \sqrt{(x_i^0 - x_j^0)^2 + (y_i^0 - y_j^0)^2}, \tag{27.4}$$

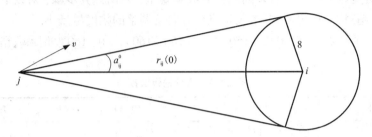

图 27.3　相对飞行方向角

$$\alpha_{ij}^0 = \arcsin \frac{8}{r_{ij}(0)}, \tag{27.5}$$

因此只要当相对飞行方向角 β_{ij} 满足

$$\alpha_{ij}^0 \leqslant \beta_{ij} \leqslant 2\pi - \alpha_{ij}^0 \tag{27.6}$$

时，两架飞机就不可能碰撞(图 27.3).

　　记 β_{ij}^0 为调整前第 j 架飞机相对于第 i 架飞机的相对速度(向量)与这两架飞机连线(从 j 指向 i 的向量)的夹角(以连线向量为基准，逆时针方向为正，顺时针方向为负). 则由式 (27.6)知，两架飞机不碰撞的条件为

$$\left| \beta_{mn}^0 + \frac{1}{2}(\Delta\theta_m + \Delta\theta_n) \right| \geqslant \alpha_{mn}^0, \tag{27.7}$$

式中

$\beta_{mn}^0 = $ 相对速度 v_{mn} 的辐角-从 n 指向 m 的连线向量的辐角

$$= \arg \frac{\mathrm{e}^{\mathrm{i}\theta_n} - \mathrm{e}^{\mathrm{i}\theta_m}}{(x_m + \mathrm{i}y_m) - (x_n + \mathrm{i}y_n)}$$

(注意 β_{mn}^0 表达式中的 i 表示虚数单位，这里为了区别虚数单位 i 或 j，下标改写成 m, n) 这里利用复数的辐角，可以很方便地计算角度 $\beta_{mn}^0(m, n = 1, 2, \cdots, 6)$.

　　本问题中的优化目标函数可以有不同的形式：如使所有飞机的最大调整量最小，所有飞机的调整量绝对值之和最小等. 这里以所有飞机的调整量绝对值之和最小为目标函数，可以得到如下的数学规划模型：

$$\min \sum_{i=1}^{6} |\Delta\theta_i|,$$

$$\mathrm{s.\,t.} \begin{cases} \left| \beta_{ij}^0 + \dfrac{1}{2}(\Delta\theta_i + \Delta\theta_j) \right| > \alpha_{ij}^0, \ i = 1, \cdots, 5, \ j = i+1, \cdots, 6, \\ |\Delta\theta_i| \leqslant 30°, \ i = 1, 2, \cdots, 6. \end{cases}$$

以下程序计算 α_{ij}^0 与 β_{ij}^0 的值：

```
function [a0, b0] = compute_a0b0
    x0 = [150 85 150 145 130 0];
    y0 = [140 85 155 50 150 0];
    q = [243 236 220.5 159 230 52];
    xy0 = [x0; y0]; d0 = dist(xy0); %求矩阵各个列向量之间的距离
```

```
d0( find( d0 = = 0) ) = inf;
a0 = asind( 8./ d0) ; %以度为单位的反函数
xy1 = x0+i * y0; xy2 = exp( i * q * pi/180) ;
for m = 1: 6
    for n  = 1: 6
        if n ~ = m
            b0( m, n) = angle( ( xy2( n) -xy2( m) )/( xy1( m) -xy1( n) ) ) ;
        end
    end
end
b0 = b0 * 180/ pi;
end
```

求得 α_{ij}^0 的值如表 27.4 所示.

表 27.4 α_{ij}^0 的值

	1	2	3	4	5	6
1	0	5.39119	32.23095	5.091816	20.96336	2.234507
2	5.39119	0	4.804024	6.61346	5.807866	3.815925
3	32.23095	4.804024	0	4.364672	22.83365	2.125539
4	5.091816	6.61346	4.364672	0	4.537692	2.989819
5	20.96336	5.807866	22.83365	4.537692	0	2.309841
6	2.234507	3.815925	2.125539	2.989819	2.309841	0

求得 β_{ij}^0 的值如表 27.5 所示.

表 27.5 β_{ij}^0 的值

	1	2	3	4	5	6
1	0	109.2636	-128.25	24.17983	173.0651	14.47493
2	109.2636	0	-88.8711	-42.2436	-92.3048	9
3	-128.25	-88.8711	0	12.47631	-58.7862	0.310809
4	24.17983	-42.2436	12.47631	0	5.969234	-3.52561
5	173.0651	-92.3048	-58.7862	5.969234	0	1.914383
6	14.47493	9	0.310809	-3.52561	1.914383	0

求解飞行管理的数学规划模型的程序如下:

(1)编写函数 objfun. m 定义目标函数

```
function   f = objfun( x)
```

```
        f = sum( abs( x ) ) ;
    end
```
(2)编写函数 nonlcon. m 定义非线性约束函数
```
function    [ c, ceq ] = nonlcon( x, a0, b0)
    ceq = [ ] ; %没有等式约束
    k = 0 ;
    for i = 1 : 5
        for j = i+1 : 6
            k = k+1 ;
            c( k) = a0( i, j) -abs( b0( i, j) +0. 5 * ( x( i) +x( j) ) ) ;
        end
    end
end
```
(3)编写主程序文件 ex27_4. m
```
functionex27_4
    [ a0, b0] = compute_a0b0; %计算 alpha_{ij}^0, beta_{ij}^0 的值
    lb = -30 * ones( 1, 6) ; %abs( delta theta_i) <= 30 度
    [ x, fval] = fmincon( @ objfun, zeros( 1, 6) , [ ] , [ ] , [ ] , [ ] , lb, -lb, @ ( x)nonlcon
( x, a0, b0) )
    end
```
求得的最优解为 $\Delta\theta_3 = 2.6700°$, $\Delta\theta_6 = 0.9594°$, 其他调整角度为 0.

模型二:

两架飞机 i, j 不发生碰撞的条件为

$$[x_i(t)-x_j(t)]^2+[y_i(t)-y_j(t)]^2>64, \quad 1\leq i\leq 5, \ i+1\leq j\leq 6, \ 0\leq t\leq \min\{T_i, T_j\}, \quad (27.8)$$

式中 T_i, T_j 分别为第 i, j 架飞机飞出正方形区域边界的时刻. 这里

$$x_i(t) = x_i^0+at\cos\theta_i, \quad y_i(t) = y_i^0+at\sin\theta_i, \quad i = 1, 2, \cdots, n,$$

$$\theta_i = \theta_i^0+\Delta\theta_i, \quad |\Delta\theta_i|\leq\frac{\pi}{6}, \quad i = 1, 2, \cdots, n.$$

把约束条件式(27.8)加强为对所有的时间 t 都成立, 记

$$l_{ij} = [x_i(t)-x_j(t)]^2+[y_i(t)-y_j(t)]^2-64 = \tilde{a}_{ij}t^2+\tilde{b}_{ij}t+c_{ij},$$

式中

$$\tilde{a}_{ij} = 4a^2\sin^2\frac{\theta_i-\theta_j}{2},$$

$$\tilde{b}_{ij} = 2a\{[x_i(0)-x_j(0)](\cos\theta_i-\cos\theta_j)+[y_i(0)-y_j(0)](\sin\theta_i-\sin\theta_j)\},$$

$$\tilde{c}_{ij} = [x_i(0)-x_j(0)]^2+[y_i(0)-y_j(0)]^2-64.$$

则两架 i, j 飞机不碰撞的条件是

$$\Delta_{ij} = \tilde{b}_{ij}^2-4\tilde{a}_{ij}\tilde{c}_{ij}<0. \quad (27.9)$$

这样可建立如下的非线性规划模型:

$$\min \sum_{i=1}^{6} (\Delta\theta_i)^2,$$

$$s.\,t.\begin{cases}\Delta_{ij}<0, \ 1\leqslant i\leqslant 5, \ i+1\leqslant j\leqslant 6,\\[2mm]|\Delta\theta_i|\leqslant\dfrac{\pi}{6}, \ i=1, \ 2, \ \cdots, \ 6.\end{cases}$$

27.4 实验作业

1. 已知函数 $f(x)=\mathrm{e}^{x_1}(4x_1^2+2x_2^2+4x_1x_2+2x_2+1)$，求

$$\min f(x)$$

$$s.\,t.\begin{cases}x_1x_2-x_1-x_2\leqslant -1.5,\\ x_1x_2\geqslant -10.\end{cases}$$

2. 求线性规划

$$\min f(x)=x_1^2+x_2^2+8$$

$$s.\,t.\begin{cases}x_1^2-x_2\geqslant 0,\\ -x_1-x_2^2+2=0,\\ x_1, \ x_2\geqslant 0.\end{cases}$$

3. 求优化问题的解：$\max f(x)=2x_1+3x_1^2+3x_2+x_2^2+x_3$

$$s.\,t.\begin{cases}x_1+2x_1^2+x_2+2x_2^2+x_3\leqslant 10,\\ x_1+x_1^2+x_2+x_2^2-x_3\leqslant 50,\\ 2x_1+x_1^2+2x_2+x_3\leqslant 40,\\ x_1^2+x_3=2,\\ x_1+2x_2\geqslant 1,\\ x_1\geqslant 0, \ x_2, \ x_3 \text{ 无约束}.\end{cases}$$

4. 用 MATLAB 的非线性规划命令 fmincon 求解飞行管理问题的模型二.

实验二十八　多目标优化模型

【实验目的】

学习和掌握基于遗传算法的多目标优化模型的建立和求解, 并掌握基于信息熵–TOPSIS 的综合评价模型.

28.1　理论基础

28.1.1　多目标优化及 Pareto 最优解

多目标优化问题可以描述如下:

$$\min [f_1(x), f_2(x), \cdots, f_n(x)]$$

$$s.\,t. \begin{cases} lb \leq x \leq ub, \\ Aeq * x = beq, \\ A * x \leq b. \end{cases}$$

其中, $f_i(x)$ 为待优化的目标函数; x 为待优化的变量; lb 和 ub 分别为变量 x 的下限和上限约束; $Aeq * x = beq$ 为变量 x 的线性等式约束; $A * x \leq b$ 为变量 x 的线性不等式约束.

在图 28.1 所示的优化问题中, 目标函数 f_1 和 f_2 是相互矛盾的. 因为 $A_1 < B_1$ 且 $A_2 > B_2$, 也就是说, 某一个目标函数的提高需要以另一个目标函数的降低作为代价, 称这样的解 A 和解 B 是非劣解, 或者说是 Pareto 最优解. 多目标优化算法的目的就是要寻找这些 Pareto 最优解.

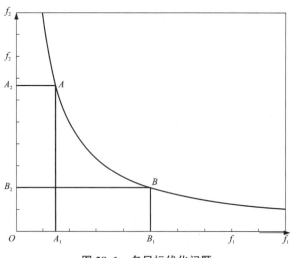

图 28.1　多目标优化问题

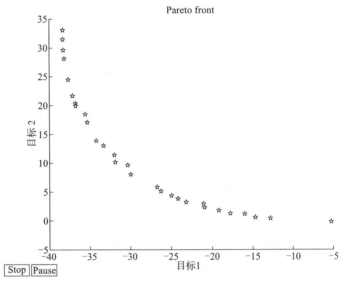

图 28.2   第一前端个体分布图

28.1.2   函数 gamultiobj

目前的多目标优化算法有很多, 其中带精英策略的快速非支配排序遗传算法 (nondominated sorting genetic algorithm II, NSGA-II) 无疑是其中应用最为广泛也是最为成功的一种. MATLAB R2009a 版本以上提供的函数 gamultiobi 所采用的算法就是基于 NSGA-II 改进的一种多目标优化算法. 函数 gamultiobj 为在 MATLAB 平台下解决多目标优化问题提供了良好的途径.

28.1.3   函数 gamultiobj 中的一些基本概念

关于遗传算法的一些基本概念如个体、种群、代、选择、交叉、变异和交叉后代比例等, 可以参考 MATLAB 函数 ga 的帮助文档. 由于函数 gamultiobj 是基于遗传算法的, 因此, 遗传算法中的很多概念和这里的函数 gamultiobj 是相同的.

(1) 支配与非劣

在多目标优化问题中, 如果个体 p 至少有一个目标比个体 q 的好, 而且个体 p 的所有目标都不比个体 q 的差, 那么称个体 p 支配个体 q, 或者称个体 q 受个体 p 支配, 也可以说, 个体 p 非劣于个体 q.

(2) 序值和前端

如果 p 支配 q, 那么 p 的序值比 q 的低。如果 p 和 q 互不支配, 或者说, p 和 q 相互非劣, 那么 p 和 q 有相同的序值. 序值为 1 的个体属于第一前端, 序值为 2 的个体属于第二前端, 依次类推. 显然, 在当前种群中, 第一前端是完全不受支配的, 第二前端受第一前端中个体的支配. 这样, 通过排序, 可以将种群中的个体分到不同的前端.

(3) 拥挤距离

拥挤距离用来计算某前端中的某个体与该前端中其他个体之间的距离, 用以表征个体间的拥挤程度. 显然, 拥挤距离的值越大, 个体间就越不拥挤, 种群的多样性就越好. 需要指出的是, 只有处于同一前端的个体间才需要计算拥挤距离, 不同前端之间的个体计算拥挤距离是没有意义的.

(4) 最优前端个体系数

最优前端个体系数定义为最优前端中的个体在种群中所占的比例, 即最优前端个体数 = min{ParetoFraction×种群大小, 前端中现存的个体数目}, 其取值范围为 0~1. 需要指出的是, ParetoFraction 的概念是函数 gamultiobj 所特有的, 在 NSGA-II 中是没有的, 这也是为什么称函数 gamultiobj 是一种多目标优化算法的原因.

28.1.4　信息熵-逼近理想解排序法

TOPSIS 法(Technique for Order Preference by Similarity to Ideal Solution)可翻译为逼近理想解排序法, 国内常简称为优劣解距离法. TOPSIS 法是一种常用的利用原始数据进行综合评价与决策的方法, 其基本原理是通过构造决策问题的正理想解和负理想解, 再以 Pareto 解集中每个解与正理想解的相对接近程度作为方案选择的依据找出最优解, 具有简单、直接、高效的特点, 被广泛应用于多属性决策问题中. 信息熵是一种根据各目标函数值之间的差异性的大小判断各目标函数值所占权重的客观赋权方法, 不包含决策者的主观意愿, 该方法基于数据矩阵本身的信息, 用熵度量系统的无序程度. 目标函数值的信息熵越小, 则所提供的信息量就越大, 综合分析中所发挥的作用也越大, 权重赋值就越高. 信息熵-TOPSIS 法的详细步骤如下:

(1) 建立目标函数值正向化矩阵

具体在评价时会遇到的目标函数值可以分成四类, ①极大型目标函数值, 也称为效益型函数值, 数值越大越好; ②极小型目标函数值, 也称为成本型函数值, 数值越小越好; ③中间型目标函数值, 数值有一个中间的最优点, 数值越接近这个中间值越好; ④区间型目标函数值, 数值在一个区间内最好. 根据不同类型的目标函数值需要按照不同的公式进行正向化变换, 即把所有目标函数值变换为极大型.

若 $\{x_i\}$ 为一个目标函数值序列, 则对于极小型的变换公式可为

$$\max_i x_i - x_i \tag{28.1}$$

中间型变换公式可为

$$1 - \frac{x_i - x_{\text{best}}}{\max_i(|x_i - x_{\text{best}}|)} \tag{28.2}$$

其中 x_{best} 为中间型最优解.

对于区间型, 设最佳的区间为 $[a, b]$, 令 $M = \max\{a - \min_i x_i, \max_i x_i - b\}$, 则变换公式可为

$$\tilde{x}_i = \begin{cases} 1 - \dfrac{a - x_i}{M}, & x_i < a, \\ 1, & a \leqslant x_i \leqslant b, \\ 1 - \dfrac{b - x_i}{M}, & x_i > b. \end{cases} \tag{28.3}$$

假设 Pareto 解集中有 n 个解, m 个正向转化之后的目标函数值, 则构建的正向化矩阵

X 为

$$X = \begin{bmatrix} x_{11} & x_{12} & \cdots & x_{1m} \\ x_{21} & x_{22} & \cdots & x_{2m} \\ \vdots & \vdots & & \vdots \\ x_{n1} & x_{n2} & \cdots & x_{nm} \end{bmatrix} \tag{28.4}$$

其中 x_{ij} 为 Pareto 解集中第 i 个解在第 j 个正向化之后的目标函数值.

（2）正向化矩阵标准化

对于正向化矩阵 X 进行标准化，记标准化矩阵为 Y,

$$y_{ij} = \frac{x_{ij} - \min\limits_{i} x_{ij}}{\max\limits_{i} x_{ij} - \min\limits_{i} x_{ij}}, \; 1 \leqslant i \leqslant n, \; 1 \leqslant j \leqslant m. \tag{28.5}$$

（3）标准化矩阵归一化

令 $z_{ij} = y_{ij} / \sqrt{\sum\limits_{i=1}^{n} y_{ij}^2}$, $1 \leqslant i \leqslant n$, $1 \leqslant j \leqslant m$, 记归一化矩阵为 Z, 则

$$Z = \begin{bmatrix} z_{11} & z_{12} & \cdots & z_{1m} \\ z_{21} & z_{22} & \cdots & z_{2m} \\ \vdots & \vdots & & \vdots \\ z_{n1} & z_{n2} & \cdots & z_{nm} \end{bmatrix} \tag{28.6}$$

（4）基于信息熵法确定各目标函数值的权重

设第 j 个目标函数值的熵为 O_j, 则

$$O_j = -\frac{1}{\ln n} \sum_{i=1}^{n} \frac{z_{ij}}{\sum\limits_{i=1}^{n} z_{ij}} \ln \frac{z_{ij}}{\sum\limits_{i=1}^{n} z_{ij}} \tag{28.7}$$

当 $z_{ij} = 0$ 时，令 $z_{ij} \ln z_{ij} = 0$.

$$w_j = \frac{1 - O_j}{m - \sum\limits_{j=1}^{m} O_j} \tag{28.8}$$

（5）构建加权规范化矩阵

$$\tilde{z}_{ij} = w_j z_{ij} \tag{28.9}$$

（6）确定正理想解和负理想解

$$\tilde{z}_j^+ = \max_{1 \leqslant i \leqslant n} (\tilde{z}_{ij}), \; 1 \leqslant j \leqslant m, \; \tilde{z}_j^- = \min_{1 \leqslant i \leqslant n} (\tilde{z}_{ij}), \; 1 \leqslant j \leqslant m. \tag{28.10}$$

（7）欧式距离计算

$$D_i^+ = \sqrt{\sum_{j=1}^{m} (\tilde{z}_j^+ - \tilde{z}_{ij})^2} \tag{28.11}$$

$$D_i^- = \sqrt{\sum_{j=1}^{m} (\tilde{z}_j^- - \tilde{z}_{ij})^2} \tag{28.12}$$

（8）相对贴近程度计算

第 i 个解的相对贴近程度为

$$S_i = \frac{D_i^-}{D_i^- + D_i^+} \tag{28.13}$$

显然, $S_i \in [0, 1]$, D_i^+ 越小, S_i 越大, 即越接近最优解.

28.2 MATLAB 命令

gamultiobj 的命令行调用格式为:

[x, fval] = gamultiobj(fitnessfcn, nvars, A, b, Aeq, beq, lb, ub, options)

其中, x 为函数 gamultiobj 得到的 Pareto 解集; fval 为 x 对应的目标函数值; fitnessfcn 为目标函数句柄, 需要编写一个描述目标函数的 m 文件; nvars 为变量数目; A、b、Aeq、beq 为线性约束, 可以表示为 A * X<=B, Aeq * X=Beq; lb、ub 为上、下限约束, 可以表述为 lb<=X <=ub, 当没有约束时, 用"[ ]"表示即可, 函数 gamultiobj 没有非线性约束. options 中需要对多目标优化算法进行一些设置, 即 options=gaoptimset(Param1, value1, Param2, value2, …); 其中, Param1、Param2 等是需要设定的参数, 如最优前端个体系数、拥挤距离计算函数、约束条件、终止条件等; value1、value2 等是 Param 的具体值. Param 有专门的表述方式, 如最优前端个体系数对应于 ParetoFraction、拥挤距离计算函数对应于 DistanceMeasureFcn 等.

28.3 实验内容

【例 28.1】 求解多目标优化问题:

$$\min f_1(x_1, x_2) = x_1^4 - 10x_1^2 + x_1 x_2 + x_2^4 - x_1^2 x_2^2$$
$$\min f_2(x_1, x_2) = x_2^4 - x_1^2 x_2^2 + x_1^4 + x_1 x_2$$
$$\text{s. t.} \begin{cases} -5 \leqslant x_1 \leqslant 5, \\ -5 \leqslant x_2 \leqslant 5. \end{cases}$$

(1) 使用函数 gamultiobj 求解多目标优化问题的第一步是编写目标函数的 m 文件. 对于以上问题, 定义 m 文件为 my_first_multi. m, 目标函数代码如下:

```
function f = my_first_multi(x)
    f(1) = x(1)^4 - 10 * x(1)^2 + x(1) * x(2) + x(2)^4 - x(1)^2 * x(2)^2;
    f(2) = x(2)^4 - x(1)^2 * x(2)^2 + x(1)^4 + x(1) * x(2);
end
```

(2) 使用命令行方式调用 gamultiobj 函数, 代码如下:

```
fitnessfcn = @ my_first_multi; %适应度函数句柄
nvars = 2; %变量个数
lb = [-5, -5]; %下限
ub = [5, 5]; %上限
A = [];
b = []; %没有非线性不等式约束
Aeq = [];
beq = []; %没有非线性等式约束
options = gaoptimset('ParetoFraction', 0.3, 'PopulationSize', 100, …
'Generations', 200, 'StallGenLimit', 200, 'TolFun', le-100, 'PlotFcns', @ gaplotparet);
```

[x, fval] = gamultiobj(fitnessfcn, nvars, A, b, Aeq, beg, lb, ub, options)

其中, fitnessfcn 即 (1) 中定义的目标函数 m 文件, 设置的最优前端个体系数 ParetoFraction 为 0.3, 种群大小 PopulationSize 为 100, 最大进化代数 Generations 为 200, 停止代数 StallGenLimit 也为 200, 适应度函数值偏差 TolFun 为 1e-100, 绘制 Pareto 前端.

(3)结果分析

运行以上程序, 可以看到, 在基于遗传算法的多目标优化算法的运行过程中, 自动绘制了第一前端中个体的分布情况, 且分布随着算法进化一代而更新一次. 当迭代停止后, 得到如图 28.2 所示的第一前端个体分布图. 同时, Worksapce 中返回了函数 gamultiobj 得到的 Pareto 解集 x 及与 x 对应的目标函数值, 如表 28.1 所列. 需要说明的是, 由于算法的初始种群是随机产生的, 因此每次运行的结果不一样. 从图 28.2 可以看到, 第一前端的 Pareto 最优解分布均匀. 从表 28.1 可以看到, 返回的 Pareto 最优解个数为 30 个, 而种群大小为 100, 可见, ParetoFraction 为 0.3 的设置发挥了作用. 另外, 个体被限制在了 [-5, 5] 的上下限范围内.

表 28.1　某次运行得到的 Pareto 最优解

序号	x_1	x_2	f_1	f_2
1	0.707119846	−0.70706155	−5.250184756	−0.249999993
2	2.671803872	−1.976651313	−38.33339796	33.05196133
3	2.279195357	−1.754836689	−35.47559709	16.47171767
4	0.864425964	−0.791708782	−7.673825584	−0.201503113
5	2.412980303	−1.800147967	−37.03412322	21.1906162
6	1.49762204	−1.276293243	−20.30972265	2.118995091
7	2.456132891	−1.704815258	−37.20696722	23.11892056
8	1.729816317	−1.399408859	−25.41448932	4.508155578
9	2.597563297	−1.925264539	−38.21857627	29.25477453
10	2.510439601	−1.894027255	−37.79834787	25.22472203
11	2.651479191	−1.969270907	−38.32395424	31.97946478
12	1.183614197	−1.038758828	−13.62363625	0.385789417
13	1.071030605	−1.141742489	−11.17408359	0.296981986
14	1.369791222	−1.137202268	−17.55448339	1.208796519
15	1.884290481	−1.43084216	−28.67281868	6.832687487
16	2.151021706	−1.527459544	−33.49804121	12.77090257
17	2.532199446	−1.94062744	−37.88514075	26.23519962
18	2.194304812	−1.472455949	−33.93548177	14.21425429
19	2.445572452	−1.677431255	−37.05162799	22.75661818
20	2.616544566	−1.933937227	−38.26889977	30.19415488
21	0.784538844	−0.829727231	−6.376903969	−0.221891988
22	2.238344115	−1.502134192	−34.57583213	15.52601166
23	2.559114756	−1.878307501	−38.06550101	27.42518231
24	1.56775639	−1.100082506	−21.77210366	2.806497327
25	2.032635408	−1.364414666	−31.2451063	10.07096072

续表28.1

序号	x_1	x_2	f_1	f_2
26	1.443003635	-1.146162133	-19.1503698	1.672225122
27	2.376459431	-1.806042105	-36.65453311	19.82106114
28	1.000303901	-0.978175817	-10.02522576	-0.019146821
29	1.620921296	-1.402788298	-22.94242491	3.331433572
30	1.942482547	-1.535313717	-29.81527312	7.917111354

（4）信息熵–逼近理想解法的综合决策

以（2）中程序运行后输出的[x, fval]为输入参数，编写基于信息熵–逼近理想解法的综合决策程序代码如下：

```
function[x0, fval0]=entropy_topsis(x, fval)
%返回：x0：最佳决策点，fval0：f1(x), f2(x)在x0的函数值
%(1)正向转化：极小型转化为极大型：max(x_i)-x_i
n=size(x, 1);
y=fval;
ymax=max(y);
y=repmat(ymax, n, 1)-y;
%(2)对正向化矩阵 y 标准化
ymax=max(y);
ymin=min(y);
y=(y-repmat(ymin, n, 1))./repmat(ymax-ymin, n, 1);
%(3)对标准化矩阵 y 归一化
y=y./repmat(sqrt(sum(y.^2)), n, 1);
%(4)基于信息熵法确定各目标函数值的权重
k=-1/log(n);
%y=(x<=0).*sin(x)+(x>0).*(x.^2+2*x);
for j=1:2
    sj=sum(y(:, j));
    index=find(y(:, j)~=0);
    O(j)=k*sum(y(index, j)/sj.*log(y(index, j)/sj));          %第 j 个目标函数
值的熵
end
w=(1-O)/(2-sum(O));%目标函数值的权
%(5)构建加权规范化矩阵
y=repmat(w, n, 1).*y;
%(6)确定正理想解和负理想解
zp=max(y);
znp=min(y);
```

%（7）欧式距离计算

dp = sqrt(sum((repmat(zp, n, 1)−y).^2, 2));

dnp = sqrt(sum((repmat(znp, n, 1)−y).^2, 2));

%（8）相对贴近程度计算

s = dnp./(dp+dnp);

%（9）作出最优决策

[c, index] = sort(s);

index(end)

x0 = x(index(end), :)

fval0 = fval(index(end), :)

end

程序运行后输出:

ans =

    27   %对应表 28.1 中的第 27 个 Pareto 最优解

x0 =

    2.376459431   −1.806042105

fval0 =

    −36.65453311 19.82106114

即 x_0 是最佳决策，此时 $f_1(2.376459431, -1.806042105) = -36.65453311$，$f_2(2.376459431, -1.806042105) = 19.82106114$，需要说明的是，由于算法的初始种群是随机产生的，因此每次运行的结果不一样，不过差异不大.

【例 28.2】 求解多目标优化问题:

$$\max Z_1 = 100x_1 + 90x_2 + 80x_3 + 70x_4$$

$$\min Z_2 = 3x_2 + 2x_4$$

$$\text{s. t.} \begin{cases} x_1 + x_2 \geqslant 30, \\ x_3 + x_4 \geqslant 30, \\ 3x_1 + 2x_3 \leqslant 120, \\ 3x_2 + 2x_4 \leqslant 48, \\ x_i \geqslant 0, \ i = 1, \cdots, 4. \end{cases}$$

（1）编写目标函数的 m 文件 my_second_multi. m

```
function f = my_second_multi( x)
    f = [ -100 * x( 1)−90 * x( 2)−80 * x( 3)−70 * x( 4); 3 * x( 2)+2 * x( 4)];
end
```

（2）使用命令行方式调用 gamultiobj 函数

```
function [ x0, fval0] = example28_02
    fitnessfcn = @ my_second_multi; %适应度函数句柄
    nvars = 4; %变量个数
    lb = zeros( 4, 1); %下限
```

ub=[ ]; %无上限限制

A=[-1 -1 0 0; 0 0 -1 -1; 3 0 2 0; 0 3 0 2]; %线性不等式约束

b=[-30 -30 120 48]';

Aeq=[ ]; beq=[ ]; %没有线性等式约束

options=gaoptimset('ParetoFraction', 0.3, 'PopulationSize', 100, ...

'Generations', 200, 'StallGenLimit', 200, ···

'TolFun', 1e-100, 'PlotFcns', @ gaplotpareto);

[x, fval]=gamultiobj(fitnessfcn, nvars, A, b, Aeq, beq, lb, ub, options);

[x0, fval0]=entropy_topsis(x, fval) %调用例 28.1 中的 entropy_topsis 函数

end

程序运行后输出(第一前端个体分布图略):

x0=22.0472 7.9520 26.9129 3.1394

fval0=-5293.3000   30.1349

即 x_0 是最佳决策,此时 $Z_1=5293.3000$,$Z_2=30.1349$,同样,由于算法的初始种群是随机产生的,因此每次运行的结果不一样,不过差异不大.

28.4　实验作业

1. 市场上有 n 种资产 $s_i(i=1, 2, \cdots, n)$ 可以选择,现用数额为 M 的相当大的资金作一个时期的投资. 这 n 种资产在这一时期内购买 s_i 的平均收益率为 r_i,风险损失率为 q_i,投资越分散,总的风险越少,总体风险可用投资的 s_i 中最大的一个风险来度量. 购买 s_i 时要付交易费,费率为 p_i,当购买额不超过给定值 u_i 时,交易费按购买 u_i 计算. 另外,假定同期银行存款利率是 r_0,既无交易费又无风险($r_0=5\%$). 已知 $n=4$ 时相关数据如表 28.2 所列.

表 28.2　投资的相关数据

s_i	$r_i/\%$	$q_i/\%$	$p_i/\%$	$u_i/$元
s_1	28	2.5	1	103
s_2	21	1.5	2	198
s_3	23	5.5	4.5	52
s_4	25	2.6	6.5	40

试给该公司设计一种投资组合方案,即用给定资金有选择地购买若干种资产或存银行生息,使净收益尽可能大,总体风险尽可能小.

2. 某计算机公司生产三种型号的笔记本电脑 A,B,C. 这三种笔记本电脑需要在复杂的装配线上生产,生产 1 台 A,B,C 型号的笔记本电脑分别需要 5,8,12(h). 公司装配线正常的生产时间是每月 1700 h. 公司营业部门估计 A,B,C 三种笔记本电脑的利润分别是每台 1000,1440,2520(元),而公司预测这个月生产的笔记本电脑能够全部售出. 公司经理考虑以下目标.

第一目标：充分利用正常的生产能力，避免开工不足.

第二目标：优先满足老客户的需求，A，B，C 三种型号的电脑分别为 50，50，80(台)，同时根据三种电脑的纯利润分配不同的权因子.

第三目标：限制装配线加班时间，最好不要超过 200 h.

第四目标：满足各种型号笔记本电脑的销售目标，A，B，C 型号分别为 100，120，100(台)，再根据三种笔记本电脑的纯利润分配不同的权因子.

第五目标：装配线的加班时间尽可能少.

请列出相应的多目标优化模型，并求解.

附录

常见分布的均值和方差

函数名	调用形式	功能描述
unifstat	$[M, V] = $unifastat$(a, b)$	均匀分布的期望和方差, M 为期望, V 为方差
unidstat	$[M, V] = $unidstat$(n)$	均匀分布(连续)的期望和方差
expstat	$[M, V] = $expstat$(p, $Lambda$)$	指数分布的期望和方差
normstat	$[M, V] = $normstat$(mu, sigma)$	正态分布的期望和方差
chi2stat	$[M, V] = $chi2stat$(x, n)$	卡方分布的期望和方差
tstat	$[M, V] = $tstat$(n)$	t 分布的期望和方差
fstat	$[M, V] = $fstat$(n1, n2)$	F 分布的期望和方差
lognstat	$[M, V] = $lognstat$(mu, sigma)$	对数正态分布的期望和方差
nbinstat	$[M, V] = $instat$(R, P)$	负二项分布的期望和方差
netstat	$[M, V] = $netstat$(n1, n2, deta)$	非中心 F 分布的期望和方差
netstat	$[M, V] = $netstat$(n, delta)$	非中心 t 分布的期望和方差
ncx2stat	$[M, V] = $ncx2stat$(n, delta)$	非中心卡方分布的期望和方差
raylstat	$[M, V] = $raylstat$(b)$	瑞利分布的期望和方差
weibstat	$[M, V] = $weibstat$(a, b)$	韦伯分布的期望和方差
biostat	$[M, V] = $biostat$(n, p)$	二项分布的期望和方差
geostat	$[M, V] = $geostat$(p)$	几何分布的期望和方差
hygestat	$[M, V] = $hygestat$(M, K, N)$	超几何分布的期望和方差
poisstat	$[M, V] = $poisstat$(lambda)$	泊松分布的期望和方差

参考文献

[1] 梁宝钰, 李秀兰, 魏安民, 等. 数学实验[M], 天津: 南开大学出版社, 2017.

[2] 司守奎, 孙兆亮. 数学建模算法与应用(第2版)[M], 北京: 国防工业出版社, 2016.

[3] 张德丰. MATLAB数学实验与建模(第2版)[M], 北京: 清华大学出版社, 2014.

[4] 方道元. 韦明俊. 数学建模——方法导引与案例分析[M], 杭州: 浙江大学出版社, 2011.

[5] 易昆南. 基于数学建模的数学实验[M], 北京: 中国铁道出版社, 2014.

[6] 谢中华. MATLAB统计分析与应用: 40个案例分析[M], 北京: 北京航空航天大学出版社, 2010.

[7] 姜启源, 谢金星, 叶俊. 数学模型(第4版)[M], 北京: 高等教育出版社, 2011.

[8] 姜启源, 谢金星, 叶俊. 数学模型习题参考解答(第4版)[M], 北京: 高等教育出版社, 2011.

[9] 梁进, 陈雄达, 钱志坚, 等. 数学建模[M], 北京: 人民邮电出版社, 2019.

[10] 王沫然. MATLAB与科学计算教程[M], 北京: 电子工业出版社, 2016.

[11] 梅长林, 范金城. 数据分析方法[M], 北京: 高等教育出版社, 2010.

[12] 王岩, 隋思涟. 试验设计与MATLAB数据分析[M], 北京: 清华大学出版社, 2012.

[13] 张良均, 杨坦, 肖刚, 等. MATLAB数据分析与挖掘实战[M], 北京: 机械工业出版社, 2017.

[14] 雷英杰, 张善文. MATLAB遗传算法工具箱及应用(第2版)[M], 西安: 西安电子科技大学出版社, 2014.

[15] 严阅, 陈瑜, 刘可伋, 等. 基于一类时滞动力学系统对新型冠状病毒肺炎疫情的建模和预测[J], 中国科学: 数学, 2020, 50(3): 385-392.

[16] 华东师范大学数学科学学院. 数学分析(上、下册)[M], 第5版. 北京: 高等教育出版社, 2019.

[17] 韩旭里, 谢永钦. 概率论与数理统计[M]. 北京: 北京大学出版社, 2018.

[18] 张发明, 肖海青. 线性代数[M], 北京: 北京大学出版社, 2018.

[19] 王高雄, 周之铭, 朱思铭, 等. 常微分方程[M], 北京: 高等教育出版社, 2006.

[20] 谷超豪, 李大潜, 陈恕行, 等. 数学物理方程(第3版)[M], 北京: 高等教育出版社, 2012.

[21] 郁磊, 史峰, 王辉, 等. MATLAB智能算法30个案例分析(第2版)[M], 北京: 北京航空航天大学出版社, 2015.

[22] Yadav V, Karmakar S, Kalbar P P, et al. PyTOPS: A Python based tool for TOPSIS[J]. Software X, 2019, 9: 217-222.

[23] Jing R, Zhu X, Zhu Z, et al. A multi-objective optimization and evaluation integrated framework for distributed energy system[J]. Energy Conversion and Management, 2018, 166: 445-462.